JN103848

ライブラリ 新数学基礎テキスト　TK1

ガイダンス
線形代数

増岡 彰 著

サイエンス社

●編者のことば●

　本ライブラリは理学・工学系学部生向けの数学書である．世の中での数学の重要性は日々高まっており，きちんと数学を学んだ学生の需要は大きい．たとえば最近人工知能の進歩が大きな話題となっており，ディープラーニングの威力が華々しいが，ディープラーニングの基礎は高度に数学的である．また次世代のコンピュータとして，量子コンピュータへの期待が大きいが，ここにも最先端の数学が使われている．もっと基礎的な話題としては統計学の知識が多くの社会的な場面で必須となっているが，統計学をきちんと理解するのには高校レベルの数学では全く不十分である．現在の文明を維持し，さらに発展させていくためには多くの人が大学レベルの数学を学ぶことが必要である．

　このように大学基礎レベルの数学の必要性が高まっているところであるが，そのような数学をしっかり学ぶことは容易ではない．様々な新しいディジタルメディアが登場している現代だが，残念ながら数学を簡単にマスターする方法は開発されていないし，近い将来開発される見込みもない．結局は講義を聴いたりすることに加えて，自分で本を読み，手を動かして論理を追って計算を体験する以上の方法はないのである．私が大学生だった頃に比べ，大学の数学の講義のスタイルには大きな変化があり，一方的に抽象的な証明だけを延々と続けるという教員はほぼいなくなったであろう．このように講義スタイルは昔よりずっと親切になっていると思うが，学びの本質的なポイントには変化はないと言ってよい．

　しかしそのような勉強のための本にはまだ様々な工夫の余地がある．これがすでに多くある教科書に加えて，本ライブラリを世に出す理由である．各著者の方々には，豊富な教育経験に基づき，わかりやすい記述をお願いしたところである．本ライブラリは前に私が編者を務めた「ライブラリ　数学コア・テキスト」よりは少し高めのレベル設定となっている．本ライブラリが数学を学ぶ大学生の皆さんの良い助けになることを願っている．

　2019 年 9 月　　　　　　　　　　　　　　　　　　　　編者　河東泰之

●はじめに●

40年以上前の話になる．1年浪人してかろうじて大学に入ったが，数学の授業について行けない．黒板の前で何が行われているのかわからず，その先生が指定したスタンダードとされる教科書を読むことができないのである．仕方なく授業に出るのを諦め，簡単な演習問題を解きつつ読み進むことのできる本で勉強していた．線形代数に関しては，矢野健太郎「線形代数 ベクトルと行列」（日本評論社）がそれである．微積分に関しては，森毅氏による一連の著書（マニアックなところを1冊挙げると「重積分」（現代数学社））にもお世話になった．それらは，サボリのためのあんちょこと銘打たれており，スタンダードの逆を行くスタイルであったが，基本的アイデアが明確に，しかも力みのない独特の口調で述べられていて大いに助けられた．

このたび線形代数の教科書を書かせていただくにあたり，当時の著者のような読者に向け，(i) 具体例・計算を通し理解でき，(ii) 線形代数のアイデアが明確に伝わるものにしたいと考えた．

内容は，理工系学生向けに，通常大学1年次から2年次前半までに講義されるものである．1章はプロローグとして，2次と3次のベクトルを論じる．2章以降における直観的理解の布石としており，また1.2節で集合と写像についてまとめている．2章と3章は行列とベクトル，および線形写像．斉次連立1次方程式の解法を動機として，行列が生まれ，階数という最重要概念を獲得し，線形写像へと昇華していくストーリーを描写する．4章はやや趣を異にするスピンオフとして行列式を論じる．行列式の計算方法にいち早く到達するため，その定義に，通常用いられる「数字の置換」より簡便な「数字の順列」を用いる．5章では「正方行列の対角化」を問題として掲げ，これを解く身になって話を進める．6章でベクトルの内積を導入し，2章以後初めて幾何学色が加わる．それにより5章で問題とした「対角化」が，ここでは「ユニタリ対角化」に変わる．得られた結果が7章で，2次曲線，2次曲面を分類するのに応用される．8章はジョルダン標準形の理論．これは5章の「対角化」を補い完全にするものである．数学科の教程の中で見ても高級な部類に属すこの理論を，ヤング図形を用いることにより，肌で感じ取れる形で論じる．ここまではベクトルと言えば，数を並べてカッコでくくった「数ベクトル」である．数ベクトル全体がもつ，加法とスカラー乗法という「線形構造」を抽出して「抽象ベクトル空間」が定義される．例えばある種の関数全体，あるいは線形微分方程式系の

解全体といったさまざまな対象が抽象ベクトル空間を成し，数ベクトル空間と同等に扱える．最後の9章で抽象ベクトル空間を論じるが，8章までの内容のいくつかに抽象的・一般的見地から説明を補い，それらの理解を深めることに重点を置く．

　各章のより詳しい概要をその冒頭に示してある．そこでこれから何が行われるか，まず見て欲しい．上に「当時の著者のような読者に向け」と書いた．数学をスラスラ理解するエリート（まばゆいばかりの才能を嫌というほど見てきた）は除かれる．困難を克服するために本書を手に取った方に向け，以下いくつか注意をさせていただく．

(1)　困難克服法は一点突破．1章と9章を除く各章には「実践」と銘打った，具体例の計算を実践する節を設けてある．真っ先にこの節を，ある程度の感覚を得ている友人らに教わりつつ読むのは良い方法だと思う．試験が迫っていたら，この節だけをその方法で読めばよい．

(2)　「補遺」と銘打ち，♯を付けた節がいくつかある．行列式の定義を「数字の置換」を用いた通常の方法で与える2.5節がその例である．そのような節はスキップしてもあとの理解に支障がない．必要になったときに参照していただければ十分である．

(3)　本ライブラリの企画主旨に「証明は極力省略する」とある．これに従い，証明は理解の助けになる場合のみ与える．つもりだったが，実際は（ヒントまたは誘導を与えて章末演習問題としたものも含めると）おそらくその範囲を超えて与えている．適宜無視して欲しい．証明を省略する命題と定理[1]には ★ 印を付した．興味のある読者に向けそれらの証明をサイエンス社 **著者サポートページ**に与える．

(4)　微積分に比べると，線形代数は技術的でない代わりに，より概念的である．新しい用語が次々現れ困惑させられる．1つの「数学的実在」（小平邦彦先生による表現）をさまざまな方向から読み解こうとするためである．実際，2〜3章に現れる斉次連立1次方程式，行列，線形写像の3つは，1つの実在を3方向から見た姿と考えられる．議論ではしばしば，1つの事実を別の方向から見直す言い換えが行われる．この「**言い換え**」はキーワードとして太字にしている．「**同一視**」も同様で，これらの語を含む議論をとくに意識されれば，線形代数の神髄により早く近づけると思う．

---

　[1] それらが計7つある．ただし，証明が線形代数のレベルを超える代数学の基本定理（5.1節）は含まれない．ところで，証明できる数学的事実を命題，そのうち重要なものをとくに定理と呼ぶ．

(5) 本文中に問，各章末に演習問題がある．同じ題材を繰り返しさまざまな方法で解くような出題を心掛けた．すべてをまんべんなく解くより，お気に入りを見つけてそれにこだわることをお勧めしたい．重要なお知らせとして，問と演習問題の解答もまたサイエンス社 **著者サポートページ**に与える．これは本書のページ数が予定を超過したことによるが，このようにすることで，より詳しい解答を与えることができ，またゆくゆくは読者からのフィードバックにも容易に対応できると思う．

本書を書くにあたってとくに参考にした本を 2 冊挙げる．まず

木村・竹内・宮本・森田「明解 線形代数」日本評論社，改訂版 2015

は著者が勤務する大学で約 15 年，教科書とされている本である．本書はこの本をベースとして，学生がつまずきやすいところを著者なりにかみ砕いたものと言えよう．もう 1 冊

岩堀長慶 編「線形代数学」裳華房 1981

はより広範囲の内容を扱う，しかも実用上の技術に詳しい本であり，7.4 節の表とグラフ，また演習問題のいくつかはこの本を参考に作成した．現在は入手困難であろうが，大学等の図書館に見つかるはずである．

謝辞を述べさせていただきたい．河東泰之先生には本書を書く機会を与えていただき，草稿に対して適確なご示唆を与えていただいた．和久井道久先生にもまた，丁寧かつ親切なご意見を数多くいただき，恥ずべき誤りから救っていただいた．サイエンス社 田島伸彦編集部長には，3 年以上に渡って終始，絶妙の距離感で見守っていただき，数々の貴重なご助言をいただいた．また同編集部の鈴木綾子氏，西川遣治氏には編集・校正において，著者の未熟さゆえ並々ならぬお世話をいただいた．これらの方々に出会い，こうして助けていただいたことをとても幸せに感じます．ありがとうございました．

2021 年 9 月

増岡　彰

サイエンス社のサポートページ
https://www.saiensu.co.jp

目　　次

第1章
プロローグ─2次ベクトルと3次ベクトル

実数を2つタテに並べてカッコでくくったものを，（2次）ベクトルという．それらは xy-座標平面上の点と同一視できるから，ベクトルを幾何学的視点から見ることが可能になり，線分の長さや角度を洗練した概念として，ベクトルの内積が定義される．一方，ベクトル $\boldsymbol{x}$, $\boldsymbol{y}$, ... の全体は，加法とスカラー乗法という演算，すなわち代数学的構造をもつ．それを鑑みると，平面上の点またはベクトルの変換としてとくに線形変換なるものを考えるのが自然である．それは比例 $f(x) = ax$ の2次元版であって，行列 A を用いて $f(\boldsymbol{x}) = A\boldsymbol{x}$ の形に表示できる．こうして線形代数の主役である「行列」が登場するわけだが，実はこの登場の仕方は，次章以降の本ストーリーとは異なる．その幕開けは連立1次方程式の代数学的考察であり，幾何学的応用の機が熟すのは7章になる．しかしそれまでも諸所で，（主として幾何学的直観に訴える説明に）本章の内容が用いられる．

1.1　2次ベクトル

実数についてご存じかと思う．整数 $-2, 0, 100, \ldots$，有理数（または分数）$-\frac{2}{3}$, $\frac{1}{2}, \frac{6}{3}, \ldots$，有理数でないことが知られている円周率 π や自然対数の底 e はすべて実数（real number）である．実数全体から成る集合を，英語訳の頭文字を取って $\mathbb{R}$ で表す．この $\mathbb{R}$ は単なる集合ではなく，四則演算─加減乗除─が自由にできるシステムを成している．しばしば「実数とは直線上の点で表される数である」と定義される．ここでいう直線には，原点 O と向きが与えられており，原点 O から見た向きと距離に応じて，各点に実数が，いわば名前として付されていると考えられる．各点を，その名が付された実数の（幾何学的）表示と捉えるのがよい．数の範囲を有理数に限定すると，名前の付いていない点が無数に存在することになる．それどころか，どの点を選んでも，そのいくらでも近く（その点自身は除く）に名前をもたない点が存在することになる．数の範囲を実数まで広げてようやくすべての点に

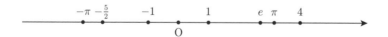

過不足なく名前がついて，数と幾何学の両方の立場から直線が扱える．

さて

$$\begin{bmatrix} 1 \\ \pi \end{bmatrix}, \quad \begin{bmatrix} e \\ -\frac{3}{2} \end{bmatrix}, \quad \begin{bmatrix} 0 \\ 0 \end{bmatrix}, \cdots$$

のように，実数を2つタテに並べてカッコでくくったものを**2次ベクトル**と呼ぶ．しばらくこれを単に**ベクトル**と呼ぼう．ベクトルに対比させて，実数を**スカラー**という別名でしばしば呼ぶ．特別なベクトルは

$$\mathbf{0} = \begin{bmatrix} 0 \\ 0 \end{bmatrix}, \quad \boldsymbol{e}_1 = \begin{bmatrix} 1 \\ 0 \end{bmatrix}, \quad \boldsymbol{e}_2 = \begin{bmatrix} 0 \\ 1 \end{bmatrix} \tag{1.1}$$

のように特定の記号で表される．$\mathbf{0}$ は**零ベクトル**，$\boldsymbol{e}_1$, $\boldsymbol{e}_2$ は**基本ベクトル**（順に第1，第2基本ベクトル）と呼ばれる．一般のベクトルを表すのに

$$\boldsymbol{a} = \begin{bmatrix} a_1 \\ a_2 \end{bmatrix}, \quad \boldsymbol{b} = \begin{bmatrix} b_1 \\ b_2 \end{bmatrix}$$

のように小文字の太字を用いる．$\boldsymbol{a} = \boldsymbol{b}$ は $a_1 = b_1$ かつ $a_2 = b_2$ を意味する．ベクトル全体から成る集合を $\mathbb{R}^2$ で表す．この $\mathbb{R}^2$ は単なる集合でなく，

$$\boldsymbol{a} + \boldsymbol{b} = \begin{bmatrix} a_1 + b_1 \\ a_2 + b_2 \end{bmatrix}, \quad \boldsymbol{a} - \boldsymbol{b} = \begin{bmatrix} a_1 - b_1 \\ a_2 - b_2 \end{bmatrix}, \quad c\boldsymbol{a} = \begin{bmatrix} ca_1 \\ ca_2 \end{bmatrix}$$

により，加法，減法，スカラー乗法が定義され，これらの演算が「自由に」できる—正確には，2.1節の条件 (A1)–(A4), (S1)–(S4) を満たす—システムを成す．上の最後の等式において，c は実数である．実は，この等式で定義されるベクトルへの作用を意識するとき，実数 c を**スカラー**と呼ぶのである．また注意として，減法は

$$\boldsymbol{a} - \boldsymbol{b} = \boldsymbol{a} + (-1)\boldsymbol{b}$$

と，加法とスカラー乗法で表せるため，本質的なのは加法とスカラー乗法である．加法とスカラー乗法を，$\mathbb{R}^2$ の**線形構造**と呼ぶ．同様の構造が，広範囲の数学的対象に備わっている．それらを統一的に研究するのが線形代数である．

さて，ベクトル $\boldsymbol{a} = \begin{bmatrix} a_1 \\ a_2 \end{bmatrix}$ は xy-座標平面上の点 P(a_1, a_2) と**同一視**でき，よって $\mathbb{R}^2$ と xy-座標平面とが**同一視**できる．ベクトル $\boldsymbol{a}$ の表示として，原点 O を始点，P を終点とする有向線分 $\overrightarrow{\mathrm{OP}}$ が選べる．また，勝手に選んだ点 S(s_1, s_2) を始点，T$(s_1 + a_1, s_2 + a_2)$ を終点とする $\overrightarrow{\mathrm{ST}}$ を選んでもよい．以下慣例に従い，これらの有向線分を**矢線ベクトル**と呼ぶ．$\boldsymbol{a}$ を，その矢線ベクトルとしての表示に（名札として）添えて書く．

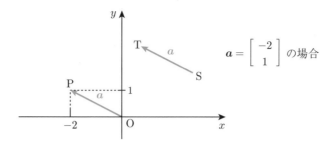

ベクトルの矢線ベクトルによる表示を,

$$\boldsymbol{a} = \overrightarrow{\mathrm{OP}}, \quad \boldsymbol{a} = \overrightarrow{\mathrm{ST}}$$

のように表す. これらを一度に表し, $\boldsymbol{a} = \overrightarrow{\mathrm{OP}} = \overrightarrow{\mathrm{ST}}$ とも書く. 線分 OP の長さを

$$\|\boldsymbol{a}\| = \sqrt{a_1^2 + a_2^2}$$

で表し, $\boldsymbol{a}$ の**長さ**または**ノルム**と呼ぶ. $\boldsymbol{a}$ が零ベクトル $\boldsymbol{0}$ と異なれば, $\|\boldsymbol{a}\|$ は正の実数であり, また $\|\boldsymbol{0}\| = 0$ である.

$\boldsymbol{a} = \overrightarrow{\mathrm{OP}}, \boldsymbol{b} = \overrightarrow{\mathrm{OQ}} = \overrightarrow{\mathrm{PR}}$ とする. このとき

$$\boldsymbol{a} = \overrightarrow{\mathrm{QR}}, \quad \boldsymbol{a} + \boldsymbol{b} = \overrightarrow{\mathrm{OR}}$$

が成り立つ. スカラー c に対し $c\boldsymbol{a}$ を考えよう. $c = 0$ または $\boldsymbol{a} = \boldsymbol{0}$ の場合, $c\boldsymbol{a} = \boldsymbol{0}$ である. そうでない場合, $c\boldsymbol{a}$ は, c の正負に応じ, $\overrightarrow{\mathrm{OP}}$ を同じ向き ($c > 0$ の場合) または反対向き ($c < 0$ の場合) に $|c|$ 倍した矢線ベクトルで表示される.

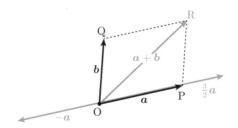

2つのベクトル $\boldsymbol{a} = \begin{bmatrix} a_1 \\ a_2 \end{bmatrix}, \boldsymbol{b} = \begin{bmatrix} b_1 \\ b_2 \end{bmatrix}$ に対し, それらの**内積**と呼ばれる実数を

$$(\boldsymbol{a}, \boldsymbol{b}) = a_1 b_1 + a_2 b_2$$

により定める. これはベクトルの順序を入れ替えた $(\boldsymbol{b}, \boldsymbol{a})$ に一致する. $\boldsymbol{a}, \boldsymbol{b}$ のいずれか一方でも零ベクトルであれば $(\boldsymbol{a}, \boldsymbol{b}) = 0$ である. また, $\boldsymbol{a} = \boldsymbol{b}$ の場合

$$(\boldsymbol{a}, \boldsymbol{a}) = \|\boldsymbol{a}\|^2$$

が成り立つ.

例題 1.1

$\boldsymbol{a} = \overrightarrow{\mathrm{OP}}$, $\boldsymbol{b} = \overrightarrow{\mathrm{OQ}}$ とし, これらはどちらも零ベクトルと異なるとする. $\theta = \angle\mathrm{POQ}$ とすると

$$(\boldsymbol{a}, \boldsymbol{b}) = \|\boldsymbol{a}\| \cdot \|\boldsymbol{b}\| \cos\theta \tag{1.2}$$

が成り立つことを示せ.

【解答】 三角形 OPQ に余弦定理を適用して

$$\overline{\mathrm{PQ}}^2 = \overline{\mathrm{OP}}^2 + \overline{\mathrm{OQ}}^2 - 2\overline{\mathrm{OP}} \cdot \overline{\mathrm{OQ}} \cos\theta.$$

$\boldsymbol{b} - \boldsymbol{a} = \overrightarrow{\mathrm{PQ}}$ に注意すると, 上式の左辺が

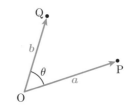

$$\begin{aligned}
\overline{\mathrm{PQ}}^2 &= (b_1 - a_1)^2 + (b_2 - a_2)^2 \\
&= (a_1^2 + a_2^2) + (b_1^2 + b_2^2) - 2(a_1 b_1 + a_2 b_2) \\
&= \overline{\mathrm{OP}}^2 + \overline{\mathrm{OQ}}^2 - 2(\boldsymbol{a}, \boldsymbol{b})
\end{aligned}$$

と変形される. これを上式の右辺と比べて (1.2) を得る. □

説明が遅れたが, $\angle\mathrm{POQ}$ というとき, OQ から OP に向かい, 反時計回りを正として角度を計るものと約束する.

例 1.2 E$(1,0)$, C$(1,1)$ とする. OE から見て OC は反時計回りに $\frac{\pi}{4}$ $(=45°)$, また $\frac{9\pi}{4}$ $(=405°)$. 時計回りには $\frac{7\pi}{4}$ $(=315°)$ ゆえ

$$\angle\mathrm{COE} = \frac{\pi}{4} = \frac{9\pi}{4} = -\frac{7\pi}{4}.$$

逆に OC から OE を見ると, 反時計回り・時計回りが逆転するから, 符号が変わり

$$\angle\mathrm{EOC} = -\frac{\pi}{4} = -\frac{9\pi}{4} = \frac{7\pi}{4}. \qquad□$$

一般に

$$\angle\mathrm{QOP} = -\angle\mathrm{POQ}$$

が成り立つ. (1.2) においては, $\theta = \angle\mathrm{POQ}$ を $\angle\mathrm{QOP}$ に替えても (cos がかかるため) 結果に影響ない.

例題 1.1 の状況で，(1.2) から

$$\mathrm{OP} \text{ と } \mathrm{OQ} \text{ が直交する} \iff (\boldsymbol{a}, \boldsymbol{b}) = 0.$$

$\boldsymbol{a}$ または $\boldsymbol{b}$ が零ベクトルの場合も含め，後者の $(\boldsymbol{a}, \boldsymbol{b}) = 0$ が成り立つとき，$\boldsymbol{a}$ と $\boldsymbol{b}$ が**直交**するという．初めから（例題 1.1 の結果を待たずに）こう定義してしまうのが，現代数学の形式的方法である．

さて先に続いて，ベクトル $\boldsymbol{a} = \begin{bmatrix} a_1 \\ a_2 \end{bmatrix}$, $\boldsymbol{b} = \begin{bmatrix} b_1 \\ b_2 \end{bmatrix}$ はどちらも零ベクトルと異なり，

$$\boldsymbol{a} = \overrightarrow{\mathrm{OP}} \ (= \overrightarrow{\mathrm{QR}}), \quad \boldsymbol{b} = \overrightarrow{\mathrm{OQ}} \ (= \overrightarrow{\mathrm{PR}})$$

と表示されるとする．$\theta = \angle\mathrm{QOP}$ を（約束通り OP から OQ に，反時計回りを正として）

$$(-180° =) \ -\pi < \theta \leqq \pi \ (= 180°)$$

の範囲で計る．

— 例題 1.3 —

4 点 O, P, Q, R を線分で結ぶと平行四辺形が得られる（$\theta = 0, \pi$ の場合は，線分をつぶれた平行四辺形と考える）．この平行四辺形の面積 S は

$$S = \begin{cases} a_1 b_2 - a_2 b_1, & \theta \geqq 0 \text{ の場合} \\ -(a_1 b_2 - a_2 b_1), & \theta < 0 \text{ の場合} \end{cases}$$

で与えられることを示せ．

【解答】 R から直線 OP に下した垂線の足を H とする（$\theta = 0$ の場合，H = R と考える）とき，(1.2) を用いて

$$S = \|\boldsymbol{a}\|\overline{\mathrm{RH}} = \|\boldsymbol{a}\| \cdot \|\boldsymbol{b}\| \, |\sin\theta| = \sqrt{\|\boldsymbol{a}\|^2 \|\boldsymbol{b}\|^2 - (\boldsymbol{a}, \boldsymbol{b})^2}. \tag{1.3}$$

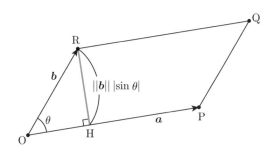

　内積の定義を用いて計算するとわかるように，上の平方根の中身は

$$\Delta = a_1 b_2 - a_2 b_1 \tag{1.4}$$

の平方 Δ^2 に等しい．よって S は Δ の絶対値 $|\Delta|$ に等しい．従って，あとは次が示せればよい．

$$\begin{cases} \Delta > 0, & \theta > 0 \text{ の場合} \\ \Delta < 0, & \theta < 0 \text{ の場合．} \end{cases} \tag{1.5}$$

まず (1.3) から従う注意として，平行四辺形 OPQR がつぶれるのは，ちょうど $\Delta = 0$ のときである．さて，原点 O を固定したまま，点 P, Q を一定時間内，連続的に動かす．ただし途中，平行四辺形 OPQR がつぶれない（上の注意による言い換えとして，$\Delta \neq 0$ がつねに成り立つ）ようにする．$\theta > 0$ の場合は，P, Q がそれぞれ $(1,0)$, $(0,1)$ に達するような移動が可能であり，$\theta < 0$ の場合は，P, Q がそれぞれ $(1,0)$, $(0,-1)$ に達するような移動が可能である．いずれの場合も，移動により Δ の値も連続的に変化するから（つねに $\Delta \neq 0$ であるような変形のため）Δ の正負は移動の間中不変である．到達点の状況において，$\theta > 0$ の場合 $\Delta = 1 > 0$，$\theta < 0$ の場合 $\Delta = -1 < 0$ ゆえ，(1.5) が成り立つ．

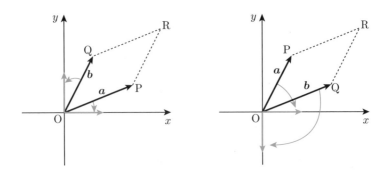

□

　後で使う記号に合わせ，(1.4) の $\Delta = a_1 b_2 - a_2 b_1$ を

$$\begin{vmatrix} a_1 & b_1 \\ a_2 & b_2 \end{vmatrix} = a_1 b_2 - a_2 b_1 \tag{1.6}$$

と表す．例題 1.3 の状況で，これは平行四辺形 OPQR の面積 S（$\theta > 0$ の場合）または $-S$（$\theta < 0$ の場合）に等しい．$\boldsymbol{a} = \begin{bmatrix} a_1 \\ a_2 \end{bmatrix}$ または $\boldsymbol{b} = \begin{bmatrix} b_1 \\ b_2 \end{bmatrix}$ が零ベクトルの場合も含め，上の記号を用いる．絶対値の記号と混同しないよう注意！

1.2 集合と写像

ここでやや横道に逸れ，集合と写像について復習する．

集合とはものの集まりであった．ある集合のメンバーをその集合の**元**と呼ぶ．単に習慣の違いから，これを高校までは要素と呼んだ．x が集合 X のメンバー，すなわち元であることを記号 $x \in X$（または $X \ni x$）で表す．前節の $\mathbb{R}^2$ は集合であって，(1.1) にあるものはみな $\mathbb{R}^2$ の元であるから

$$0 \in \mathbb{R}^2, \quad e_1 \in \mathbb{R}^2, \quad e_2 \in \mathbb{R}^2.$$

しかし，これらを $\mathbb{R}^2$ の元と呼ぶのは味気ないので，やはりベクトルと呼ぶ．そうすれば $\in \mathbb{R}^2$ を書かずとも済む．集合の元でないことは $\notin$ で表す．例えば，実数 1 はベクトルでないから $1 \notin \mathbb{R}^2$，というように．

集合 X の各元に対し集合 Y の元が与えられているとき，この対応を X から Y への**写像**と呼ぶ．f がこのような写像であることを

$$f \colon X \to Y$$

と表し，X の元 x に対応する Y の元を $f(x)$ と書く．この $f(x)$ を，x における f の**値**と呼ぶ．上を

$$X \to Y, \quad x \mapsto f(x)$$

のように書くこともある．元の対応を表す記号 $\mapsto$ が通常の矢印と異なることに注意せよ．X を写像 f の**定義域**，Y を f の**値域**と呼ぶ．Y が数の集合（例えば $\mathbb{R}$）のときは，f を**関数**と呼ぶことが多い．定義域と値域が一致する場合，すなわち $X = Y$ の場合，f を X の**変換**と呼ぶ．これは幾何学から来た，いわば方言である．X の各元 x に x 自身を対応させる

$$\mathrm{Id} \colon X \to X, \quad \mathrm{Id}(x) = x \tag{1.7}$$

を，X の**恒等変換**と呼ぶ．Id は恒等を表す identity に由来する記号で，本書では恒等変換につねにこの記号を用いる．集合を明示して Id_X のように書くこともある．(1.7) の後半の等式は，写像の対応を具体的に記述しており，一般の写像にもこのような記法を用いる（下の (1.8), (1.10) を見よ）．

上の f の値域 Y を定義域にもつ写像 $g \colon Y \to Z$ が与えられたとき，X の各元にまず f，ついで g を施すことにより，写像

$$g \circ f \colon X \to Z, \quad (g \circ f)(x) = g(f(x)) \tag{1.8}$$

が得られる．これを2つの写像の**合成**と呼び，$g \circ f$ で表す．さらに，g の値域 Z を定義域にもつ $h\colon Z \to W$ が与えられたとき，(i) h と $g \circ f$ の合成，(ii) $h \circ g$ と f の合成の2つを考えることができるが，これらは一致する．すなわち

$$h \circ (g \circ f) = (h \circ g) \circ f.$$

なぜなら，いずれも X の各元 x に f, g, h を順に施す写像である—すなわち

$$(h \circ (g \circ f))(x) = h(g(f(x))) = ((h \circ g) \circ f)(x)$$

が成り立つ—から．一致するする2つの写像を（合成の順を記せずに）

$$h \circ g \circ f$$

と書くことが許される．

　上の g の値域が X であるとする．$f\colon X \to Y,\ g\colon Y \to X$ が

$$g \circ f = \mathrm{Id}_X, \quad f \circ g = \mathrm{Id}_Y$$

を満たすとき，g また f を他方の**逆写像**と呼び，

$$g = f^{-1}, \quad f = g^{-1}$$

と表す．一般に逆写像が存在するとは限らないが，下の命題 1.5 で見るように存在すればそれはただ1つである．

　引き続き，$f\colon X \to Y$ を写像とする．X のあらゆる元 x における f の値 $f(x)$ 全体から成る集合を

$$\mathrm{Im}\, f = \{ f(x) \mid x \in X \} \tag{1.9}$$

で表し，f の**像**と呼ぶ．これは Y の**部分集合**，すなわち記号で

$$\mathrm{Im}\, f \subset Y$$

である[1]．(1.9) の右辺は，集合を記述する記法で，タテ棒の次に条件を示す．x が X の元であるという条件を満たすときの Y の元 $f(x)$ 全体から成る集合，と読む．よりフォーマルには，X のある元 x に対し $y = f(x)$ であるという条件を満たす，Y の元 y 全体から成る集合，という意味で

$$\mathrm{Im}\, f = \{ y \in Y \mid \text{ある } x \in X \text{ に対し } y = f(x) \}$$

と書く．こう書くと，Y の部分集合であることが，より明確になる．

---

[1] この記号は $\mathrm{Im}\, f = Y$ の場合を含む．等号が成り立たない場合，すなわち部分集合が**真部分集合**の場合は，記号 $\subsetneqq$ を用いる．

> **定義 1.4**　$\mathrm{Im}\, f = Y$ の場合，すなわち Y のどの元も（X のある元における）f の値となっている場合に，f は**全射**であるという．一方，同じ値を取るような X の異なる2元が存在しない場合，換言すれば，
>
> 　　相異なる X の2元 x_1, x_2 に対し，必ず $f(x_1) \neq f(x_2)$ が成り立つ
>
> 場合に，f は**単射**であるという．全射かつ単射の場合に**全単射**という．

> **命題 1.5**　写像 $f\colon X \to Y$ に対し次の3条件が互いに同値になる．
> 　(i)　f が全単射である；
> 　(ii)　Y の各元 y に対し，$f(x) = y$ を満たす X の元 x がただ1つ存在する；
> 　(iii)　f が逆写像をもつ．
> これらの条件が満たされる場合，f の逆写像 f^{-1} がただ1つ存在する．Y の各元 y に対し $f^{-1}(y)$ は，(ii) にいう $f(x) = y$ を満たす X のただ1つの元 x である．

　2条件 (i) と (ii) が**同値**とは，(i) を仮定すると (ii) が成り立ち（記号を用いて (i) $\Rightarrow$ (ii) と表す），かつ逆に (ii) を仮定するとき (i) が成り立つ（(i) $\Leftarrow$ (ii) と表す）ことを意味する．これを記号を用いて

$$(\mathrm{i}) \ \Leftrightarrow \ (\mathrm{ii})$$

と表し，また (i) のために (ii) が**必要十分**である，あるいは (ii) のために (i) が**必要十分**であると言い表す．3条件 (i), (ii), (iii) が互いに同値とは，3つのうちのどの2つもが同値であることを意味する（例えば，(i) $\Leftrightarrow$ (ii) かつ (ii) $\Leftrightarrow$ (iii) が成り立てば，当然 (i) $\Leftrightarrow$ (iii) が成り立ち，3条件は互いに同値になる）．

　上の命題の証明を章末演習問題1とする．感覚的に明らかなことを文章にする練習として，時間に余裕があればトライ！

1.3　2次ベクトルの線形変換

　閑話休題．ベクトルに戻り，その変換を論じる—とする前に，小学校で習った比例を思い出そう．それは a 倍写像，すなわちある実数の定数 a による乗法

$$h\colon \mathbb{R} \to \mathbb{R}, \quad h(x) = ax \tag{1.10}$$

である．そのグラフは原点を通る傾き a の直線になる．

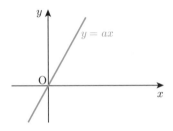

比例は，写像 $f\colon \mathbb{R} \to \mathbb{R}$ 全体の中で，性質

> (H)　x を c 倍すれば，その値 $f(x)$ も c 倍になる：すなわち
> 　　すべての実数 x, c に対し $f(cx) = cf(x)$ が成り立つ

により**特徴づけられる**．これは次を意味する．上の h のような比例はこの性質を
もち，かつ逆に，この性質をもつ f は比例である．この前半は，$h(cx) = a(cx) = c(ax) = ch(x)$ により確かめられる．後半は，x を 1 の x 倍と見て得られる

$$f(x) = f(x \cdot 1) = xf(1) = f(1)x$$

から従う．大仰ながら，のちの比較のために記しておく．

> **命題 1.6**　上の性質 (H) をもつ f は，定数 $f(1)$ による乗法に等しい．

さて，ベクトルに戻り，その変換を論じる．比例を拡張する概念として，$\mathbb{R}^2$ の
線形変換を次のように定義する．

> **定義 1.7**　写像 $f\colon \mathbb{R}^2 \to \mathbb{R}^2$ であって，すべてのベクトル $\boldsymbol{x}, \boldsymbol{y}$ とスカラー c
> に対し
> 　(L1)　$f(\boldsymbol{x} + \boldsymbol{y}) = f(\boldsymbol{x}) + f(\boldsymbol{y})$
> 　(L2)　$f(c\boldsymbol{x}) = cf(\boldsymbol{x})$
> を満たすものを $\mathbb{R}^2$ の**線形変換**と呼ぶ．

$\mathbb{R}^2$ は 2 次元に広がっているため，(H) にあるのと同じ (L2) に加え (L1) が必要
になる．

例 1.8　(1)　恒等変換

$$\mathrm{Id}\colon \mathbb{R}^2 \to \mathbb{R}^2, \quad \mathrm{Id}(\boldsymbol{x}) = \boldsymbol{x}$$

は明らかに線形変換である．

(2)　スカラー a を1つ選んで固定するとき，a 倍写像

$$h_a: \mathbb{R}^2 \to \mathbb{R}^2, \quad h_a(\boldsymbol{x}) = a\boldsymbol{x}$$

は線形変換である．これも容易に確かめられる．$a = 1$ の場合 h_1 は恒等変換 Id である．$a = 0$ の場合，h_0 はすべてのベクトルに零ベクトルを対応させる

$$\mathbb{R}^2 \to \mathbb{R}^2, \quad \boldsymbol{x} \mapsto \boldsymbol{0}$$

である．これは**零写像**と呼ばれる．

(3)　零ベクトルと異なるベクトル $\boldsymbol{a}$ を1つ選ぶとき，すべての $\boldsymbol{x}$ に $\boldsymbol{a}$ を対応させる

$$\mathbb{R}^2 \to \mathbb{R}^2, \quad \boldsymbol{x} \mapsto \boldsymbol{a}$$

は線形変換でない．なぜなら線形変換 f は

$$f(\boldsymbol{0}) = \boldsymbol{0}$$

を満たさねばならない．実際，(L1) においてとくに $\boldsymbol{x} = \boldsymbol{y} = \boldsymbol{0}$ として $f(\boldsymbol{0}) = f(\boldsymbol{0}) + f(\boldsymbol{0})$ が従い，これより上の等式が従う．　　　□

問 1.9　$a \neq 0$ の場合，h_a は xy-座標平面の変換と見て，どのような変換か？

f を $\mathbb{R}^2$ の線形変換とする．単純ではあるが重要な事実として，各ベクトル $\boldsymbol{x} = \begin{bmatrix} x \\ y \end{bmatrix}$ は基本ベクトル $\boldsymbol{e}_1 = \begin{bmatrix} 1 \\ 0 \end{bmatrix}, \boldsymbol{e}_2 = \begin{bmatrix} 0 \\ 1 \end{bmatrix}$ を用いて

$$\boldsymbol{x} = x\boldsymbol{e}_1 + y\boldsymbol{e}_2$$

の形に一意的に書ける．ここで一意的とは，$\boldsymbol{e}_1, \boldsymbol{e}_2$ にかかるスカラー（すなわち x, y）が $\boldsymbol{x}$ に応じて1通りに決まることを意味する．この事実と線形変換の性質 (L1), (L2) を用いると

$$f(\boldsymbol{x}) = xf(\boldsymbol{e}_1) + yf(\boldsymbol{e}_2) \tag{1.11}$$

となり，f が2つの値 $f(\boldsymbol{e}_1)$, $f(\boldsymbol{e}_2)$ により決まることがわかる．ちょうど，比例が1での値で決まるように．f を xy-座標平面の変換と見て図示すると，次のようになる．すなわち，$\boldsymbol{e}_1, \boldsymbol{e}_2$ が2辺に添えられた正方形（さらにそれを平方移動した，例えば青色の正方形）が，$f(\boldsymbol{e}_1)$, $f(\boldsymbol{e}_2)$ が2辺に添えられた平行四辺形（それを平行移動した青色の平行四辺形）に写る．

この図を描くのに，平行四辺形がつぶれないこと（定義 1.18 の用語で，$f(\boldsymbol{e}_1)$, $f(\boldsymbol{e}_2)$ が線形独立であること）を仮定したが，以下これを仮定しない．

$\mathbb{R}^2$ の線形変換 f をより代数的視点で捉えたい．そのため

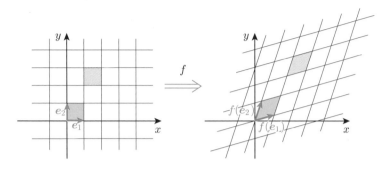

$$f(\boldsymbol{e}_1) = \begin{bmatrix} a \\ c \end{bmatrix}, \quad f(\boldsymbol{e}_2) = \begin{bmatrix} b \\ d \end{bmatrix}$$

とおくと

$$f(\boldsymbol{x}) = \begin{bmatrix} ax + by \\ cx + dy \end{bmatrix} \tag{1.12}$$

となる. さらに

$$A = \begin{bmatrix} a & b \\ c & d \end{bmatrix} \quad (= [\, f(\boldsymbol{e}_1) \ \ f(\boldsymbol{e}_2)\,])$$

とおく. このように4つの実数を正方形に並べてカッコでくくったものを**行列**と呼ぶ. 3章以降では, より厳密に2次正方行列と呼ぶ. A が $B = \begin{bmatrix} p & q \\ r & s \end{bmatrix}$ と等しいとは, 同じポジションにある実数が等しいこと, すなわち $a = p,\, b = q,\, c = r,\, d = s$ がすべて成り立つことを意味する. いま, 上の A は f によって決まるから, これを f に**対応する行列**と呼ぶ. A と $\boldsymbol{x}$ の積 $A\boldsymbol{x}$ を (1.12) の右辺と定めれば, すなわち

$$\begin{bmatrix} a & b \\ c & d \end{bmatrix} \begin{bmatrix} x \\ y \end{bmatrix} = \begin{bmatrix} ax + by \\ cx + dy \end{bmatrix} \tag{1.13}$$

と定義すれば, f は A による左乗法 (left multiplication)

$$L_A \colon \mathbb{R}^2 \to \mathbb{R}^2, \quad L_A(\boldsymbol{x}) = A\boldsymbol{x} \tag{1.14}$$

として記述できる. この L は left の頭文字を取っている.

実数 a, b, c, d を勝手に選んで作った行列 $A = \begin{bmatrix} a & b \\ c & d \end{bmatrix}$ に対しても, それとベクトル $\boldsymbol{x} = \begin{bmatrix} x \\ y \end{bmatrix}$ の積を (1.13) により定義し, A による左乗法 L_A を (1.14) により定義する.

> **命題 1.10**　行列 A による左乗法 L_A は $\mathbb{R}^2$ の線形変換である．逆に，$\mathbb{R}^2$ の線形変換 f は，それに対応する行列 $[\,f(e_1)\ \ f(e_2)\,]$ による左乗法に等しい．

このように，線形変換は，実は行列による左乗法と同義語になる．線形変換 f を L_A の形に表す方法が 1 通りであること，換言すれば $f = L_A$ を満たす A が，f に対応する行列に限られることに注意しよう（実際，$[\,f(e_1)\ \ f(e_2)\,] = [\,L_A(e_1)\ \ L_A(e_2)\,] = [\,Ae_1\ \ Ae_2\,] = A$）．この結果，線形変換 f にそれに対応する行列を（文字通り）対応させることにより，線形変換全体と行列全体とが 1 対 1 に対応する．この対応で行列 A には線形変換 L_A が対応する[2]．

ところで，命題 1.10 の後半は，この命題の前の議論をまとめたものである．

問 1.11　命題 1.10 の前半を計算により確かめよ．

例 1.12　(1)　例 1.8 の線形変換 h_a に対応する行列は

$$[\,h_a(e_1)\ \ h_a(e_2)\,] = \begin{bmatrix} a & 0 \\ 0 & a \end{bmatrix}. \tag{1.15}$$

これによる左乗法が h_a に一致することは，計算によっても確かめられる．とくに恒等変換 Id $(= h_1)$，零写像 h_0 に対応する行列をそれぞれ

$$E = \begin{bmatrix} 1 & 0 \\ 0 & 1 \end{bmatrix}, \quad O = \begin{bmatrix} 0 & 0 \\ 0 & 0 \end{bmatrix} \tag{1.16}$$

で表し，**単位行列**，**零行列**と呼ぶ．

(2)　xy-座標平面上の各点を原点の周り（反時計回りを正として）に θ 回転させる変換を r_θ とする．xy-座標平面と $\mathbb{R}^2$ との自然な**同一視**により，r_θ を $\mathbb{R}^2$ の線形変換と見るとき，これは明らかに (L1)，(L2) を満たし，すなわち線形変換であって

$$[\,r_\theta(e_1)\ \ r_\theta(e_2)\,] = \begin{bmatrix} \cos\theta & -\sin\theta \\ \sin\theta & \cos\theta \end{bmatrix} \tag{1.17}$$

を対応する行列にもつ．この行列を R_θ で表す．上の命題により，計算で確かめるまでもなく $r_\theta(x) = R_\theta x$（x はベクトル）が成り立つことに注目してほしい．

(3)　xy-座標平面上の各点を，原点を通る直線 $\ell: y = ax$ を軸として線対称の位置に写す変換 s_ℓ は，上と同様に $\mathbb{R}^2$ の変換と見て，線形変換であり

---

[2] より正確には，各線形変換にそれに対応する行列を与える写像が，線形変換全体から成る集合から行列全体から成る集合への全単射であって，$A \mapsto L_A$ を逆写像にもつ．

$$\left[\, s_\ell(\boldsymbol{e}_1) \ \ s_\ell(\boldsymbol{e}_2) \,\right] = \begin{bmatrix} -\dfrac{a^2-1}{a^2+1} & \dfrac{2a}{a^2+1} \\[2mm] \dfrac{2a}{a^2+1} & \dfrac{a^2-1}{a^2+1} \end{bmatrix}$$

を対応する行列にもつ. ☐

問 1.13　上の例 1.12 の (3) を確かめよ.

2つの行列 $A = \begin{bmatrix} a & b \\ c & d \end{bmatrix}$, $B = \begin{bmatrix} p & q \\ r & s \end{bmatrix}$ の積 AB を（行列として）定義したい. 線形変換の合成と両立するように，すなわち

$$L_{AB} = L_A \circ L_B \tag{1.18}$$

が成り立つように定義するのがよいだろう. $\boldsymbol{p} = \begin{bmatrix} p \\ r \end{bmatrix}$, $\boldsymbol{q} = \begin{bmatrix} q \\ s \end{bmatrix}$ とおく. $\boldsymbol{x} = \begin{bmatrix} x \\ y \end{bmatrix}$ に対し

$$(L_A \circ L_B)(\boldsymbol{x}) = L_A(L_B(\boldsymbol{x})) = L_A(x\boldsymbol{p} + y\boldsymbol{q})$$
$$= x(A\boldsymbol{p}) + y(A\boldsymbol{q}) = \left[\, A\boldsymbol{p} \ \ A\boldsymbol{q} \,\right] \begin{bmatrix} x \\ y \end{bmatrix}.$$

ここでまず L_B に，ついで $L_{[A\boldsymbol{p} \ A\boldsymbol{q}]}$ に (1.11) を用いた. 上の結果を見て $AB = [A\boldsymbol{p} \ A\boldsymbol{q}]$, すなわち

$$\begin{bmatrix} a & b \\ c & d \end{bmatrix} \begin{bmatrix} p & q \\ r & s \end{bmatrix} = \begin{bmatrix} ap+br & aq+bs \\ cp+dr & cq+ds \end{bmatrix}$$

と定義する. 定義の仕方から，この積は (1.18) を満たす.

問 1.14　例 1.12 (2) の線形変換 r_θ は $r_\alpha \circ r_\beta = r_{\alpha+\beta}$ を満たす. これより r_θ を表す行列 R_θ について次が成り立つ.

$$R_\alpha R_\beta = R_{\alpha+\beta}.$$

この等式から $\sin, \cos$ の加法公式を導け.

上で，積の順を入れ替えた $R_\beta R_\alpha \ (= R_{\beta+\alpha})$ は $R_\alpha R_\beta$ と変わらない. しかし，一般には $AB = BA$ は成り立たない.

問 1.15　これを，次の2つの行列の積を計算することで確かめよ.

$$\begin{bmatrix} 1 & 0 \\ 0 & 0 \end{bmatrix} \begin{bmatrix} 0 & 1 \\ 0 & 0 \end{bmatrix}, \quad \begin{bmatrix} 0 & 1 \\ 0 & 0 \end{bmatrix} \begin{bmatrix} 1 & 0 \\ 0 & 0 \end{bmatrix}$$

E を (1.16) に与えた（恒等変換に対応する）単位行列とする. 行列 $A = \begin{bmatrix} a & b \\ c & d \end{bmatrix}$ に対し

$$AB = E = BA$$

を満たす行列 B を A の**逆行列**と呼ぶ. この条件は, 線形変換 L_A が L_B を逆写像にもつことと同値である.

　また, A が逆行列をもつとは限らない. 逆行列をもつ行列 A を**正則行列**と呼ぶ. A が正則行列の場合, その逆行列は (L_A の逆写像に対応する行列として) ただ1つ存在する. それを A^{-1} で表す.

　行列が線形変換に比して具体性で勝っている証左として,

(i)　A がいつ正則行列か;

(ii)　その場合に逆行列 A^{-1} がどう与えられるか

に具体的に答えることができることを示そう.

　準備として, 行列のスカラー乗法を (ベクトルのそれと同様に)

$$(\lambda A =) \ \lambda \begin{bmatrix} a & b \\ c & d \end{bmatrix} = \begin{bmatrix} \lambda a & \lambda b \\ \lambda c & \lambda d \end{bmatrix}$$

により定義する. ここに λ はスカラー (すなわち実数) である. $\lambda = 1$ の場合に, $1A = A$ は明らかである. (1.15) の行列は aE に等しい. μ もスカラーとすると

$$\lambda(\mu A) = (\lambda\mu)A \tag{1.19}$$

が成り立つことが容易にわかる. 一致する両辺を $\lambda\mu A$ で表す. また別の行列 B に対し

$$(\lambda A)B = A(\lambda B) = \lambda(AB) \tag{1.20}$$

が成り立つことも容易に確かめられる. 一致するこれらを λAB で表す.

$A = \begin{bmatrix} a & b \\ c & d \end{bmatrix}$ から決まる行列

$$\tilde{A} = \begin{bmatrix} d & -b \\ -c & a \end{bmatrix}$$

を A の**余因子行列**と呼ぶ. また, A から決まる実数

$$|A| = ad - bc$$

を A の**行列式** (determinant) と呼び, 後の章ではこれを記号 $\det A$ によっても表す. $|A|$ を $\begin{vmatrix} a & b \\ c & d \end{vmatrix}$ と表してもよい. するとこれは (1.6) の記法と一致する.

　簡単な計算で次を得る.

$$A\tilde{A} = |A|E = \tilde{A}A \tag{1.21}$$

次が先の (i), (ii) への答えである.

定理 1.16　$A = \begin{bmatrix} a & b \\ c & d \end{bmatrix}$ が正則行列であるためには $|A| \neq 0$ でなければならない. 逆に, $|A| \neq 0$ であれば A は正則行列であり, しかもその逆行列が

$$A^{-1} = \frac{1}{|A|}\tilde{A} \quad \text{すなわち} \quad \begin{bmatrix} a & b \\ c & d \end{bmatrix}^{-1} = \frac{1}{ad - bc}\begin{bmatrix} d & -b \\ -c & a \end{bmatrix}$$

で与えられる.

問 **1.17**　次の行列の行列式, 余因子行列, 逆行列 (存在する場合) を求めよ.

(1) $\begin{bmatrix} -1 & 3 \\ 2 & -4 \end{bmatrix}$　　(2) $\dfrac{1}{2}\begin{bmatrix} -1 & 3 \\ 2 & -4 \end{bmatrix}$　　(3) $\begin{bmatrix} -1 & 3 \\ 2 & -6 \end{bmatrix}$

　上の定理の状況において, $|A| \neq 0$ の場合には, (1.21) の各辺にスカラー $\frac{1}{|A|}$ を乗じて, (1.19), (1.20) を用い

$$A\left(\frac{1}{|A|}\tilde{A}\right) = 1E = \left(\frac{1}{|A|}\tilde{A}\right)A.$$

$1E = E$ ゆえ, $\frac{1}{|A|}\tilde{A}$ が A の逆行列である. 定理を証明するにはあと, $|A| = 0$ の場合に A が正則行列でないことを示せばよい. これを誘導により問うのが章末演習問題 2[3]) であるが, そのために用語を定義する.

定義 **1.18**　2 つのベクトル $\boldsymbol{a} = \overrightarrow{\mathrm{OP}}$, $\boldsymbol{b} = \overrightarrow{\mathrm{OQ}}$ (零ベクトルも可) に対し, 次の 2 条件は互いに同値になる. これらの条件が満たされるとき, $\boldsymbol{a}, \boldsymbol{b}$ は**線形従属**であるという.

(i) $\boldsymbol{a}, \boldsymbol{b}$ のどちらでも一方が, 他方のスカラー倍に等しい.

(ii) 3 点 O, P, Q が 1 つの直線上にある.

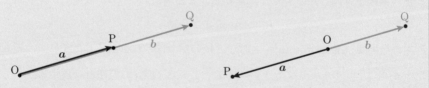

$\boldsymbol{a}, \boldsymbol{b}$ が線形従属でないとき, これらは**線形独立**であるという.

---

[3]) その方法は, 行列式が行列の積を保つという性質を用いる標準的方法と異なる.

$a = 0$ ならば $a = 0b$ ゆえ，零ベクトルはどんなベクトルと組んでも線形従属である．後の 2.4 節において，線形独立・従属の概念が，一般次数の，勝手な個数のベクトルに対して定義される．いま 2 個のベクトルに限って定義をしており，（線形構造のうちスカラー乗法のみが反映するから）スカラー乗法独立・従属と称する方が適した状況にある．

1.4 3次ベクトル

実数を 3 つタテに並べてカッコでくくったものを **3次ベクトル** と呼ぶ．2 つの 3 次ベクトルが等しいとは，同じポジションにある実数がすべて等しいこととする．3 次ベクトル全体から成る集合を $\mathbb{R}^3$ と書く．この $\mathbb{R}^3$ においては

$$\begin{bmatrix} a_1 \\ a_2 \\ a_3 \end{bmatrix} \pm \begin{bmatrix} b_1 \\ b_2 \\ b_3 \end{bmatrix} = \begin{bmatrix} a_1 \pm b_1 \\ a_2 \pm b_2 \\ a_3 \pm b_3 \end{bmatrix}, \quad c \begin{bmatrix} a_1 \\ a_2 \\ a_3 \end{bmatrix} = \begin{bmatrix} ca_1 \\ ca_2 \\ ca_3 \end{bmatrix}$$

により定義される加法，減法，スカラー乗法が自由にできる．以下本節末まで，ベクトルといえば 3 次ベクトルを意味する．$\mathbb{R}^3$ は xyz-座標空間と **同一視** される．ここで，ベクトル $a = \begin{bmatrix} a_1 \\ a_2 \\ a_3 \end{bmatrix}$ は，xyz-座標空間内の点 $P(a_1, a_2, a_3)$ と同一視される．原点 O を始点，P を終点とする矢線ベクトル $\overrightarrow{OP}$，あるいは勝手に選んだ点 $S(s_1, s_2, s_3)$ を始点，$T(s_1 + a_1, s_2 + a_2, s_3 + a_3)$ を終点とする $\overrightarrow{ST}$ を a の表示と呼び，a を添えて（2 次ベクトルの場合と同様，名札として）図示する．線分 OP の長さを

$$\|a\| = \sqrt{a_1^2 + a_2^2 + a_3^2}$$

で表し，a の長さまたは **ノルム** と呼ぶ．

a を主と見て，それが $\overrightarrow{OP}$ を表示にもつことを説明として添える場合に，a $(= \overrightarrow{OP})$ のように表そう．b $(= \overrightarrow{OQ} = \overrightarrow{PR})$ を別のベクトル（とその 2 通りの表示）とする．

a, b のどちらでも一方が，他方のスカラー倍に等しい（これは 3 点 O, P, Q が 1 つの直線上にあるのと同値）とき，これらは **線形従属** であるといい，そうでないとき **線形独立** であるという（定義 1.18 を見よ）．後者の場合，3 点 O, P, Q すべてが乗る平面 Π がただ 1 つ決まる．この Π を a, b が **張る** 平面と呼ぶ．点 R も Π 上

にあり，4点を線分で結んで（線分にも1点にもつぶれない）平行四辺形 OPRQ が得られる．

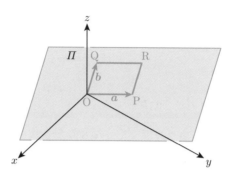

$\boldsymbol{a}$ と $\boldsymbol{b}$ の**内積**と呼ばれる実数を
$$(\boldsymbol{a}, \boldsymbol{b}) = a_1 b_1 + a_2 b_2 + a_3 b_3$$
により定める．次は容易にわかる．

> (i) $(\boldsymbol{a}, \boldsymbol{a}) = \|\boldsymbol{a}\|^2$
>
> (ii) $(\boldsymbol{b}, \boldsymbol{a}) = (\boldsymbol{a}, \boldsymbol{b})$
>
> (iii) $\boldsymbol{a}, \boldsymbol{b}$ のどちらかが零ベクトル $\boldsymbol{0} = \begin{bmatrix} 0 \\ 0 \\ 0 \end{bmatrix}$ に等しいとき，$(\boldsymbol{a}, \boldsymbol{b}) = 0$．

$(\boldsymbol{a}, \boldsymbol{b}) = 0$ のとき，$\boldsymbol{a}$ と $\boldsymbol{b}$ は**直交**するという．$\boldsymbol{a}, \boldsymbol{b}$ のどちらも零ベクトル $\boldsymbol{0}$ と異なる場合，これは2直線 OP, OQ が直交することを意味する．この事実は下の (1.22) からわかる．

$\boldsymbol{a}, \boldsymbol{b}$ が線形独立であるとする．これらのベクトルが張る平面 Π 上，$\overrightarrow{\mathrm{OP}}$ を始点 O を固定して回転し $\overrightarrow{\mathrm{OQ}}$ に重ねる．ここで最短の回転，すなわち回転角 θ が $0 < \theta < \pi$（$= 180°$）を満たすような唯一の回転を施すものとする．

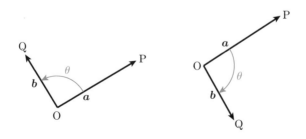

2次ベクトルに関する (1.2) と同様，三角形 OPQ に余弦定理を適用して次を得る.

$$(\boldsymbol{a}, \boldsymbol{b}) = \|\boldsymbol{a}\| \cdot \|\boldsymbol{b}\| \cos\theta \tag{1.22}$$

問 1.19 上の状況で，点 Q から直線 OP に下した垂線の足を H とすれば，線分 OH の長さが，次で与えられることを示せ.

$$\overline{\mathrm{OH}} = \begin{cases} \dfrac{1}{\|\boldsymbol{a}\|}(\boldsymbol{a}, \boldsymbol{b}), & 0 < \theta \leqq \dfrac{\pi}{2} \ (= 90°) \ \text{の場合} \\[2mm] -\dfrac{1}{\|\boldsymbol{a}\|}(\boldsymbol{a}, \boldsymbol{b}), & \dfrac{\pi}{2} < \theta < \pi \ (= 180°) \ \text{の場合} \end{cases}$$

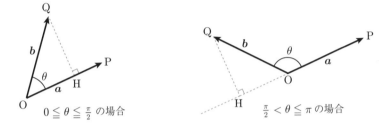

$\boldsymbol{a}, \boldsymbol{b}$ が線形従属であるとする．$\boldsymbol{a}, \boldsymbol{b}$ のどちらも零ベクトルと異なれば，$\boldsymbol{b} = \lambda\boldsymbol{a}$ （λ は 0 と異なる実数）の形をしている．λ の正・負に応じ，$\theta = 0, \theta = \pi$ として等式 (1.22) が成り立つ.

定義 1.20　$\boldsymbol{a}$ と $\boldsymbol{b}$ の**外積**と呼ばれるベクトルを

$$\boldsymbol{a} \times \boldsymbol{b} = \begin{bmatrix} \begin{vmatrix} a_2 & b_2 \\ a_3 & b_3 \end{vmatrix} \\[2mm] -\begin{vmatrix} a_1 & b_1 \\ a_3 & b_3 \end{vmatrix} \\[2mm] \begin{vmatrix} a_1 & b_1 \\ a_2 & b_2 \end{vmatrix} \end{bmatrix} \left(= \begin{bmatrix} a_2 b_3 - a_3 b_2 \\ -(a_1 b_3 - a_3 b_1) \\ a_1 b_2 - a_2 b_1 \end{bmatrix} \right) \tag{1.23}$$

により定義する[4]．容易に確かめられるように

$$\boldsymbol{b} \times \boldsymbol{a} = -\boldsymbol{a} \times \boldsymbol{b} \left(= \begin{bmatrix} -(a_2 b_3 - a_3 b_2) \\ a_1 b_3 - a_3 b_1 \\ -(a_1 b_2 - a_2 b_1) \end{bmatrix} \right). \tag{1.24}$$

---

[4] この定義は覚えにくい．行列式の展開を用いた覚え方（注意 4.16 を見よ）がある.

> **命題 1.21** a, b が線形従属であれば $a \times b$ は零ベクトルに等しい. すなわち $a \times b = 0$.

この命題の仮定は，2つのベクトルが

$$a = \lambda b \quad \text{または} \quad b = \lambda a \quad (\lambda はスカラー)$$

の関係にあることを意味する. この場合に上の結論が成り立つことは容易に確かめられる.

a, b が線形独立であるとする. これらが張る平面 Π は，xyz-座標空間を2つの部分 Π_+ と Π_- に分ける. 先のように，$\overrightarrow{OP}$ を最短で回転させ $\overrightarrow{OQ}$ に重ねる. この回転の向きに右ネジ（または左ネジ）を回して，それぞれが進むきにある部分を Π_+（または Π_-）とする[5]. $c = \overrightarrow{OG}$ を零ベクトルと異なるベクトルとする. 点 G が Π_+（または Π_-）にある場合に，a, b, c は**右手系**（または**左手系**）を成すという[6].

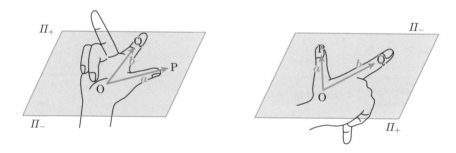

> **命題 1.22** a, b が線形独立の場合，外積 $a \times b$ は次の3つの性質により特徴づけられる.
>
> (i) $a \times b$ は，a とも b とも直交する.
>
> (ii) 長さ $\|a \times b\|$ は平面 Π 上の平行四辺形 OPRQ の面積に一致する.
>
> (iii) $a, b, a \times b$ が右手系を成す.

---

[5] xy-座標平面には，いわば表裏があって，我々のいる側が表であるため，原点を中心とする回転に正負の向きが考えられた. xyz-空間内の平面 Π の表裏は自然には決まらない. いまそれを，$\overrightarrow{OP}$ から見た $\overrightarrow{OQ}$ の位置により決めたと考えられる. Π_+ 側が表である.

[6] ベクトルの順序が大切で，例えば a, b, c が右手系を成すとき，b, a, c は左手系を成す.

この命題のいうところは，仮定の下，(a)外積が3つの性質 (i)–(iii) をもち，(b) これらの性質をもつベクトルは他にない．この (a) を問うのが章末演習問題4である．(i)–(iii) によってベクトルを表示する矢線ベクトルの長さと向きが決まるから，(a) から (b) が従う．

$\boxed{\text{例 1.23}}$ 3次基本ベクトルが $e_1 = \begin{bmatrix} 1 \\ 0 \\ 0 \end{bmatrix}, e_2 = \begin{bmatrix} 0 \\ 1 \\ 0 \end{bmatrix}, e_3 = \begin{bmatrix} 0 \\ 0 \\ 1 \end{bmatrix}$ で与えられる．

a, b, $a \times b$ をそれぞれ e_1, e_2, e_3 に替えて，上の (i)–(iii) が成り立つから，命題 1.22 より

$$e_1 \times e_2 = e_3.$$

同様に，また (1.24) を用いて

$$e_2 \times e_3 = e_1, \quad e_3 \times e_1 = e_2, \quad e_2 \times e_1 = -e_3$$

等を得る．もちろん定義に基づく計算でも確かめられる（確かめよ）．　　　□

$a \ (= \overrightarrow{OP})$, $b \ (= \overrightarrow{OQ})$ を2つの3次ベクトル（とそれらの表示）とする．次の3つの場合に分かれる．

(i)　$a = b = 0$, すなわち O = P = Q.

(ii)　a, b は線形従属であり，かつ少なくとも一方は零ベクトルと異なる．すなわち，3点 O, P, Q を通る直線 ℓ がただ1つ定まる．

(iii)　a, b が線形独立である．すなわち，3点 O, P, Q が乗る平面 Π がただ1つ定まる．

さて

$$\lambda a + \mu b \quad (\lambda, \mu \text{ は実数})$$

の形の3次ベクトルを a, b の線形結合と呼ぶ．第3の3次ベクトル $c \ (= \overrightarrow{OR})$ が，a, b の線形結合である（すなわち，ある実数 λ, μ に対し $c = \lambda a + \mu b$ が成り立つ）のは，上の3つのケースのそれぞれにおいて次と同値になる．

(i)　O = P = Q = R が成り立つ

(ii)　点 R が直線 ℓ にある

(iii)　点 R が平面 Π にある

> **定義 1.24**　3 つの 3 次ベクトル a $(= \overrightarrow{OP})$, b $(= \overrightarrow{OQ})$, c $(= \overrightarrow{OR})$ が**線形**
> **従属**であるとは，これらのうちのいずれかが，他の 2 つの線形結合であるとき
> にいう．上の考察から，この条件は 4 点 O, P, Q, R が同一平面上にあること
> と同値である（4 点が乗る平面がただ 1 つとは限らない）．線形従属でないこと
> を，**線形独立**であるという．

　上の a, b, c が線形独立であるとする．4 点 O, P, Q, R が同一平面上にないか
ら，これらを頂点にもつ平行 6 面体 Σ がただ 1 つ定まる.

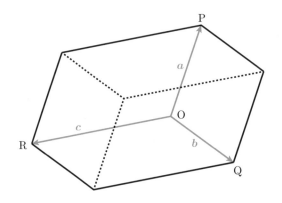

> **命題 1.25**　平行 6 面体 Σ の体積 V は，外積 $a \times b$ とベクトル c との内積
> を用いて
> $$V = \begin{cases} (a \times b, c), & a, b, c \text{ が右手系の場合} \\ -(a \times b, c), & a, b, c \text{ が左手系の場合} \end{cases}$$
> で与えられる.

　点 O, P, Q を頂点にもつ平行四辺形を Σ の底面に選べば，その面積は $\|a \times b\|$
に等しく，Σ の高さ h は
$$h = \begin{cases} \frac{1}{\|a \times b\|}(a \times b, c), & a, b, c \text{ が右手系の場合} \\ -\frac{1}{\|a \times b\|}(a \times b, c), & a, b, c \text{ が左手系の場合} \end{cases}$$
で与えられる（問 1.19 を見よ）から，V が上の式で与えられる.

注意 1.26 底面を選び直すことにより

$$V = \begin{cases} (\boldsymbol{b} \times \boldsymbol{c}, \boldsymbol{a}) = (\boldsymbol{c} \times \boldsymbol{a}, \boldsymbol{b}), & \boldsymbol{a}, \boldsymbol{b}, \boldsymbol{c} \text{ が右手系の場合} \\ -(\boldsymbol{b} \times \boldsymbol{c}, \boldsymbol{a}) = -(\boldsymbol{c} \times \boldsymbol{a}, \boldsymbol{b}), & \boldsymbol{a}, \boldsymbol{b}, \boldsymbol{c} \text{ が左手系の場合} \end{cases}$$

を, 従って

$$(\boldsymbol{a} \times \boldsymbol{b}, \boldsymbol{c}) = (\boldsymbol{b} \times \boldsymbol{c}, \boldsymbol{a}) = (\boldsymbol{c} \times \boldsymbol{a}, \boldsymbol{b}) \tag{1.25}$$

を得る. $\boldsymbol{a}, \boldsymbol{b}, \boldsymbol{c}$ が線形従属の場合も, 最後の等式が成り立つ. この場合, 3 つの内積がすべて 0 となるからである (例えば, 先のケース (i), (ii) の場合, $\boldsymbol{a} \times \boldsymbol{b} = \boldsymbol{0}$ となり, (iii) の場合, $\boldsymbol{a} \times \boldsymbol{b}$ と $\boldsymbol{c}$ は直交する).

1.5 本ストーリーの前に

次章から本ストーリーに入る. その前に少し準備をしよう.

まず (実数を係数にもつ) **多項式**について思い出そう. それは,

$$f(x) = 2x^3 - x^2 + 3x - 4, \quad g(x) = -x + 1$$

のように, 変数 x の非負整数べき x^n (n は非負—すなわち 0 以上の—整数) の実数倍 ax^n (a は実数) の有限和[7] であった. この一般的記述は, 上の 2 つを

$$f(x) = 2x^3 + (-1)x^2 + 3x^1 + (-4)x^0, \quad g(x) = (-1)x^1 + 1x^0$$

のように見てのものである. ax^n を多項式の n 次項と呼び, a を n 次係数と呼ぶ. 係数が零と異なるような最大の n を, その多項式の**次数**と呼ぶ. 上の $f(x)$ は 3 次, $g(x)$ は 2 次 (すなわち, 次数がそれぞれ 3, 2) である[8]. 2 つの多項式が等しいとは, それらが同次数であり, かつ同次項の係数がすべて相等しいこととする. 多項式の全体から成る集合を記号 $\mathbb{R}[x]$ で表す. これは, 加法, 減法, 乗法が自由にできるシステムを成す. 加法, 減法は, 同次項の係数の加法, 減法で定義され, 乗法は

$$(an^n)(bx^m) = (ab)x^{n+m}$$

と分配法則

$$p(r + s) = pr + ps,$$
$$(p + q)r = pr + qr$$

に従って定義される. 例えば

---

[7] 微積分に現れる $1 + x + \frac{1}{2!}x^2 + \frac{1}{3!}x^3 + \cdots$ のような無限多項式 (正確には形式的ベキ級数という) は考えない.

[8] 定数も多項式である. 定数は (例外的に 0 も含め) すべて 0 次とする.

$$f(x) \pm g(x) = (2 \pm 0)x^3 + \{(-1) \pm 0\}x^2 + \{3 \pm (-1)\}x + \{(-4) \pm 1\}$$

$$= \begin{cases} 2x^3 - x^2 + 2x - 3; \\ 2x^3 - x^2 + 4x - 5; \end{cases}$$

$$f(x)g(x) = f(x) \cdot (-1)x + f(x) \cdot 1$$

$$= \{2 \cdot (-1)x^4 + (-1) \cdot (-1)x^3 + 3 \cdot (-1)x^2 + (-4) \cdot (-1)x\}$$

$$+ \{2x^3 + (-1)x^2 + 3x^1 + (-4)\}$$

$$= -2x^4 + 3x^3 - 4x^2 + 7x - 4.$$

これらの演算が自由にできるのは，実数全体の集合 $\mathbb{R}$ において加法，減法，乗法が自由にできることによっている．

　次に，**複素数**について思い出そう．それは**虚数単位**と呼ばれる i を用いて，

$$\alpha = a + bi \quad (a,\, b \text{ は実数})$$

の形をしたもので，これが $a' + b'i$ （a', b' は実数）と等しいというのを $a = a'$, $b = b'$ が成り立つことと定める．複素数全体から成る集合を $\mathbb{C}$ で表す．この記号は複素数を表す英語（complex number）の頭文字に由来する．この $\mathbb{C}$ においては四則演算が自由にできる．加法，減法，乗法は，複素数を変数 i の（1 次）多項式と見なして計算し，最後に，また途中いつでも，i^2 を -1 に（従って i^3 を $-i$ に，i^4 を 1 に，$\cdots$）置き換える．実数 a を複素数 $a + 0i$ と見て，$\mathbb{C}$ は $\mathbb{R}$ を含む数のシステムとなる．実数 1 （$= 1 + 0i$）は $\mathbb{C}$ においても，どんな数 α に乗じても変化させない（すなわち，$1 \cdot \alpha = \alpha$）．複素数 α に対し

$$\overline{\alpha} = a - bi$$

を α の**複素共役**と呼び，この記号で表す．すると

$$\alpha\overline{\alpha} = \overline{\alpha}\alpha = a^2 - b^2 i^2 = a^2 + b^2$$

が確かめられる．α が 0 （$= 0 + 0i$）と異なる場合，これを変数 i の多項式と見て分数式 $\frac{1}{\alpha}$ を考え，その分母・分子に $\overline{\alpha}$ を乗じて

$$\frac{1}{a + bi} = \frac{a - bi}{(a + bi)(a - bi)} = \frac{a - bi}{a^2 + b^2} = \frac{a}{a^2 + b^2} + \frac{-b}{a^2 + b^2}i$$

を得る．これは，α に乗じて 1 になる数，すなわち α の逆数である．こうして α による除法（すなわち α の逆数による乗法）が可能になり，結局 $\mathbb{C}$ において四則演算が自由にできる．

　先に，多項式の係数を実数としたが，複素数を係数にもつ多項式を考えることもでき，その全体から成る集合を $\mathbb{C}[x]$ で表す．これにおいても加法，減法，乗法が

自由にできる（$\mathbb{C}$ においてそうであることによる）.

　ところで，$\mathbb{R}$ や $\mathbb{C}$ のように，四則演算が自由にできるシステムを**体**と呼ぶ. 代数学においては，他に群，環，結合的代数といった，それぞれ特定の演算を備えた**システム**が研究の対象となっており，これらを総称して**代数系**と呼ぶ. 「システム」と称したのは「代数系」の「系」を意識した，やや非公式な用語で，単なる集合ではない，「演算がシステマティックに備わった集合」のニュアンスで用いている.

　これまでは，ベクトルや行列を構成する数，またスカラーの範囲—**係数域**と呼ばれる—を $\mathbb{R}$ とした. 多項式の係数と同様，これを $\mathbb{C}$ とすることも可能である. 2.4 節において改めて注意するが，我々は係数域として $\mathbb{R}$, $\mathbb{C}$ のいずれかを選んだ上で議論をする. 広く $\mathbb{C}$ を選べばよいように思うかもしれないが，$\mathbb{R}$ に限るのが適した場面もある. また，いずれを選んでも（それどころか，係数域としてどんな体も選んでも）議論に差が生じない場面も多く，2 章から 4 章と 9 章の大部分がそれに該当する. そこでは，前節までの結果が主に，幾何学的直観に訴える説明に用いられる. 次章から始まるストーリーは，連立 1 次方程式という純代数的対象から始まるもので，前節までに得た線形代数のイメージを一旦忘れ，無心になっていただくのがよい.

演 習 問 題

演習 1　命題 1.5 を証明せよ. 条件 (i)–(iii) の同値性は (i) $\Rightarrow$ (ii) $\Rightarrow$ (iii) $\Rightarrow$ (i) を示すとよい.

演習 2　行列 $A = \begin{bmatrix} a & b \\ c & d \end{bmatrix}$ に対し次を示せ.

(1)　次の 2 条件は同値である.

  (i)　A の行列式が 0 である. すなわち $|A| = 0$.

  (ii)　$\boldsymbol{a} = \begin{bmatrix} a \\ c \end{bmatrix}$, $\boldsymbol{b} = \begin{bmatrix} b \\ d \end{bmatrix}$ が線形従属（定義 1.18）である.

(2)　(ii) が成り立てば，どんな行列 B に対しても，$B\boldsymbol{a}$, $B\boldsymbol{b}$ は線形従属である.

(3)　$|A| = 0$ ならば A は正則行列でない.

演習 3　高校で複素数平面を学んだと思う. 複素数 $\alpha = a + bi$（a, b は実数）を xy-座標平面上の点 (a, b) と—我々の場合さらにベクトル $\begin{bmatrix} a \\ b \end{bmatrix}$ と—**同一視**して，$\mathbb{C} = \mathbb{R}^2$ と見なし，$\mathbb{C}$ を**複素数平面**と呼ぶのである. その同一視のもと，複素数 α による乗法

$$\ell_\alpha \colon \mathbb{C} \to \mathbb{C}, \quad \ell_\alpha(z) = \alpha z$$

が，回転の行列 R_θ（(1.17) を見よ）のスカラー倍 cR_θ による左乗法

$$L_{cR_\theta}\colon \mathbb{R}^2 \to \mathbb{R}^2, \quad L_{cR_\theta}(\boldsymbol{x}) = cR_\theta \boldsymbol{x}$$

に一致したという．複素数 α に対し，実数 c, θ をどのように選ぶとこれが成り立つか．

演習 4　線形独立な 3 次ベクトル $\boldsymbol{a}\ (= \overrightarrow{\mathrm{OP}}),\ \boldsymbol{b}\ (= \overrightarrow{\mathrm{OQ}})$ に対し，それらの外積 $\boldsymbol{a} \times \boldsymbol{b}$ が命題 1.22 に挙げた性質 (i)–(iii) をもつことを示せ．

演習 5　3 次ベクトルの外積に関して

(1°)　$(\boldsymbol{a} + \boldsymbol{a}') \times \boldsymbol{b} = \boldsymbol{a} \times \boldsymbol{b} + \boldsymbol{a}' \times \boldsymbol{b}$

(2°)　$(\lambda \boldsymbol{a}) \times \boldsymbol{b} = \lambda(\boldsymbol{a} \times \boldsymbol{b})$　（λ はスカラー）

(3°)　$\boldsymbol{b} \times \boldsymbol{a} = -\boldsymbol{a} \times \boldsymbol{b}$

が成り立つ（(3°) は (1.24) に既出）．これらの性質さえ既知とすれば，例 1.23 の $\boldsymbol{e}_1 \times \boldsymbol{e}_2 = \boldsymbol{e}_3$ 等から外積の定義 (1.23) が復元できる．復元せよ．

ヒント：演習 4．性質 (iii) に関して．xyz-座標空間において，原点 O を固定し続け，P, Q を次の 2 性質 (1), (2) を保ったまま連続的に動かすことができる．(1) $\boldsymbol{a}, \boldsymbol{b}$ が線形独立；(2) $\boldsymbol{a}, \boldsymbol{b}, \boldsymbol{a} \times \boldsymbol{b}$ が（出発点の状態に応じ）右手系または左手系のいずれか一方．これにより，P, Q を xy-平面上にまで動かすことができ，その状態で右手系か左手系かを見れば，出発点の状態がわかる．

第2章
連立1次方程式から行列へ

　本章と次章は行列のサクセスストーリーである．主役の行列は，斉次連立1次方程式を効率よく解くために，その係数たちを取り出し並べただけのものとして登場する．しかしこの純朴な主役が，もとの方程式の解法を再現すると，「階数」という最重要概念を獲得する．準主役はベクトルであって，これは上記の方程式の解として登場する．解全体の考察が，「解空間とその次元」という概念を産み出す．次章に進むと，行列はさらに「線形写像」という別のエレガントな姿に変わり，解空間は線形写像の核へと昇華する．

2.1　ベクトルとその演算

　実のある議論は次節から始まる．次節を重くし過ぎないため，ベクトルに関して少し準備をしておく．

$$[0 \ \ 0 \ \ 3 \ \ -9 \ \ 7 \ \ -1], \quad \begin{bmatrix} 2 \\ 0 \\ 7 \\ 3 \end{bmatrix} \tag{2.1}$$

のように，有限個の数（実数または複素数とする）を1列に並べて（まとまりをつけるため）カッコでくくったものを**ベクトル**と呼ぶ．構成する数の1つ1つを**成分**と呼び，成分の総数を**次数**と呼ぶ．左のように成分が横に並んだものを**行ベクトル**（この例は6次行ベクトル）と呼び，右のように縦に並んだものを**列ベクトル**（この例は4次列ベクトル）と呼ぶ．成分は左から，また上から数え，従って例えば左の行ベクトルの第4成分は -9，右の列ベクトルの第3成分は7である．1章で考察したのは，実数を成分にもつ，2次と3次の列ベクトルであった．

　天下りになるが，同じ次数の行ベクトルと列ベクトルとの（この順序の）積を，同じ順位にある成分どうしの積の総和として定義する[1]．例えば

---

[1] 定義を見て「1章で見た，2次または3次列ベクトルのどうしの内積と同じじゃないか」とおっしゃるかもしれない．確かにそうだが，勝手ながら，内積はしばらく忘れていただきたい．

$$[3 \ \ -9 \ \ 7 \ \ -1] \begin{bmatrix} 2 \\ 0 \\ 7 \\ 3 \end{bmatrix} = 3 \cdot 2 + (-9) \cdot 0 + 7 \cdot 7 + (-1) \cdot 3 = 52. \qquad (2.2)$$

同じ次数であること，積を取る順序があること，積の結果が数であることが重要である．

　以後，行ベクトルより列ベクトルを扱うことが多い．単にベクトルというときは列ベクトルを指すものと約束する．ベクトルを一般的に表すのに，a, v, x のように太字の小文字アルファベットを用いる．

$$\begin{bmatrix} 0 \\ 0 \end{bmatrix}, \quad \begin{bmatrix} 0 \\ 0 \\ 0 \end{bmatrix}, \cdots$$

のように，成分が 0 ばかりから成るベクトルを**零ベクトル**と呼び，次数によらずどれをも太字の零 **0** で表す．

　ただ 1 つの成分が 1 で他の成分がすべて 0 であるようなベクトルを**基本ベクトル**と呼び，記号 e_i を用いて表す．ここに添え字 i は成分 1 のポジションを表す．例えば 4 次基本ベクトルは

$$e_1 = \begin{bmatrix} 1 \\ 0 \\ 0 \\ 0 \end{bmatrix}, \quad e_2 = \begin{bmatrix} 0 \\ 1 \\ 0 \\ 0 \end{bmatrix}, \quad e_3 = \begin{bmatrix} 0 \\ 0 \\ 1 \\ 0 \end{bmatrix}, \quad e_4 = \begin{bmatrix} 0 \\ 0 \\ 0 \\ 1 \end{bmatrix} \qquad (2.3)$$

から成る．

　2 つのベクトル v, w が等しい（$v = w$ で表す）とは，次数が等しく，同じポジションにある成分がすべて等しいときにいう．

　ベクトルと数とが同時に現れる場面で対比の目的から，数を**スカラー**と呼ぶことが多い．v, w を同じ次数の 2 つのベクトル，a をスカラーとする．ベクトルの和 $v + w$，またスカラー倍 av を次のように定める．これらはどちらも，もとのベクトルと同じ次数のベクトルで，成分ごとの和，また a 倍によって成分を定める．従って例えば 3 次の場合，b, c をスカラーとして次が成り立つ．

$$b \begin{bmatrix} -2 \\ 1 \\ 0 \end{bmatrix} + c \begin{bmatrix} 3 \\ 0 \\ 1 \end{bmatrix} = \begin{bmatrix} -2b + c \\ b \\ c \end{bmatrix} \qquad (2.4)$$

ベクトル v に対し，その成分の符号（正負）をすべて替えて得られる，同じ次数

のベクトルを $-\boldsymbol{v}$ で表す．これは $(-1)\boldsymbol{v}$ に一致する．例えば

$$-\begin{bmatrix} -2 \\ 1 \\ 0 \end{bmatrix} = \begin{bmatrix} 2 \\ -1 \\ 0 \end{bmatrix} = (-1)\begin{bmatrix} -2 \\ 1 \\ 0 \end{bmatrix}.$$

$\boldsymbol{v}$ を引くというのを $-\boldsymbol{v}$ を加えることとし，$\boldsymbol{w} + (-\boldsymbol{v})$ を $\boldsymbol{w} - \boldsymbol{v}$ $(= -\boldsymbol{v} + \boldsymbol{w})$ で表す．

このようにすると，同じ次数のベクトル $\boldsymbol{u}, \boldsymbol{v}, \boldsymbol{w}, \ldots$ の間で加法，減法[2]) が「自由に」できる．これは厳密には次が成り立つことを意味する．

> (A1) （結合法則）$(\boldsymbol{u} + \boldsymbol{v}) + \boldsymbol{w} = \boldsymbol{u} + (\boldsymbol{v} + \boldsymbol{w})$
> (A2) （交換法則）$\boldsymbol{u} + \boldsymbol{v} = \boldsymbol{v} + \boldsymbol{u}$
> (A3) $\boldsymbol{v} + \boldsymbol{0} = \boldsymbol{v}$
> (A4) $\boldsymbol{v} - \boldsymbol{v} = \boldsymbol{0}$

またスカラー乗法も，次が成り立つという意味で「自由に」できる．ここに a, b はスカラーとする．

> (S1) $1\boldsymbol{v} = \boldsymbol{v}$
> (S2) （結合法則）$a(b\boldsymbol{v}) = (ab)\boldsymbol{v}$
> (S3) （分配法則）$a(\boldsymbol{u} + \boldsymbol{v}) = a\boldsymbol{u} + b\boldsymbol{v}$
> (S4) （分配法則）$(a + b)\boldsymbol{v} = a\boldsymbol{v} + a\boldsymbol{v}$

これらの等式を確かめるのに，ベクトルの特定の成分に注目してよい．従ってその確かめは，ベクトルが通常の数の場合と本質的に変わらない．

用語を1つ準備するが，次節以降でこれが出てきたときに戻って見て欲しい．

> **定義 2.1** 同じ次数のベクトル $\boldsymbol{v}_1, \boldsymbol{v}_2, \ldots, \boldsymbol{v}_n$ に対し，それぞれのスカラー倍の和
>
> $$c_1\boldsymbol{v}_1 + c_2\boldsymbol{v}_2 + \cdots + c_n\boldsymbol{v}_n \quad (c_1, c_2, \ldots, c_n \text{ はスカラー})$$
>
> を，それらのベクトルの**線形結合**という[3])．これは和を取る順序によらずに決

---

[2]) 和，差，スカラー倍が，ベクトル全体の上に定める演算を，加法，減法，スカラー乗法と，ややいかめしく呼ぶ．

[3]) この和は，ベクトル $\boldsymbol{v}_i$ を変数と見なして1次式の形をしているため，**1次結合**と呼ばれることもある．

まるから，普通の数の場合と同様に，演算の順序を示すためのカッコをつけなくてよい．

2.2　斉次連立 1 次方程式の解法

さて本論に入ろう．1.5 節で 1 変数 x の多項式について復習した．大学に入ると，複数の変数 $x_1, x_2, \ldots$ の多項式も扱う．ただここでは，$x_1 + 2x_2 - 3x_3$ のように 1 次の項 cx_i の和の形の，**斉次 1 次多項式のみ**[4)] を扱う（斉次は**同次**と同義．1 次の項だけから成り，0 次項，すなわち定数項を含まない多項式が斉次 1 次多項式である）．ウォーミングアップとして，この多項式が与える**斉次 1 次方程式**

$$x_1 + 2x_2 - 3x_3 = 0 \tag{2.5}$$

を解こう．それは x_1, x_2, x_3 に代入したとき，この等式を成り立たせる，すなわち $a + 2b - 3c = 0$ を成り立たせる数の組 (a, b, c) をうまく表示するということである．逆にそれを行う意志をもって上の等式を見るとき，この等式を**方程式**と呼ぶ．すなわち，等式を見る側の意志表明をしているのである．上で「うまく表示する」と言ったのは，解が 1 組に定まらない（$(0,0,0)$ も解ならば，$(4,1,2)$ も解．解は無数にある）から，何かしら工夫が必要という意味である．すべての解が，b, c を**パラメータ**として

$$x_1 = -2b + 3c, \quad x_2 = b, \quad x_3 = c$$

で与えられることは明らかであろう．上にいう工夫として，この解全体をベクトルを用い

$$\begin{bmatrix} x_1 \\ x_2 \\ x_3 \end{bmatrix} = \begin{bmatrix} -2b+3c \\ b \\ c \end{bmatrix} = b\begin{bmatrix} -2 \\ 1 \\ 0 \end{bmatrix} + c\begin{bmatrix} 3 \\ 0 \\ 1 \end{bmatrix} \tag{2.6}$$

と表示しよう．第 2 の等号は (2.4) による．これでウォーミングアップ終了．

実際に解きたいのは**斉次連立 1 次方程式**．すなわち

$$\begin{cases} 0x_1 + 0x_2 + 1x_3 - 3x_4 + 2x_5 + 0x_6 = 0 \\ 0x_1 + 2x_2 + 2x_3 - 4x_4 + 0x_5 + 0x_6 = 0 \\ 0x_1 + 0x_2 + 3x_3 - 9x_4 + 7x_5 - 1x_6 = 0 \\ 0x_1 - 1x_2 + 0x_3 - 1x_4 + 3x_5 - 1x_6 = 0 \end{cases} \tag{2.7}$$

[4)] 本書では，後でも 7 章で 2 変数および 3 変数の 2 次多項式を扱うのみである．

のように，いくつかの斉次 1 次方程式を並べた（連立させた）ものである[5]．これらのすべてを満たす解全体を，上のようにベクトルを用いて表示したい．そのための目標として

　(I)　斉次連立 1 次方程式を簡単な形に変形し，

　(II)　その解全体をベクトルを用いて表示する

方法を示したい．(I) にいう「簡単な形」が何を意味するかは後回し（定義 2.3）にし，「変形」は次の 3 種から成る．

斉次連立 1 次方程式の変形

　（第 1 種）　ある方程式の左辺を非零スカラー倍する；

　（第 2 種）　2 つ連立方程式の位置を入れ替える；

　（第 3 種）　ある方程式の左辺のスカラー倍を，別の方程式の左辺に加える．

　第 1 種変形で**非零**というのは，零と異なること（英語で non-zero）を意味し，従って**非零スカラー倍**とは，零と異なるスカラーによる乗法を意味する．

　上の 3 種の変形に関して重要なのは，解を変えないためにこれらの変形が**可逆**である，すなわち変形を施しても（それぞれ同種の変形により）もとの連立方程式が復元できるということ．例えば第 3 種変形として，第 1 式の c 倍を第 2 式に加えても，変形した結果において第 1 式の $-c$ 倍を第 2 式に加えればもとの連立方程式が復元できる．第 1 種変形が 0 倍を許さないのはこの可逆性を求めるためである．第 2 種変形は，式の順序を替えるだけで本質的でないと思われようが，きれいな理論的結果を得るために必要である．また第 1，第 3 種変形で「左辺を」，「左辺に」と言っているが，右辺はどれも 0 なので，これらを「両辺を」，「両辺に」に替えても変わりなく，上述の可逆性を考えれば，むしろ後者に替えた方が正しい．

　斉次連立 1 次方程式を扱うのに，係数だけを見れば済むから，それらを取り出して並べたものを考える．例えば，(2.7) に関して

$$A = \begin{bmatrix} 0 & 0 & 1 & -3 & 2 & 0 \\ 0 & 2 & 2 & -4 & 0 & 0 \\ 0 & 0 & 3 & -9 & 7 & -1 \\ 0 & -1 & 0 & -1 & 3 & -1 \end{bmatrix} \tag{2.8}$$

を考える．このように数を長方形に並べて（まとまりをつけるため）カッコでく

---

[5] 第 1 式の $0x_1, 0x_2, 0x_3$ のように，0 を係数にもつ，省略してよい項も，説明の都合上書いている．

くったものを**行列**と呼ぶ．構成する各々の数を**成分**と呼ぶ．この A は4つの行ベクトル（単に**4行**という）と6つの列ベクトル（単に**6列**という）という意味で，4×6 型または 4×6 行列と呼ばれる．行は上から，列は左から数える．例えば A の第3行，第5列はそれぞれ (2.1) に与えたものになる．

定義 2.2 一般に m 行，n 列から成る行列を $\boldsymbol{m \times n}$ **（型）行列**と呼ぶ．従って $m \times 1$ 行列，$1 \times n$ 行列はそれぞれ m 次列ベクトル，n 次行ベクトルに一致する．

成分がすべて0であるような行列を**零行列**と呼び，その型によらずどれをも大文字の $\overset{\text{オウ}}{O}$ で表す．

1.3節で考察したのは，実数を成分にもつ 2×2 行列であった．(1.16) に 2×2 零行列がある．

ヨコ長を「行」，タテ長を「列」と称するのに抵抗がある，と訴えた学生がいたが変えられない．日本の伝統的暗記法を下に記す．

ヨコ長　　　　　　タテ長

上の行列 A に戻ろう．もとの斉次連立1次方程式 (2.7) を行列 A が**与える斉次連立1次方程式**と呼ぶ．この方程式をより簡潔に

$$Ax = 0 \tag{2.9}$$

と表示しよう（1.3節でしたように）．ここに左辺 $\boldsymbol{x}$ は，(2.6) の最左辺に倣い，変数を並べたベクトル，右辺の $\boldsymbol{0}$ は (2.7) を成す方程式の個数に応じた次数の零ベクトルを表す．すなわち

$$\boldsymbol{x} = \begin{bmatrix} x_1 \\ x_2 \\ x_3 \\ x_4 \\ x_5 \\ x_6 \end{bmatrix}, \quad \boldsymbol{0} = \begin{bmatrix} 0 \\ 0 \\ 0 \\ 0 \end{bmatrix}.$$

左辺の積 $A\boldsymbol{x}$ は，(2.2) に与えた積を用いて

$$A\boldsymbol{x} = \begin{bmatrix} (A \text{ の第 1 行})\boldsymbol{x} \\ (A \text{ の第 2 行})\boldsymbol{x} \\ (A \text{ の第 3 行})\boldsymbol{x} \\ (A \text{ の第 4 行})\boldsymbol{x} \end{bmatrix}$$

とする[6]．例えば第 3 成分は

$$(A \text{ の第 3 行})\boldsymbol{x} = [0 \ \ 0 \ \ 3 \ \ -9 \ \ 7 \ \ -1]\boldsymbol{x}$$
$$= 0x_1 + 0x_2 + 3x_3 - 9x_4 + 7x_5 - 1x_6 = (2.7) \text{ の第 3 式左辺}.$$

他の成分も同様に見て，(2.9) が (2.7) を表していることがわかる．行列の積に関しては，次章で改めてより一般的状況で議論する．

　さて上述の斉次連立 1 次方程式の変形は，行列の**行基本変形**と呼ばれる次の変形に置き換えられる．

行列の行基本変形

（第 1 種）　ある行を非零スカラー倍する；

（第 2 種）　2 つの行を入れ替える；

（第 3 種）　ある行のスカラー倍を別の行に加える．

斉次連立 1 次方程式の変形の場合と同様に大事な事実として，これらの変形は可逆であって，逆の変形も同種の行基本変形である．

　さて (2.8) の行列 A は，何回かの行基本変形（変形の具体的方法は次節で示す）より，次の「簡単な形」の行列 B になる．

$$B = \begin{bmatrix} 0 & ① & 0 & 1 & 0 & -2 \\ 0 & 0 & ① & -3 & 0 & 2 \\ 0 & 0 & 0 & 0 & ① & -1 \\ 0 & 0 & 0 & 0 & 0 & 0 \end{bmatrix} \tag{2.10}$$

ここで「簡単な形の行列」とは**階段行列**を意味する．大雑把に言うとそれは，この B のように，(1) 点線で示したような階段（下側の，成分が 0 ばかりから成る部分を空と思い，「逆さ階段」と見るのがよい）が現れる行列であって，(2) 格段の「ヘリ」の成分が 1 であり（マルで囲んでいる），(3) そのヘリを含む列の，マルで

---

[6] 異なった状況ではあるが，A が 2×2 型の場合 $A\boldsymbol{x}$ をこう定義する根拠が，1.3 節 (1.13) 周辺に示されている．

囲んだ 1 より他の成分がすべて 0 であるような行列である．より正確には次のように理解するとのちのち都合がよい．

定義 2.3　**階段行列**とは，次の 4 条件を満たす非零行列をいう[7]．

(i)　列が**主列**と**助列**に分かれ[8]，主列が少なくとも 1 つある；

(ii)　左から数え第 i 番目の主列（第 i 主列）は，第 i 基本ベクトル e_i である（従って各主列は成分 1 をただ 1 つ含む．(2.3) を見よ）；

(iii)　各主列の成分 1 より左の，同じ行の成分はすべて 0 である；

(iv)　最も右の主列の，成分 1 より下にある成分はすべて 0 である[9]．

上で**非零行列**というのは，零行列と異なる行列，すなわち零でない成分を 1 つでももつ行列を意味する．約束として，零行列も，助列だけから成るものとして階段行列に含める．

例 2.4　(2.10) の行列 B は確かに階段行列である．実際，下に示すように列を主・助列に分けると，主列は左から順に e_1, e_2, e_3 となっている．(iii) の「各主列の成分 1 より左の，同じ行」は青で囲った部分を指し，(iv) の「最も右の主列の，成分 1 より下にある」は破線で囲った部分を指している．囲まれた成分はすべて 0 である．

$$B = \begin{bmatrix} 0 & 1 & 0 & 1 & 0 & -2 \\ 0 & 0 & 1 & -3 & 0 & 2 \\ 0 & 0 & 0 & 0 & 1 & -1 \\ 0 & 0 & 0 & 0 & 0 & 0 \end{bmatrix}$$

助　主　主　助　主　助

一般の行列 A に対し次が成り立つ．

定理 2.5 ★　どんな行列 A も，何回かの行基本変形により，階段行列 B にできる．変形の仕方はさまざまあっても結果として得られる B は一通りに決まる．

---

[7] これを「簡約階段行列」と称する教科書もあり，この用語は統一されていない．

[8] 換言すると，いくつかの列をうまく選んで（それらを主列，他を助列と呼ぶ），以下が成り立つようにできる．

[9] 最も右の主列の成分 1 が行列の最下行にある場合には，「下」が存在しないからこの条件は無視してよい．

> **定義 2.6** A から一通りに決まるこの階段行列 B を，A の**階段化**と呼ぶ．A を変形して B を得ることを，A を**階段化する**という．B に現れる主列の個数（すなわち階段の段数）を A の**階数**または**ランク**と呼び $\operatorname{rank} A$ で表す．

例 2.7 (2.8) の行列の階数は，その階段化である (2.10) の B の主列の数を数えて，3 である． □

A がすでに階段行列であれば，（0 回の行基本変形の結果として）A 自身が A の階段化である．とくに零行列 O の階段化はそれ自身であり，$\operatorname{rank} O = 0$ となる．

いま定義した階数（ランク）が，本書の中で最も重要な概念である．

問 2.8 次を示せ．行列 A の階数は A の行数以下かつ列数以下である．すなわち，A が $m \times n$ 型であれば

$$\operatorname{rank} A \leqq m \quad \text{かつ} \quad \operatorname{rank} A \leqq n.$$

先に掲げた目標 (II) を思い出そう．前の例，すなわち (2.8) の行列 A が与える斉次連立 1 次方程式 (2.7) に戻り，その解を (2.6) に倣って表示したい．A の階段化が (2.10) の B であり，従ってその階数は 3 である．(2.7) の解を求めるのに，解が変わらないことから，B が与える斉次連立 1 次方程式

$$\begin{cases} x_2 & + \ x_4 & -2x_6 = 0 \\ & x_3 - 3x_4 & +2x_6 = 0 \\ & x_5 - \ x_6 = 0 \end{cases} \tag{2.11}$$

の解を求めればよい．ここで x_1 も変数として存在していることをお忘れなく．各方程式の先頭の変数 x_2, x_3, x_5 に関してそれぞれの方程式を解く（例えば第 2 の方程式に関しては，先頭の x_3 より他を右辺に移項して $x_3 = 3x_4 - 2x_6$）．残りの変数 x_1, x_4, x_6 をそれぞれパラメータ a, b, c として，すべての解が

$$\begin{bmatrix} x_1 \\ x_2 \\ x_3 \\ x_4 \\ x_5 \\ x_6 \end{bmatrix} = \begin{bmatrix} a \\ -b+2c \\ 3b-2c \\ b \\ c \\ c \end{bmatrix} = a\begin{bmatrix} 1 \\ 0 \\ 0 \\ 0 \\ 0 \\ 0 \end{bmatrix} + b\begin{bmatrix} 0 \\ -1 \\ 3 \\ 1 \\ 0 \\ 0 \end{bmatrix} + c\begin{bmatrix} 0 \\ 2 \\ -2 \\ 0 \\ 1 \\ 1 \end{bmatrix} \tag{2.12}$$

と求まる．ここに a, b, c は勝手な 3 つのスカラーであり，互いに束縛されることは

ない．これを以て，この斉次連立 1 次方程式の**解の自由度**が 3 であるという．(2.12)
の最右辺に現れるベクトルを順に v_1, v_2, v_3 としよう．ここで前節の定義 2.1 に
戻って欲しい．そこで定義した用語を用いて次が成り立つ．

事実 2.9　v_1, v_2, v_3 の線形結合 $av_1 + bv_2 + cv_3$ はすべて斉次連立 1 次式 (2.7)
の解であり，またその解は，v_1, v_2, v_3 の線形結合として表示されるものに限られ
る．しかもそれぞれの解の表示は一意的である．　　　　　　　　　　　　　　　□

　ここで表示が**一意的**とは，ある解 $av_1 + bv_2 + cv_3$ が別に $a'v_1 + b'v_2 + c'v_3$
と表示されたとする，すなわち $av_1 + bv_2 + cv_3 = a'v_1 + b'v_2 + c'v_3$ と仮定す
ると，$a = a'$, $b = b'$, $c = c'$ が成り立つことを意味する．これが正しいことは仮定
の等式両辺の第 1, 4, 6 成分（すぐ下にいう助成分）を比べればわかる．

　v_1, v_2, v_3 が階段行列 B からどう得られるか考え直そう．B の列の主・助に応
じて，上記ベクトルの成分を順に，助・主・主・助・主・助成分と呼ぶ．助成分は先
のパラメータに対応する[10]から，助成分のみ取り出せば，v_1, v_2, v_3 は順に 3 次
基本ベクトル e_1, e_2, e_3 に一致する．

$$v_1 = \begin{bmatrix} 1 \\ \\ 0 \\ \\ 0 \end{bmatrix}, \quad v_2 = \begin{bmatrix} 0 \\ \\ 1 \\ \\ 0 \end{bmatrix}, \quad v_3 = \begin{bmatrix} 0 \\ \\ 0 \\ \\ 1 \end{bmatrix} \quad \begin{matrix} 助 \\ 主 \\ 主 \\ 助 \\ 主 \\ 助 \end{matrix}$$

(2.11) において，パラメータとした変数は，添え字がそれより大きい変数を先頭に
もつ方程式には現れない．これは，すでに書き込んだ成分 1 より下にある主成分が
すべて 0（次に書き込む青のアミカケの 0）であることを意味する．

$$v_1 = \begin{bmatrix} 1 \\ 0 \\ 0 \\ 0 \\ 0 \\ 0 \end{bmatrix}, \quad v_2 = \begin{bmatrix} 0 \\ \\ 1 \\ 0 \\ 0 \end{bmatrix}, \quad v_3 = \begin{bmatrix} 0 \\ \\ 0 \\ \\ 1 \end{bmatrix} \quad \begin{matrix} 助 \\ 主 \\ 主 \\ 助 \\ 主 \\ 助 \end{matrix}$$

---

[10] パラメータを日本語で助変数と呼ぶ．これに基づき助列・助成分，対比として主列・主成分と
いう用語を用いた．これらは，実は本書の造語で一般には用いられていない．ただし主成分をやや
異なった意味に用いる文献があるという指摘を受けた．

空いている主成分（3つある）のうち，第1のもの（青のアミカケ，ベクトルの第2成分）は，(2.11) の第1の方程式の等号を成り立たせるように（すなわち B の第1行とベクトル $\boldsymbol{v}_i$ $(i=2,3)$ との積が0となるように），1通りに決まる.

$$
\boldsymbol{v}_1 = \begin{bmatrix} 1 \\ 0 \\ 0 \\ 0 \\ 0 \\ 0 \end{bmatrix}, \quad
\boldsymbol{v}_2 = \begin{bmatrix} 0 \\ -1 \\ \\ 1 \\ 0 \\ 0 \end{bmatrix}, \quad
\boldsymbol{v}_3 = \begin{bmatrix} 0 \\ 2 \\ \\ 0 \\ \\ 1 \end{bmatrix}
\begin{matrix} 助 \\ 主 \\ 主 \\ 助 \\ 主 \\ 助 \end{matrix}
$$

同様に，空いている第2主成分（青のアミカケ），第3主成分（グレーのアミカケ）は，(2.11) の第2, 第3の方程式の等号が成り立つように（すなわち (B の第2行)$\boldsymbol{v}_i = 0$ $(i=2,3)$, (B の第3行)$\boldsymbol{v}_3 = 0$ が成り立つように），1通りに決まる.

$$
\boldsymbol{v}_1 = \begin{bmatrix} 1 \\ 0 \\ 0 \\ 0 \\ 0 \\ 0 \end{bmatrix}, \quad
\boldsymbol{v}_2 = \begin{bmatrix} 0 \\ -1 \\ 3 \\ 1 \\ 0 \\ 0 \end{bmatrix}, \quad
\boldsymbol{v}_3 = \begin{bmatrix} 0 \\ 2 \\ -2 \\ 0 \\ 1 \\ 1 \end{bmatrix}
\begin{matrix} 助 \\ 主 \\ 主 \\ 助 \\ 主 \\ 助 \end{matrix}
\tag{2.13}
$$

A を一般の $m \times n$ 行列とし，その階数を r とする．この A が与える斉次連立1次方程式 $A\boldsymbol{x} = \boldsymbol{0}$ の解をすべて求めたい．ここに $\boldsymbol{0}$ は m 次零ベクトル，$\boldsymbol{x}$ は変数 $x_1, x_2, \ldots, x_n$ を成分とする n 次ベクトルとする．$A\boldsymbol{x}$ は積 (A の第 i 行)$\boldsymbol{x}$ を第 i 成分とする m 次ベクトル，すなわち

$$
A\boldsymbol{x} = \begin{bmatrix} (A \text{ の第1行})\boldsymbol{x} \\ (A \text{ の第2行})\boldsymbol{x} \\ \vdots \\ (A \text{ の第 } m \text{ 行})\boldsymbol{x} \end{bmatrix}
\tag{2.14}
$$

とする[11]．解は (2.12) のようにベクトルの形で求める．以後，$A\boldsymbol{x} = \boldsymbol{0}$ を満たすベクトル $\boldsymbol{x}$ を求めるという意味で，方程式 $A\boldsymbol{x} = \boldsymbol{0}$ の解を求めるという言い方をする.

---

[11] $m = n = 2$ の場合のこの積は，(1.13) に与えたものと一致する.

　求める解は，A の階段化 B が与える方程式 $B\boldsymbol{x} = \boldsymbol{0}$ の解と一致する．$r < n$ と仮定しよう．階数の定義から B は r 個の主列と $n - r$ 個の助列から成る．それに応じ，n 次列ベクトルの成分を主・助に分けるとき，助成分だけを選び出すと $n - r$ 次基本ベクトル $\boldsymbol{e}_1, \boldsymbol{e}_2, \ldots, \boldsymbol{e}_{n-r}$ に一致するような解 $\boldsymbol{v}_1, \boldsymbol{v}_2, \ldots, \boldsymbol{v}_{n-r}$ が一通りに求まる．これらを**基本解**と呼ぶ．先の事実 2.9 を一般化した次が成り立つ．

定理 2.10　基本解の線形結合 $c_1\boldsymbol{v}_1 + c_2\boldsymbol{v}_2 + \cdots + c_{n-r}\boldsymbol{v}_{n-r}$ はすべて $A\boldsymbol{x} = \boldsymbol{0}$ の解である．逆に $A\boldsymbol{x} = \boldsymbol{0}$ の解は基本解の線形結合として表示されるものに限り，しかもそれぞれの解の表示は一意的である（すなわち係数 $c_1, c_2, \ldots, c_{n-r}$ が一意的に決まる）．

　この方程式 $A\boldsymbol{x} = \boldsymbol{0}$ は，$\boldsymbol{x} = \boldsymbol{0}$ すなわち $x_1 = x_2 = \cdots = x_n = 0$ を必ず解にもつ．この解を**自明な解**と呼び，これより他の解を**非自明な解**と呼ぶ．$r = n$ の場合には，B は助列をもたず，$A\boldsymbol{x} = \boldsymbol{0}$ の解は自明な $\boldsymbol{x} = \boldsymbol{0}$ に限られる．一方 $r < n$ ならば上の通り非自明な解が存在する．従って

補足 2.11　rank $A = n$（変数の個数）ならば $A\boldsymbol{x} = \boldsymbol{0}$ の解は自明な $\boldsymbol{x} = \boldsymbol{0}$ に限り，また逆も成り立つ．

2.3　実践　行列の階段化

　予告通り，(2.8) の行列 A を階段化する具体的手順を示そう．

---

① 第 2 種変形により，非零成分を含む最左列の第 1 行に非零成分をもってくる．
② 第 1 種変形により，もってきた非零成分を 1 にする．
③ この 1 より下の成分がすべて 0 となるように第 3 種変形を施す（非零成分を**掃き出す**という）．こうして $\boldsymbol{e}_1$ の形をした第 1 主列が得られる．
④ 第 1 主列より右，第 2 行以下の部分（青アミカケ部分）に①〜③と同じ操作をする．

$$A = \begin{bmatrix} 0 & 0 & 1 & -3 & 2 & 0 \\ 0 & 2 & 2 & -4 & 0 & 0 \\ 0 & 0 & 3 & -9 & 7 & -1 \\ 0 & -1 & 0 & -1 & 3 & -1 \end{bmatrix} \xrightarrow{\text{①}} \begin{bmatrix} 0 & 2 & 2 & -4 & 0 & 0 \\ 0 & 0 & 1 & -3 & 2 & 0 \\ 0 & 0 & 3 & -9 & 7 & -1 \\ 0 & -1 & 0 & -1 & 3 & -1 \end{bmatrix} \overset{\times\frac{1}{2}}{\xrightarrow{\text{②}}}$$

$$\begin{bmatrix} 0 & 1 & 1 & -2 & 0 & 0 \\ 0 & 0 & 1 & -3 & 2 & 0 \\ 0 & 0 & 3 & -9 & 7 & -1 \\ 0 & -1 & 0 & -1 & 3 & -1 \end{bmatrix} \overset{\times 1}{\underset{③}{\longrightarrow}} \begin{bmatrix} 0 & 1 & 1 & -2 & 0 & 0 \\ 0 & 0 & 1 & -3 & 2 & 0 \\ 0 & 0 & 3 & -9 & 7 & -1 \\ 0 & 0 & 1 & -3 & 3 & -1 \end{bmatrix} \overset{\times(-3)}{\underset{④}{\longrightarrow}} \overset{}{}$$

$$\overset{\times(-1)}{}$$

注意 2.12　各操作において青で記したものは次を表す．①第 1 行と第 2 行の入れ替え；②第 1 行を $\frac{1}{2}$ 倍；③第 1 行の 1 倍を第 4 行に加える；④第 2 行の -3 倍を第 3 行に加え，-1 倍を第 4 行に加える．変形を，このように書き込むとよい．以下でもそうする．

⑤ 青アミカケ部分の第 1 主列第 1 行に当然 1 がある．その 1 により，その上の成分（が非零ならばそれを）掃き出す．その列は全体の第 2 主列，e_2 の形となる．

⑥ その第 2 主列より右，第 3 行以下の部分（グレーアミカケ部分）に①〜③と同じ操作をする．

⑦ グレーアミカケ部分の第 1 主列第 1 行に当然 1 がある．その 1 によりそれより上の非零成分をすべて掃き出す．その列は全体の第 3 主列，e_3 の形となる．いまの場合，こうして得られた行列 B が階段行列ゆえ，この B が A の階段化である（一般には階段行列が得られるまで上の操作を続ける）．

$$\begin{bmatrix} 0 & 1 & 1 & -2 & 0 & 0 \\ 0 & 0 & 1 & -3 & 2 & 0 \\ 0 & 0 & 0 & 0 & 1 & -1 \\ 0 & 0 & 0 & 0 & 1 & -1 \end{bmatrix} \overset{\times(-1)}{\underset{⑤}{\longrightarrow}} \begin{bmatrix} 0 & 1 & 0 & 1 & -2 & 0 \\ 0 & 0 & 1 & -3 & 2 & 0 \\ 0 & 0 & 0 & 0 & 1 & -1 \\ 0 & 0 & 0 & 0 & 1 & -1 \end{bmatrix} \overset{\times(-1)}{\underset{⑥}{\longrightarrow}}$$

$$\begin{bmatrix} 0 & 1 & 0 & 1 & -2 & 0 \\ 0 & 0 & 1 & -3 & 2 & 0 \\ 0 & 0 & 0 & 0 & 1 & -1 \\ 0 & 0 & 0 & 0 & 0 & 0 \end{bmatrix} \overset{\times 2}{\underset{⑦}{\overset{\times(-2)}{\longrightarrow}}} \begin{bmatrix} 0 & 1 & 0 & 1 & 0 & -2 \\ 0 & 0 & 1 & -3 & 0 & 2 \\ 0 & 0 & 0 & 0 & 1 & -1 \\ 0 & 0 & 0 & 0 & 0 & 0 \end{bmatrix} = B$$

問 2.13　次の行列 A を階段化し，階数 $\operatorname{rank} A$ を求めよ．また方程式 $A\boldsymbol{x} = \boldsymbol{0}$ の基本解を求めよ．

(1) $A = \begin{bmatrix} 1 & 2 & 1 & 1 & 1 & 6 \\ 1 & 2 & 2 & 2 & 1 & 8 \\ 2 & 4 & 5 & 5 & 3 & 21 \\ 0 & 0 & 1 & 1 & 0 & 1 \end{bmatrix}$　　(2) $A = \begin{bmatrix} 0 & 0 & 0 & 1 & 1 & 1 \\ 0 & 1 & 2 & -1 & -1 & -1 \\ 0 & 2 & 4 & 2 & 2 & 1 \\ 0 & 3 & 6 & 1 & 1 & 0 \end{bmatrix}$

注意 2.14　定数項をもつ（すなわち非斉次）連立1次方程式[12]）の解法を見よう．ただし本書ではこれを，この注意，章末演習問題6，注意 3.31，加えて問 4.25 の一部で簡単に扱うのみで，重要視しない（これらをスキップしても，他の部分の理解に影響しない）．例として，斉次連立1次方程式 (2.7) に定数項を加えた，次の非斉次連立1次方程式を考える．

$$\begin{cases} 0x_1 + 0x_2 + 1x_3 - 3x_4 + 2x_5 + 0x_6 = 1 \\ 0x_1 + 2x_2 + 2x_3 - 4x_4 + 0x_5 + 0x_6 = 2 \\ 0x_1 + 0x_2 + 3x_3 - 9x_4 + 7x_5 - 1x_6 = t \\ 0x_1 - 1x_2 + 0x_3 - 1x_4 + 3x_5 - 1x_6 = -1 \end{cases} \tag{2.15}$$

第3式右辺の t はあるスカラーとする．(2.7) が，(2.8) の行列 A を用いて $A\boldsymbol{x} = \boldsymbol{0}$，あるいは A そのもので表せたように，上の (2.15) は，同じ行列 A と，右辺の定数項を並べた

ベクトル $\boldsymbol{b} = \begin{bmatrix} 1 \\ 2 \\ t \\ -1 \end{bmatrix}$ を用いて

$$A\boldsymbol{x} = \boldsymbol{b}, \quad \text{あるいは} \quad [A \mid \boldsymbol{b}] = \begin{bmatrix} 0 & 0 & 1 & -3 & 2 & 0 & \big| & 1 \\ 0 & 2 & 2 & -4 & 0 & 0 & \big| & 2 \\ 0 & 0 & 3 & -9 & 7 & -1 & \big| & t \\ 0 & -1 & 0 & -1 & 3 & -1 & \big| & -1 \end{bmatrix} \tag{2.16}$$

と表せる．このように行列 A とベクトル $\boldsymbol{b}$ を縦線で区切るのが習慣である．4×7 行列 $[A \mid \boldsymbol{b}]$ に，A を階段化するのに施した，行変形を施すと（当然，左部分に A の階段化 B を含む）

$$\begin{bmatrix} 0 & 1 & 0 & 1 & 0 & -2 & \big| & 2t-6 \\ 0 & 0 & 1 & -3 & 0 & 2 & \big| & -2t+7 \\ 0 & 0 & 0 & 0 & 1 & -1 & \big| & t-3 \\ 0 & 0 & 0 & 0 & 0 & 0 & \big| & -t+2 \end{bmatrix}$$

を得る．従って，(2.15)，すなわち $A\boldsymbol{x} = \boldsymbol{b}$ の解は

$$\begin{cases} x_2 \quad + x_4 \qquad - 2x_6 = \quad 2t-6 \\ \qquad x_3 - 3x_4 \qquad + 2x_6 = -2t+7 \\ \qquad\qquad\qquad x_5 - x_6 = \quad t-3 \\ \qquad\qquad\qquad\qquad\qquad 0 = -t+2 \end{cases} \tag{2.17}$$

の解に一致する．これが解をもつためには，左辺が 0 である第4式の右辺 $-t+2$ が 0，すなわち $t = 2$ でなくてはならない．これが成り立てば，(2.17) の右辺は順に $-2, 3, -1$ となる．(2.13) における $A\boldsymbol{x} = \boldsymbol{0}$ の基本解の記述と同様に，ベクトルの成分を，A の階段化 B の主・助列に応じ，主と助に分けよう．(2.17) の右辺の $-2, 3, -1$ が順に主成分に並

---

[12]）数学用語の通例に従い，**非斉次連立1次方程式**は，斉次と限らない連立1次方程式を意味し，定数項が 0 の場合，すなわち斉次の場合を含む．

び，助成分がすべて 0 であるような

$$
\boldsymbol{u} = \begin{bmatrix} 0 \\ -2 \\ 3 \\ 0 \\ -1 \\ 0 \end{bmatrix} \begin{array}{l} \text{助} \\ \text{主} \\ \text{主} \\ \text{助} \\ \text{主} \\ \text{助} \end{array} \tag{2.18}
$$

は $A\boldsymbol{x} = \boldsymbol{b}$ の 1 つの解（**特殊解**と呼ぶ）である，すなわち $A\boldsymbol{u} = \boldsymbol{b}$ が成り立つことがわかる．$A\boldsymbol{x} = \boldsymbol{b}$ のすべての解 $\boldsymbol{x}$ を求めるには，$A(\boldsymbol{x} - \boldsymbol{u}) = \boldsymbol{0}$ である[13]こと，すなわち $\boldsymbol{x} - \boldsymbol{u}$ が斉次連立 1 次方程式 $A\boldsymbol{x} = \boldsymbol{0}$ の解であることに注意すればよい．前節で見たように，これは基本解（(2.13) の $\boldsymbol{v}_1,\ \boldsymbol{v}_2,\ \boldsymbol{v}_3$）の線形結合ゆえ，

$$
\boldsymbol{x} = \boldsymbol{u} + a\boldsymbol{v}_1 + b\boldsymbol{v}_2 + c\boldsymbol{v}_3 \quad (a, b, c \text{ はスカラー})
$$

が $A\boldsymbol{x} = \boldsymbol{b}$ のすべての解を与える．

2.4 $\mathbb{K}^n$ の部分空間とその次元

2.1 節で見たように，一定次数のベクトル全体は，加法とスカラー乗法が自由にできるシステムを成す．この種の演算を以て**線形構造**と称す．実は 9 章で見るようにこの構造をもつものは（ここでいう意味の）ベクトルに限らない．否，線形構造を有するものがあまた存在するからこそ，線形代数が現代数学の基礎の 1 つとなっている．しかし本節では，一定次数のベクトルから成るある集合で線形構造をもつものに限って考察する．例えば方程式 $A\boldsymbol{x} = \boldsymbol{0}$ の解全体はそのような集合である．部分空間，基底，次元といった概念を用意し，これらを用いて定理 2.10 を**言い換え**るのが目的である．

例 2.15 上記の概念がおよそどんなものか見るため，1.4 節に戻り $\mathbb{R}^3$ を考えよう．後に続く議論を先取りすると，$\mathbb{R}^3$ の 2 次元部分空間とは，xyz-座標空間において，原点 O を通るある平面 Π で表示されるベクトル全体から成る，$\mathbb{R}^3$ の部分集合 W を指す．「部分空間」の名に反し W に要請されるのは，$\mathbb{R}^3$ の線形構造（という代数的構造）について閉じていることである．それに応じ，平面 Π は原点 O を通らなければならない．例として，Π が

---

[13] (2.15) の各等式から，それに特殊解を代入して得られる等式を，辺ごとに引けばよい．あるいは，3.1 節で述べる行列の積の分配法則 (M2) を用いれば，より形式的に $A(\boldsymbol{x} - \boldsymbol{u}) = A\boldsymbol{x} - A\boldsymbol{u} = \boldsymbol{b} - \boldsymbol{b} = \boldsymbol{0}$.

$$\varPi : 2x + 3y + z = 0$$

の場合，W はベクトル

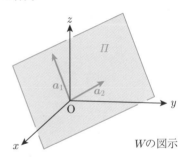

$$\boldsymbol{a}_1 = \begin{bmatrix} 0 \\ -1 \\ 3 \end{bmatrix}, \quad \boldsymbol{a}_2 = \begin{bmatrix} -2 \\ 1 \\ 1 \end{bmatrix}$$

の線形結合

$$c_1 \boldsymbol{a}_1 + c_2 \boldsymbol{a}_2 \quad (c_1, c_2 \text{ は実数})$$

Wの図示

全体から成り，各ベクトルのこの表示は一意的である[14]．この事実を以て，$\boldsymbol{a}_1, \boldsymbol{a}_2$ を W の（1組の）基底と呼び，この基底を成すベクトルの個数を以て，W の次元を 2 とする．以下では，$\varPi$ に相当するものなしに純代数的に議論をする．　□

上に述べた定理 2.10 の**言い換え**を，先に定理として下に記す．これが「言い換え」であることは，例 2.33 において確かめられる．そこまでやや長いので，その例をまずサッと読んで目標として欲しい．

定理 2.16　A を $m \times n$ 行列とし，$r = \mathrm{rank}\, A$ をその階数とする．斉次連立 1 次方程式 $A\boldsymbol{x} = \boldsymbol{0}$ の解全体から成る，$\mathbb{K}^n$ の部分集合—これを $A\boldsymbol{x} = \boldsymbol{0}$ の**解空間**と呼ぶ—は $\mathbb{K}^n$ の $n - r$ 次元部分空間であり．$r < n$ であれば基本解を 1 組の基底にもつ．

本章では前節まで，数は実数（real number）または複素数（complex number）とした．前章の終わりに述べたことを改めて述べよう．実数全体，また複素数全体から成る集合を，それぞれの英訳の頭文字を取って $\mathbb{R}$，また $\mathbb{C}$ で表す．これらは単なる集合でなく，加減乗除が自由にできるシステム—**体**[15]—と呼ばれる—であり，それゆえ $\mathbb{R}$ は**実数体**，$\mathbb{C}$ は**複素数体**と呼ばれる．線形代数においては行列，ベクトルの成分やスカラーの範囲—**係数域**と呼ばれる—を場面に応じ，$\mathbb{R}$ と $\mathbb{C}$ から選んで議論する．どちらを[16]選んでも議論に差が生じない場面も多々ある．いまか

---

[14] $\varPi$ が斉次 1 次方程式 (2.5) によって与えられるから，この結果が (2.6) から従う．ここからもわかるように，前章の幾何学的視点に替えて，本章では（より広範な対象を直感に頼らず扱うために）代数学的視点を採用している．

[15] 体の例として他に，有理数 ($= \frac{\text{整数}}{\text{整数}}$) 全体，分数式 ($= \frac{\text{多項式}}{\text{多項式}}$) 全体が挙げられる．

[16] それどころかいかなる体を選んでもよいが，簡単のため，$\mathbb{R}$ と $\mathbb{C}$ に限定する．

ら 4 章の終わりまではそのときである. その場合 (いまも), 記号 $\mathbb{K}$ (体を表すド
イツ語 Körper に由来する) が $\mathbb{R}, \mathbb{C}$ のどちらかであるとして議論をする. 上の定
理 2.16 に現れる $\mathbb{K}$ はこの記号である. どちらを選んでもよいが, 議論の途中で変
えてはいけない.

また 4 章の終わりまでの例, 例題, 問, 演習問題 (とそれらの解答) に現れる具
体的なベクトル, 行列の成分は, 簡単のためすべて有理数 (殆どは整数) としてお
り, $\mathbb{K}$ として, $\mathbb{R}, \mathbb{C}$ のどちらを選んでも影響ないことをお断りしておく. 複素数
に不慣れな読者は, $\mathbb{K} = \mathbb{R}$ と思って何ら問題ない.

$\mathbb{K}$ に成分をもつ m 次 (列) ベクトル全体から成る集合を $\mathbb{K}^m$ で表す (上の定
理においては $\mathbb{K}^n$ とエヌを用いたが, 現れる行列の行数に合わせエムを用いる).
$\mathbb{K} = \mathbb{R}, m = 2, 3$ の場合の $\mathbb{R}^2, \mathbb{R}^3$ はすでに前章で現れた. 2.1 節で見たように,
$\mathbb{K}^m$ においては加法とスカラー乗法が定義され, 性質 (A1)–(A4), (S1)–(S4) を満
たす. 一般的立場から, $\mathbb{K}^m$ は m 次ベクトル全体から成る ($\mathbb{K}$ 上の) **ベクトル空
間**であるという. 9 章で見るように, 線形構造をもつシステムとして**ベクトル空間**
という概念が一般的に定義される. それゆえ実は, $\mathbb{K}^m$ はその 1 つの (ただし最重
要な) 例である.

定義 2.17　$\mathbb{K}^m$ の部分集合 W であって, 空集合でなく, 加法とスカラー乗
法で閉じているもの, すなわち

(B1)　$W \neq \emptyset$;

(B2)　m 次ベクトル $\boldsymbol{a}, \boldsymbol{b}$ が W に属せ[17] ば, それらの和も W に属す. 記
　　　号で表すと : $\boldsymbol{a} \in W, \boldsymbol{b} \in W \Rightarrow \boldsymbol{a} + \boldsymbol{b} \in W$;

(B3)　m 次ベクトル $\boldsymbol{a}$ が W に属せば, そのスカラー倍もすべて W に属す.
　　　記号で表すと : $c \in \mathbb{K}, \boldsymbol{a} \in W \Rightarrow c\boldsymbol{a} \in W$

を満たすものを $\mathbb{K}^m$ の**部分空間**という.

W が $\mathbb{K}^m$ の部分集合とは, W が $\mathbb{K}$ に成分をもついくつかの m 次ベクトルから
成ることを意味する. (B1) は W が少なくとも 1 つのベクトル—それを $\boldsymbol{a}$ としよ
う—を含むことを要請している. 加えて (B3) が満たされれば $-\boldsymbol{a} = (-1)\boldsymbol{a} \in W$.
さらに (B2) が満たされれば $\boldsymbol{0} = \boldsymbol{a} - \boldsymbol{a} \in W$. こうして $\mathbb{K}^m$ の部分空間は必ず零
ベクトル $\boldsymbol{0}$ を含み, また定義の条件 (B1) を

---

[17] 集合の元 (メンバー) であることを「属す」と言い表す.

> (B1′)　**0** ∈ W

に置き換えてよいことがわかる．すなわち，部分空間であることを確かめるのに (B1′), (B2), (B3) が満たされることを見てもよく，しばしばその方が実際的である．

重要な注意として，$\mathbb{K}^m$ の部分空間 W においても，加法，減法，スカラー乗法が自由にできる．正確には 2.1 節の (A1)–(A4), (S1)–(S4) が，**u**, **v**, **w** を W に属すベクトルとして成り立つ[18]．

例 2.18　部分空間の自明な例を 2 つ挙げる．$\mathbb{K}^m$ 自身 $\mathbb{K}^m$ の部分空間である．m 次零ベクトル **0** だけから成る部分集合 {**0**} もまた $\mathbb{K}^m$ の部分空間である．　　□

> **命題 2.19**　いくつかの m 次ベクトル $\boldsymbol{a}_1, \boldsymbol{a}_2, \ldots, \boldsymbol{a}_n$ に対し，それらの線形結合
> $$c_1\boldsymbol{a}_1 + c_2\boldsymbol{a}_2 + \cdots + c_n\boldsymbol{a}_n \tag{2.19}$$
> 全体（$c_1, c_2, \ldots, c_n$ はあらゆるスカラー）から成る $\mathbb{K}^m$ の部分集合を
> $$\langle \boldsymbol{a}_1, \boldsymbol{a}_2, \ldots, \boldsymbol{a}_n \rangle$$
> で表す．これは $\mathbb{K}^m$ の部分空間である．これを $\boldsymbol{a}_1, \boldsymbol{a}_2, \ldots, \boldsymbol{a}_n$ が**生成する**（または**張る**）部分空間と呼ぶ．

問 2.20　上の $\langle \boldsymbol{a}_1, \boldsymbol{a}_2, \ldots, \boldsymbol{a}_n \rangle$ が $\mathbb{K}^m$ の部分空間であることを確かめよ．

例 2.21　(1)　$\mathbb{K} = \mathbb{R}, m = 3$ の場合，すなわち 1.4 節の状況において，ベクトル $\boldsymbol{a} (= \overrightarrow{\mathrm{OP}})$ が零ベクトルと異なれば，$\langle \boldsymbol{a} \rangle$ は xyz-座標空間内の直線 OP 上の点に対応するベクトル全体から成る．

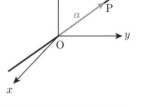

(2)　同じ状況，すなわち $\mathbb{R}^3$ において，2 つのベクトル $\boldsymbol{a}_1 (= \overrightarrow{\mathrm{OP}})$, $\boldsymbol{a}_2 (= \overrightarrow{\mathrm{OQ}})$ が（1.4 節で定義した意味で）線形独立であれば，すなわち xyz-座標空間において 3 点 O, P, Q が 1 つの直線上になければ，これらの 3 点が乗る平面 $\varPi$ がただ 1 つ

---

[18] 例 2.15 でも述べたように，部分空間は（また，そもそもベクトル空間も），演算という代数的構造のみに関わるものであって，「空間」の名に反している．

存在する. このとき $\langle \boldsymbol{a}_1, \boldsymbol{a}_2 \rangle$ は, Π 上の点に対応するすべてのベクトルから成る（例 2.15 の図を見よ）. 1.4 節においてすでに, Π を $\boldsymbol{a}_1$, $\boldsymbol{a}_2$ の「張る」平面と, 幾何学的ニュアンスを込めて呼んだ. 一般の状況で（いくつかのベクトルが）「生成する部分空間」を「張る部分空間」とも呼ぶのには, このニュアンスが含まれている.

上の $\boldsymbol{a}_1$, $\boldsymbol{a}_2$ に $\boldsymbol{a}_3$ $(= \overrightarrow{\mathrm{OR}})$ を加えてもなお線形独立な場合, $\langle \boldsymbol{a}_1, \boldsymbol{a}_2, \boldsymbol{a}_3 \rangle$ は $\mathbb{R}^3$ に一致する. この部分空間のベクトルに対応する点は, 平面 Π を貫く, 直線 OR に平行な直線上の点であり, その全体が xyz-座標空間全体に一致するからである.

$\square$

定義 2.22 $\mathbb{K}^m$ の部分空間 W が
$$W = \langle \boldsymbol{a}_1, \boldsymbol{a}_2, \ldots, \boldsymbol{a}_n \rangle$$
の形をしているとき, すなわち W が $\boldsymbol{a}_1, \boldsymbol{a}_2, \ldots, \boldsymbol{a}_n$ の線形結合全体から成るとき, $\boldsymbol{a}_1, \boldsymbol{a}_2, \ldots, \boldsymbol{a}_n$ を W の（1 組の）**生成系**と呼ぶ.

定義 2.23 $\boldsymbol{a}_1, \boldsymbol{a}_2, \ldots, \boldsymbol{a}_n$ を m 次ベクトルとする. これらが**線形独立**であるとは
$$c_1 \boldsymbol{a}_1 + c_2 \boldsymbol{a}_2 + \cdots + c_n \boldsymbol{a}_n = \boldsymbol{0} \tag{2.20}$$
を満たすスカラーが（自明な）$c_1 = c_2 = \cdots = c_n = 0$ に限られる場合にいう. 線形独立でないことを**線形従属**であるという[19].

例 2.24 (1) ただ 1 つのベクトル $\boldsymbol{a}_1$ が線形独立であるとは $\boldsymbol{a}_1 \neq \boldsymbol{0}$, すなわち $\boldsymbol{a}_1$ が零ベクトルでない, と同値である. 実際 $\boldsymbol{a}_1 = \boldsymbol{0}$ であれば, 勝手な非零スカラー c_1 に対し $c_1 \boldsymbol{a}_1 = \boldsymbol{0}$ が成り立つから $\boldsymbol{a}_1$ は線形従属. $\boldsymbol{a}_1 \neq \boldsymbol{0}$ であれば, $c_1 \boldsymbol{a}_1 = \boldsymbol{0}$ を満たすスカラーは $c_1 = 0$ に限られるから, $\boldsymbol{a}_1$ は線形独立である.

(2) 2 つのベクトル $\boldsymbol{a}_1$, $\boldsymbol{a}_2$ が線形独立であることは, どちらも他方のスカラー倍として表せないことと同値である. 換言すれば, 次の (i), (ii) が同値である. (i) これら 2 つのベクトルが線形従属である；(ii) どちらかが他方のスカラー倍である. 実際, (i) を仮定し $c_1 \boldsymbol{a}_1 + c_2 \boldsymbol{a}_2 = \boldsymbol{0}$ かつ c_1, c_2 のどちらか（少なくとも 1 つ）が非零とする. $c_1 \neq 0$ の場合, $\boldsymbol{a}_1 = -\frac{c_2}{c_1} \boldsymbol{a}_2$ が従い, $\boldsymbol{a}_1$ が $\boldsymbol{a}_2$ のスカラー倍になる.

---

[19] 線形独立, 線形従属に替え **1 次独立**, **1 次従属**という用語を用いる教科書もある.

同様に $c_2 \neq 0$ の場合, $\boldsymbol{a}_2$ が $\boldsymbol{a}_1$ のスカラー倍になる. 逆に (ii) を仮定し, 例えば $\boldsymbol{a}_1 = \lambda \boldsymbol{a}_2$ とする ($\boldsymbol{a}_2 = \lambda \boldsymbol{a}_1$ としても同様) と, $c_1 = 1, c_2 = -\lambda$ を以て $c_1 \boldsymbol{a}_1 + c_2 \boldsymbol{a}_2 = \boldsymbol{0}$ が成り立ち, (i) が従う.

1.3 節また 1.4 節では, $\mathbb{R}^2$ また $\mathbb{R}^3$ において, 条件 (ii) を満たすことを以て「2 つのベクトルが線形従属」の定義とした. □

考察 2.25 $\boldsymbol{a}_1, \boldsymbol{a}_2, \ldots, \boldsymbol{a}_n$ を m 次ベクトルとする. すると線形結合 (2.19) は

$$c_1 \boldsymbol{a}_1 + c_2 \boldsymbol{a}_2 + \cdots + c_n \boldsymbol{a}_n = \begin{bmatrix} \boldsymbol{a}_1 & \boldsymbol{a}_2 & \cdots & \boldsymbol{a}_n \end{bmatrix} \begin{bmatrix} c_1 \\ c_2 \\ \vdots \\ c_n \end{bmatrix} \tag{2.21}$$

と表示される. 右辺は, m 次ベクトルを n 個並べた $m \times n$ 行列と n 次ベクトルとの積を表す. この等式が成り立つことは, 両辺の m 次ベクトルの各成分が一致することを見て確かめられる. これらのベクトルを並べた $m \times n$ 行列を $A = \begin{bmatrix} \boldsymbol{a}_1 & \boldsymbol{a}_2 & \cdots & \boldsymbol{a}_n \end{bmatrix}$ とする. 上の表示法を用いると, $\boldsymbol{a}_1, \boldsymbol{a}_2, \ldots, \boldsymbol{a}_n$ が線形独立であるとは,

$$方程式\ A\boldsymbol{x} = \boldsymbol{0}\ の解が自明な\ \boldsymbol{x} = \boldsymbol{0}\ に限られる \tag{2.22}$$

と言い換えられる. このように, ベクトルと斉次連立 1 次方程式を結びつける表示法 (2.21) は極めて重要で, これを使い慣れることが線形代数を理解する 1 つのコツである. □

─── 例題 2.26 ───────────

m 次ベクトル $\boldsymbol{a}_1, \boldsymbol{a}_2, \ldots, \boldsymbol{a}_n$ に対し次が互いに同値になることを示せ.

(a) これらが線形独立;

(b) これらの線形結合の表示が一意的. すなわち $c_1 \boldsymbol{a}_1 + c_2 \boldsymbol{a}_2 + \cdots + c_n \boldsymbol{a}_n = c_1' \boldsymbol{a}_1 + c_2' \boldsymbol{a}_2 + \cdots + c_n' \boldsymbol{a}_n$ が成り立つのは $c_1 = c_1', c_2 = c_2', \ldots, c_n = c_n'$ の場合に限られる;

(c) これらのうちのいずれもが, それを除く他の線形結合で表せない (ただし $n = 1$ の場合には, この条件を $\boldsymbol{a}_1 \neq \boldsymbol{0}$ と理解する) [20].

───────────────────────

[20] 他に従属せず, 互いに独立しているというのが「線形独立」の語感である. $n \geqq 2$ の場合, $\boldsymbol{a}_1$ が他の線形結合で表せないとは $\boldsymbol{a}_1 \notin \langle \boldsymbol{a}_2, \ldots, \boldsymbol{a}_n \rangle$ を意味する. $n = 1$ の場合, $\boldsymbol{a}_1$ より他のベクトルは空 $\emptyset$ であり, $\langle \emptyset \rangle = \{\boldsymbol{0}\}$ と考えるから, $\boldsymbol{a}_1$ が他の線形結合で表せないというのを $\boldsymbol{a}_1 \notin \langle \emptyset \rangle = \{\boldsymbol{0}\}$, すなわち $\boldsymbol{a}_1 \neq \boldsymbol{0}$ と理解する.

(d)　これらのベクトルを並べた $m \times n$ 行列 $A = [\begin{array}{cccc} \boldsymbol{a}_1 & \boldsymbol{a}_2 & \cdots & \boldsymbol{a}_n \end{array}]$ の階数が n に一致する. すなわち rank $A = n$.

また, 線形独立であるような m 次ベクトルの個数は, 必ず m 個以下であることを示せ.

【解答】 (a) ⇔ (d). 言い換え (2.22) を用いると, 補足 2.11 からこの同値が従う.

(a) ⇒ (b). (a) を仮定し $c_1 \boldsymbol{a}_1 + c_2 \boldsymbol{a}_2 + \cdots + c_n \boldsymbol{a}_n = c_1' \boldsymbol{a}_1 + c_2' \boldsymbol{a}_2 + \cdots + c_n' \boldsymbol{a}_n$ が成り立つとする. 移項して $(c_1 - c_1') \boldsymbol{a}_1 + (c_2 - c_2') \boldsymbol{a}_2 + \cdots + (c_n - c_n') \boldsymbol{a}_n = \boldsymbol{0}$. (a) を用い $c_i - c_i' = 0$ $(1 \leqq i \leqq n)$. よって $c_i = c_i'$ $(1 \leqq i \leqq n)$.

(b) ⇒ (a). (b) を仮定し $c_1 \boldsymbol{a}_1 + c_2 \boldsymbol{a}_2 + \cdots + c_n \boldsymbol{a}_n = \boldsymbol{0}$ が成り立つとする. 右辺は $0 \boldsymbol{a}_1 + 0 \boldsymbol{a}_2 + \cdots + 0 \boldsymbol{a}_n$ に等しい. (b) を用いて $c_i = 0$ $(1 \leqq i \leqq n)$.

(a) ⇔ (c). ベクトルの個数 $n = 1$ の場合には例 2.24 (1) で済み. $n \geqq 2$ の場合に, それぞれ条件の否定が同値になることを示せばよい. $\boldsymbol{a}_1, \boldsymbol{a}_2, \ldots, \boldsymbol{a}_n$ が線形従属 ((a) の否定) とは, (2.20) を満たすような, 少なくとも 1 つが 0 と異なるスカラー $c_1, c_2, \ldots, c_n$ が存在すること. ここで「0 と異なる」を「1 と一致する」に置き換えても条件は同値である ((2.20) の両辺を, 非零スカラーの逆数倍せよ). 移項によりこれは「1 を係数にもつベクトルが他の線形結合である」と言い換えられる. こうして得られる条件は (c) の否定である.

最後の主張. (a) 従って (d) が満たされるとき, 問 2.8 の結果から $n = \text{rank } A \leqq m$.　　　□

1.4 節においては, $\mathbb{R}^3$ において, 条件 (c) を満たすことを以て「2 つまたは 3 つのベクトルが線形独立」の定義とした.

定義 2.27　$\mathbb{K}^m$ の部分空間 W に対し, その線形独立な生成系を W の (1 組の) **基底** と呼ぶ.

定理 2.28　W を $\mathbb{K}^m$ の部分空間で $\{\boldsymbol{0}\}$ と異なる (すなわち $W \neq \{\boldsymbol{0}\}$) とすると, W は必ず基底をもつ. その基底はさまざま存在するが, それぞれの基底を構成するベクトルの個数は一定であって, その一定値は 1 以上 m 以下である.

> **定義 2.29**　上の一定値を W の **次元** (dimension) と呼び $\dim W$ で表す.
> $\mathbb{K}^m$ の部分空間 $\{\mathbf{0}\}$ の次元は 0, すなわち $\dim\{\mathbf{0}\} = 0$ と約束する.

　定理 2.28 の証明を誘導により問うのが, 章末演習問題 2 である.

注意 2.30　$\mathbb{K}^m$ の部分空間 W $(\neq \{\mathbf{0}\})$ の次元が $\dim W = n$ とわかったとすると, W に属す n 個の線形独立なベクトルたちは必然的に W の基底になる. とくに m 個の線形独立な m 次ベクトルたちは $\mathbb{K}^m$ の基底である. この事実の証明を誘導により問うのが, 章末演習問題 4 (1) である.

> ── **例題 2.31** ──
>
> 　W を $\mathbb{K}^m$ の部分空間であって $W \neq \{\mathbf{0}\}$ とする. 次の 3 つが同義語になることを示せ.
> 　(a)　W の基底;
> 　(b)　W の **極小生成系**. すなわち W の生成系 $\mathbf{a}_1, \mathbf{a}_2, \ldots, \mathbf{a}_n$ であって, これらから 1 つでも除くと生成系でなくなる;
> 　(c)　W に属すベクトル $\mathbf{a}_1, \mathbf{a}_2, \ldots, \mathbf{a}_n$ であって, W のどのベクトル $\mathbf{b}$ もそれらの線形結合 $\mathbf{b} = c_1\mathbf{a}_1 + c_2\mathbf{a}_2 + \cdots + c_n\mathbf{a}_n$ として一意的に表される.

【解答】　W の基底 $\mathbf{a}_1, \mathbf{a}_2, \ldots, \mathbf{a}_n$ が極小生成系であることを示そう. 基底の定義からこれらは W の生成系である.「極小」でないとして, 例えば $\mathbf{a}_n$ を除いた $\mathbf{a}_1,$ $\mathbf{a}_2, \ldots, \mathbf{a}_{n-1}$ がなお生成系であるとする (背理法を用いる) と, $\mathbf{a}_n$ はこれらの線形結合に等しくなる. 例題 2.26 (a) $\Rightarrow$ (c) から, これは $\mathbf{a}_1, \mathbf{a}_2, \ldots, \mathbf{a}_n$ の線形独立性に反する. よって「極小」である.

　逆に W の極小生成系 $\mathbf{a}_1, \mathbf{a}_2, \ldots, \mathbf{a}_n$ が基底であることを示すには, これらが線形独立であることを示せばよい. 再び背理法を用いるため, 線形従属と仮定すると例題 2.26 (a) $\Leftarrow$ (c) により, どれか 1 つ, 例えば $\mathbf{a}_n$ が他の線形結合

$$\mathbf{a}_n = b_1\mathbf{a}_1 + b_2\mathbf{a}_2 + \cdots + b_{n-1}\mathbf{a}_{n-1}$$

として表される. $\mathbf{a}_1, \mathbf{a}_2, \ldots, \mathbf{a}_n$ は W の生成系ゆえ, W に属す勝手なベクトル $\mathbf{b}$ はそれらの線形結合

$$\mathbf{b} = c_1\mathbf{a}_1 + c_2\mathbf{a}_2 + \cdots + c_n\mathbf{a}_n$$

として表される. 最後の $\mathbf{a}_n$ に先の等式右辺を代入すると,

$$b = (c_1 + b_1 c_n)a_1 + (c_2 + b_2 c_n)a_2 + \cdots + (c_{n-1} + b_{n-1} c_n)a_{n-1}$$

と, b が $a_1, a_2, \ldots, a_{n-1}$ の線形結合で表される. これは $a_1, a_2, \ldots, a_{n-1}$ がすでに W の生成系であることを意味し, 生成系 $a_1, a_2, \ldots, a_n$ の極小性に反するから, これらは線形独立でなくてはならない.

(c) の条件から「一意的に表される」の「一意的に」を除いたものは, $a_1, a_2, \ldots,$ a_n が W の生成系であると言うに等しい. 例題 2.26 によれば, この「一意的」はこれらのベクトルが線形独立であると言うに等しい. 従って (c) を満たす $a_1, a_2, \ldots,$ a_n とは, W の基底を意味している. □

例 2.32 どんな m 次ベクトル $b = \begin{bmatrix} b_1 \\ b_2 \\ \vdots \\ b_m \end{bmatrix}$ も基本ベクトルの線形結合

$$b = b_1 e_1 + b_2 e_2 + \cdots + b_m e_m$$

として表され, これらの係数 $b_1, b_2, \ldots, b_m$ は一意的に決まる. 従って上の条件 (c) から, $\mathbb{K}^m$ は基本ベクトル $e_1, e_2, \ldots, e_m$ を基底にもち, $\dim \mathbb{K}^m = m$. □

例 2.33 定理 2.10 に戻ろう. この定理の前半は, 方程式 $Ax = 0$ の解空間が, $\mathbb{K}^n$ において基本解 $v_1, v_2, \ldots, v_{n-r}$ が生成する部分空間 $\langle v_1, v_2, \ldots, v_{n-r} \rangle$ を含むことを言っている. 後半は, この部分空間が解空間に一致すること, 従って解空間が $\mathbb{K}^n$ の部分空間であること, さらに基本解 (が例題 2.31 の条件 (c) を満たすから, それら) を基底にもつことを言っている. こうして定理 2.16 が得られる.

□

考察 2.34 例題 2.31 に戻って基底の「意義」を考えよう. $\mathbb{K}^m$ の部分空間 W $(\neq \{0\})$ の基底 $a_1, a_2, \ldots, a_n$ $(n = \dim W)$ を 1 組選んで固定する. 例題の (c) により, W に属すベクトル b は, $b = c_1 a_1 + c_2 a_2 + \cdots + c_n a_n$ を満たす $c_1, c_2, \ldots, c_n$ を与えるだけで一通りに決まる. W に属す別の b' が $b' = c_1' a_1 +$ $c_2' a_2 + \cdots + c_n' a_n$ と表せたとする. m 次ベクトル b, b' のそれぞれに n 次ベクトル

$$\begin{bmatrix} c_1 \\ c_2 \\ \vdots \\ c_n \end{bmatrix}, \begin{bmatrix} c_1' \\ c_2' \\ \vdots \\ c_n' \end{bmatrix}$$

を対応させて，これらを代用としてよい．和 $\boldsymbol{b}+\boldsymbol{b}'$ とスカラー倍 $c\boldsymbol{b}$ には代用とした n 次ベクトルの和とスカラー倍，すなわち

$$\begin{bmatrix} c_1+c_1' \\ c_2+c_2' \\ \vdots \\ c_n+c_n' \end{bmatrix} = \begin{bmatrix} c_1 \\ c_2 \\ \vdots \\ c_n \end{bmatrix} + \begin{bmatrix} c_1' \\ c_2' \\ \vdots \\ c_n' \end{bmatrix}, \quad \begin{bmatrix} cc_1 \\ cc_2 \\ \vdots \\ cc_n \end{bmatrix} = c \begin{bmatrix} c_1 \\ c_2 \\ \vdots \\ c_n \end{bmatrix}$$

が対応することが見て取れる．これは，W を（その基底を用いて），より単純な $\mathbb{K}^n$ と線形構造まで込めて**同一視**できることを示している．この事実は，9 章（命題 9.25）において，より一般の状況で精密に定式化される．　　　　　□

定理 2.35　m 次ベクトル $\boldsymbol{a}_1, \boldsymbol{a}_2, \ldots, \boldsymbol{a}_n$ が生成する $\mathbb{K}^m$ の部分空間

$$W = \langle \boldsymbol{a}_1, \boldsymbol{a}_2, \ldots, \boldsymbol{a}_n \rangle$$

の次元は，これらのベクトルを並べた $m \times n$ 行列 $A = [\,\boldsymbol{a}_1 \;\; \boldsymbol{a}_2 \;\; \cdots \;\; \boldsymbol{a}_n\,]$ の階数 $r = \operatorname{rank} A$ に一致する．すなわち $\dim W = \operatorname{rank} A$．さらに，$A$ の階段化の主列（r 個ある）と同じ位置にある，A の列ベクトルたちが W の 1 組の基底を成す．

例 2.36　(2.8) の 4×6 行列

$$A = \begin{bmatrix} 0 & 0 & 1 & -3 & 2 & 0 \\ 0 & 2 & 2 & -4 & 0 & 0 \\ 0 & 0 & 3 & -9 & 7 & -1 \\ 0 & -1 & 0 & -1 & 3 & -1 \end{bmatrix}$$

の列ベクトルを順に

$$\boldsymbol{a}_1 = \begin{bmatrix} 0 \\ 0 \\ 0 \\ 0 \end{bmatrix}, \; \boldsymbol{a}_2 = \begin{bmatrix} 0 \\ 2 \\ 0 \\ -1 \end{bmatrix}, \; \boldsymbol{a}_3 = \begin{bmatrix} 1 \\ 2 \\ 3 \\ 0 \end{bmatrix}, \; \boldsymbol{a}_4 = \begin{bmatrix} -3 \\ -4 \\ -9 \\ -1 \end{bmatrix}, \; \boldsymbol{a}_5 = \begin{bmatrix} 2 \\ 0 \\ 7 \\ 3 \end{bmatrix}, \; \boldsymbol{a}_6 = \begin{bmatrix} 0 \\ 0 \\ -1 \\ -1 \end{bmatrix}$$

とし，これらが生成する $\mathbb{K}^4$ の部分空間を W とする．この A の階段化は (2.10) の B であった．この B の列ベクトルを順に $\boldsymbol{b}_1, \boldsymbol{b}_2, \ldots, \boldsymbol{b}_6$ とすると，$\boldsymbol{b}_2, \boldsymbol{b}_3, \boldsymbol{b}_5$ が主列で，これらはそれぞれ 6 次基本ベクトル $\boldsymbol{e}_1, \boldsymbol{e}_2, \boldsymbol{e}_3$ に他ならない．前の定理により，$\dim W = 3$ で，$\boldsymbol{a}_2, \boldsymbol{a}_3, \boldsymbol{a}_5$ が W の 1 組の基底を成す．実際，$\boldsymbol{b}_1, \boldsymbol{b}_2, \ldots, \boldsymbol{b}_6$

の勝手な線形結合は $\boldsymbol{b}_2$ $(= \boldsymbol{e}_1)$, $\boldsymbol{b}_3$ $(= \boldsymbol{e}_2)$, $\boldsymbol{b}_5$ $(= \boldsymbol{e}_3)$ の線形結合として（一意的に）表せる.

例えば

$$2\boldsymbol{b}_1 + 3\boldsymbol{b}_4 - \boldsymbol{b}_5 = \begin{bmatrix} 3 \\ -9 \\ -1 \\ 0 \end{bmatrix}$$

は線形結合 $3\boldsymbol{b}_2 - 9\boldsymbol{b}_3 - \boldsymbol{b}_5$ として一意的に表せる. 方程式 $A\boldsymbol{x} = \boldsymbol{0}$ と $B\boldsymbol{x} = \boldsymbol{0}$ の解が一致することを考えると, 表示法 (2.21) を用いた**言い換え**により, （$\boldsymbol{b}$ をすべて $\boldsymbol{a}$ に替えて）$2\boldsymbol{a}_1 + 3\boldsymbol{a}_4 - \boldsymbol{a}_5$ が $\boldsymbol{a}_2, \boldsymbol{a}_3, \boldsymbol{a}_5$ の線形結合 $3\boldsymbol{a}_2 - 9\boldsymbol{a}_3 - \boldsymbol{a}_5$ として一意的に表せることが（計算することなしに）従う.

より具体的には,

$$2\boldsymbol{b}_1 + 3\boldsymbol{b}_4 - \boldsymbol{b}_5 = 3\boldsymbol{b}_2 - 9\boldsymbol{b}_3 - \boldsymbol{b}_5 \tag{2.23}$$

が表示法 (2.21) を用いた**言い換え**で

$$B \begin{bmatrix} 2 \\ 0 \\ 0 \\ 3 \\ -1 \\ 0 \end{bmatrix} = B \begin{bmatrix} 0 \\ 3 \\ -9 \\ 0 \\ -1 \\ 0 \end{bmatrix} \quad \text{すなわち} \quad B \left(\begin{bmatrix} 2 \\ 0 \\ 0 \\ \vdots \end{bmatrix} - \begin{bmatrix} 0 \\ 3 \\ -9 \\ \vdots \end{bmatrix} \right) = \boldsymbol{0}$$

と表せるから, 2 つの方程式の解の一致から, 上の B を A に替えた等式が成り立ち, 再び「言い換え」で, (2.23) の $\boldsymbol{b}$ をすべて $\boldsymbol{a}$ に替えた等式が成り立つ. この逆をたどることができるから, $\boldsymbol{b}$ の方の線形結合表示の一意性から, $\boldsymbol{a}$ の方の線形結合表示の一意性が従う[21].

$\boldsymbol{a}_1, \boldsymbol{a}_2, \ldots, \boldsymbol{a}_6$ の勝手な線形結合に対しても同様に, $\boldsymbol{a}_2, \boldsymbol{a}_3, \boldsymbol{a}_5$ の線形結合としての一意的表示が得られるから, これらが W の 1 組の基底を成す.   □

問 2.37 問 2.13 に与えた 2 つの 4×6 行列のそれぞれに対して, 6 つの列ベクトルが生成する $\mathbb{K}^4$ の部分空間の次元と 1 組の基底を求めよ.

---

[21] この一意性を示すのに, 次のようにして示される, $\boldsymbol{a}_2, \boldsymbol{a}_3, \boldsymbol{a}_5$ の線形独立性を用いてもよい. 4×3 行列 $[\boldsymbol{a}_2 \ \boldsymbol{a}_3 \ \boldsymbol{a}_5]$ を何回かの行基本変形で $[\boldsymbol{b}_2 \ \boldsymbol{b}_3 \ \boldsymbol{b}_5]$ にでき, $[\boldsymbol{b}_2 \ \boldsymbol{b}_3 \ \boldsymbol{b}_5]\boldsymbol{x} = \boldsymbol{0}$ が自明な解 $\boldsymbol{x} = \boldsymbol{0}$ しかもたないから $[\boldsymbol{a}_2 \ \boldsymbol{a}_3 \ \boldsymbol{a}_5]\boldsymbol{x} = \boldsymbol{0}$ もそう. すなわち $\boldsymbol{a}_2, \boldsymbol{a}_3, \boldsymbol{a}_5$ は線形独立.

2.5 補遺　部分空間の和と直和

本節の内容は 5.3–5.4 節, 8.2–8.3 節でのみ用いられる. そこでも, 本節をせいぜい部分的に参照する程度で理解できるよう, また実用に即した形で記述する. とくに初心者は本節を読み飛ばし, のちに必要を感じた場合にのみ参照して欲しい.

W, U をともに $\mathbb{K}^m$ の部分空間とする. W に属すベクトル $\boldsymbol{a}$ と U に属す $\boldsymbol{b}$ を勝手に選んで和 $\boldsymbol{a} + \boldsymbol{b}$ を取る. このようにして得られる和の全体を

$$W + U = \{\boldsymbol{a} + \boldsymbol{b} \mid \boldsymbol{a} \in W, \boldsymbol{b} \in U\}$$

で表し, W と U の和と呼ぶ.

問 2.38　次を示せ.

(1)　$W + U$ は $\mathbb{K}^m$ の部分空間である.

(2)　$W \subset U$ ならば $W + U = U$.

(3)　$W + U$ は, W と U をともに含む. すなわち

$$W + U \supset W, \quad W + U \supset U.$$

(4)　$W = \langle \boldsymbol{a}_1, \boldsymbol{a}_2, \ldots, \boldsymbol{a}_n \rangle, U = \langle \boldsymbol{b}_1, \boldsymbol{b}_2, \ldots, \boldsymbol{b}_\ell \rangle$ であれば

$$W + U = \langle \boldsymbol{a}_1, \boldsymbol{a}_2, \ldots, \boldsymbol{a}_n, \boldsymbol{b}_1, \boldsymbol{b}_2, \ldots, \boldsymbol{b}_\ell \rangle.$$

例題 2.39

次の 4 条件が互いに同値であることを示せ.

(a)　$W + U$ の各元 $\boldsymbol{a} + \boldsymbol{b}$ $(\boldsymbol{a} \in W, \boldsymbol{b} \in U)$ の表示法が一意的. すなわち $\boldsymbol{a} + \boldsymbol{b} = \boldsymbol{a}' + \boldsymbol{b}'$ $(\boldsymbol{a}, \boldsymbol{a}' \in W, \boldsymbol{b}, \boldsymbol{b}' \in U)$ が成り立つのが $\boldsymbol{a} = \boldsymbol{a}', \boldsymbol{b} = \boldsymbol{b}'$ の場合に限られる；

(b)　$W \cap U = \{\boldsymbol{0}\}$. すなわち, W と U の両方に属すベクトルが零ベクトル $\boldsymbol{0}$ に限られる；

(c)　W の基底 $\boldsymbol{a}_1, \boldsymbol{a}_2, \ldots, \boldsymbol{a}_n$ と U の基底 $\boldsymbol{b}_1, \boldsymbol{b}_2, \ldots, \boldsymbol{b}_\ell$ を勝手に選ぶとき, これらを合わせた

$$\boldsymbol{a}_1, \boldsymbol{a}_2, \ldots, \boldsymbol{a}_n, \boldsymbol{b}_1, \boldsymbol{b}_2, \ldots, \boldsymbol{b}_\ell \tag{2.24}$$

が $W + U$ の基底になる；

(d)　$\dim(W + U) = \dim W + \dim U$ が成り立つ.

【解答】　(c) にあるように, W の基底 $\boldsymbol{a}_1, \boldsymbol{a}_2, \ldots, \boldsymbol{a}_n$ と U の基底 $\boldsymbol{b}_1, \boldsymbol{b}_2, \ldots, \boldsymbol{b}_\ell$ を選んでおく. これらを合わせた, (2.24) のベクトルたちは, $W + U$ の生成系を成す.

(c) $\Leftrightarrow$ (d): (c), (d) はともに, 上の生成系が $W + U$ の基底であることと同値である（例題 2.31 を見よ）から, 2 条件は同値になる.

(c) ⇒ (b): W また U に属すベクトルはそれぞれ，下の最左辺また最右辺の線形結合の形をしているから，両方に属すベクトル $\boldsymbol{v}$ について等式

$$c_1\boldsymbol{a}_1 + c_2\boldsymbol{a}_2 + \cdots + c_n\boldsymbol{a}_n = \boldsymbol{v} = d_1\boldsymbol{b}_1 + d_2\boldsymbol{b}_2 + \cdots + d_\ell\boldsymbol{b}_\ell$$

が成り立つ．(c) を仮定すると，$\boldsymbol{v}$ の線形結合の表示の一意性から，スカラー c_1, c_2, …, c_n, d_1, d_2, …, d_ℓ はすべて 0 であり，従って $\boldsymbol{v} = \boldsymbol{0}$．これは (b) を意味する．

(b) ⇒ (a): (a) にある等式 $\boldsymbol{a} + \boldsymbol{b} = \boldsymbol{a}' + \boldsymbol{b}'$ が成り立ったとすると

$$\boldsymbol{a} - \boldsymbol{a}' = \boldsymbol{b}' - \boldsymbol{b}.$$

左辺は W に，右辺は U に属すから，この相等しいベクトルは $W \cap U$ に属す．(b) を仮定すると，$\boldsymbol{a} - \boldsymbol{a}' = \boldsymbol{b}' - \boldsymbol{b} = \boldsymbol{0}$．これより (a) が従う．

(a) ⇒ (c): $W + U$ に属すベクトル $\boldsymbol{v}$ を線形結合の形に表すのに，

$$(c_1\boldsymbol{a}_1 + c_2\boldsymbol{a}_2 + \cdots + c_n\boldsymbol{a}_n) + (d_1\boldsymbol{b}_1 + d_2\boldsymbol{b}_2 + \cdots + d_\ell\boldsymbol{b}_\ell)$$

のように，W に属すベクトルと U に属すベクトルの和と見ることができる．同じ $\boldsymbol{v}$ が

$$(c_1'\boldsymbol{a}_1 + c_2'\boldsymbol{a}_2 + \cdots + c_n'\boldsymbol{a}_n) + (d_1'\boldsymbol{b}_1 + d_2'\boldsymbol{b}_2 + \cdots + d_\ell'\boldsymbol{b}_\ell)$$

とも表せたとする．(a) を仮定すれば，$\boldsymbol{a}_1$, $\boldsymbol{a}_2$, …, $\boldsymbol{a}_n$ の線形結合の部分同士，また $\boldsymbol{b}_1$, $\boldsymbol{b}_2$, …, $\boldsymbol{b}_\ell$ の線形結合の部分同士は一致する．これら 2 組のベクトルたちが W また U の基底を成すことから，2 つの部分の線形結合の表示はそれぞれ一意的．従って $\boldsymbol{v}$ の線形結合の表示も一意的であり，(c) が従う．　　　　□

定義 2.40　上の互いに同値な 4 条件が満たされる場合，和 $W + U$ が **直和** であるといい，この和を $W \oplus U$ で表す．また，$\mathbb{K}^m$ の部分空間 V が和 $W + U$ に等しく（従って前問 (3) の結果から $V \supset W$, $V \supset U$），かつこの和が直和の場合，V は W と U の **直和** であるといい，

$$V = W \oplus U$$

と書く．この場合 U を，V における W の **補空間** と呼び，立場を入れ替えて W を，V における U の **補空間** と呼ぶ．

命題 2.41　V と W がともに $\mathbb{K}^m$ の部分空間で $V \supset W$ を満たすとすると，W の V における補空間が必ず存在する．

この命題の証明を求めるのが章末演習問題 4 (2) である．

問 2.42 W を例 2.36 に与えられた $\mathbb{K}^4$ の部分空間とする. $\mathbb{K}^4$ において, ベクトル

$$\boldsymbol{b} = \begin{bmatrix} 0 \\ 0 \\ c \\ -1 \end{bmatrix}$$

が生成する部分空間 $U = \langle \boldsymbol{b} \rangle$ が W の補空間であるために, c が満たすべき条件を求めよ.

　2 つ以上の $\mathbb{K}^m$ の部分空間 $W_1, W_2, \ldots, W_r$ $(r \geqq 2)$ に対しても, それらの和が次のように定義される. 各 W_i から, それに属すベクトル $\boldsymbol{w}_i$ を選んで和を取る. こうして得られる和

$$\boldsymbol{w}_1 + \boldsymbol{w}_2 + \cdots + \boldsymbol{w}_r \tag{2.25}$$

全体を

$$W_1 + W_2 + \cdots + W_r = \{\boldsymbol{w}_1 + \boldsymbol{w}_2 + \cdots + \boldsymbol{w}_r \mid \boldsymbol{w}_i \in W_i \ (1 \leq i \leq r)\} \tag{2.26}$$

で表す. これは $\mathbb{K}^m$ の部分空間であって, すべての $W_1, W_2, \ldots, W_r$ を含む. いわゆる**シグマ記法**を用い, (2.25), (2.26) をそれぞれ

$$\sum_{i=1}^{r} \boldsymbol{w}_i, \quad \sum_{i=1}^{r} W_i$$

と表すことも多い.

命題 2.43　$\mathbb{K}^m$ の部分空間 $W_1, W_2, \ldots, W_r$ $(r \geqq 2)$ に対し, 次の 4 条件が互いに同値になる.

(a) $\sum_{i=1}^{r} W_i$ の各元 $\sum_{i=1}^{r} \boldsymbol{w}_i$ $(\boldsymbol{w}_i \in W_i, 1 \leq i \leq r)$ の表示法が一意的. すなわち $\sum_{i=1}^{r} \boldsymbol{w}_i = \sum_{i=1}^{r} \boldsymbol{w}_i'$ $(\boldsymbol{w}_i, \boldsymbol{w}_i' \in W_i, 1 \leq i \leq r)$ が成り立つのが $\boldsymbol{w}_i = \boldsymbol{w}_i'$ $(1 \leq i \leq r)$ の場合に限られる;

(b) $r-1$ 個の等式

$$W_1 \cap W_2 = \{\boldsymbol{0}\}, \quad (W_1 + W_2) \cap W_3 = \{\boldsymbol{0}\}, \ldots,$$

$$\left(\sum_{i=1}^{r-1} W_i\right) \cap W_r = \{\boldsymbol{0}\}$$

のすべてが成り立つ.

(c) W_1 の基底 $\boldsymbol{a}_1, \boldsymbol{a}_2, \ldots, \boldsymbol{a}_{n_1}$, W_2 の基底 $\boldsymbol{b}_1, \boldsymbol{b}_2, \ldots, \boldsymbol{b}_{n_2}$, W_3 の基底, $\cdots$ と続けて, 最後 W_r の基底 $\boldsymbol{z}_1, \boldsymbol{z}_2, \ldots, \boldsymbol{z}_{n_r}$ を勝手に選ぶとき, これらすべてを合わせた

$$\boldsymbol{a}_1, \boldsymbol{a}_2, \ldots, \boldsymbol{a}_{n_1}, \boldsymbol{b}_1, \boldsymbol{b}_2, \ldots, \boldsymbol{b}_{n_2}, \ldots, \boldsymbol{z}_1, \boldsymbol{z}_2, \ldots, \boldsymbol{z}_{n_r}$$

が $\sum_{i=1}^{r} W_i$ の基底になる;

(d)　$\dim\left(\sum_{i=1}^{r} W_i\right) = \sum_{i=1}^{r} \dim(W_i)$. すなわち，部分空間の和 $\sum_{i=1}^{r} W_i$ の次
元が，部分空間の次元 $\dim W_i$ の和に等しい.

　この同値性は例題 2.39 の結果から従う. 実際，上の条件 (a)–(d) のそれぞれが，$r-1$
組の部分空間のペア

$$W_1 \text{ と } W_2; \; W_1 + W_2 \text{ と } W_3; \; \ldots; \; \sum_{i=1}^{r-1} W_i \text{ と } W_r$$

のすべてが，例題 2.39 の条件 (a)–(d) を満たすことと同値であることが見て取れる.

定義 2.44　上の互いに同値な 4 条件が満たされる場合，和 $\sum_{i=1}^{r} W_i \; (= W_1 + W_2 + \cdots + W_r)$ が**直和**であるといい，この和を

$$\bigoplus_{i=1}^{r} W_i \quad \text{または} \quad W_1 \oplus W_2 \oplus \cdots \oplus W_r$$

で表す. また，$\mathbb{K}^m$ の部分空間 V が和 $\sum_{i=1}^{r} W_i$ に等しく，かつこの和が直和の場
合，V は $W_1, W_2, \ldots, W_r$ の**直和**である，あるいは V がこれらに**直和分解**されると
いい，

$$V = \bigoplus_{i=1}^{r} W_i \quad \text{または} \quad V = W_1 \oplus W_2 \oplus \cdots \oplus W_r$$

と書く.

演 習 問 題

演習1　$\boldsymbol{a}_1, \boldsymbol{a}_2, \ldots, \boldsymbol{a}_n$ は m 次ベクトルであって，少なくとも 1 つは零ベクトルと異な
るとする. このうちのいくつかのベクトル $\boldsymbol{a}_{i_1}, \boldsymbol{a}_{i_2}, \ldots, \boldsymbol{a}_{i_r}$（ただし $1 \leqq i_1 < i_2 < \cdots < i_r \leqq n$）が次の 2 条件を満たすとき，これらは $\boldsymbol{a}_1, \boldsymbol{a}_2, \ldots, \boldsymbol{a}_n$ の中で**極大線形独立であ**
るという.

　(i)　$\boldsymbol{a}_{i_1}, \boldsymbol{a}_{i_2}, \ldots, \boldsymbol{a}_{i_r}$ は線形独立である；

　(ii)　どの $\boldsymbol{a}_1, \boldsymbol{a}_2, \ldots, \boldsymbol{a}_n$ も $\boldsymbol{a}_{i_1}, \boldsymbol{a}_{i_2}, \ldots, \boldsymbol{a}_{i_r}$ の線形結合として表せる.

このとき次を示せ（定理 2.5 を既知としてよい）. $\boldsymbol{a}_1, \boldsymbol{a}_2, \ldots, \boldsymbol{a}_n$ の中で極大線形独立な
ベクトルたちが少なくとも 1 組存在する. それは 1 組と限らずさまざま存在し得るが，そ
のそれぞれを構成するベクトルの個数（上の定義における r）は一定であって，その一定
値は $m \times n$ 行列 $A = [\, \boldsymbol{a}_1 \;\; \boldsymbol{a}_2 \;\; \cdots \;\; \boldsymbol{a}_n \,]$ の階数に一致する.

演習 2 W を $\{\mathbf{0}\}$ と異なる $\mathbb{K}^m$ の部分空間とする. 次の誘導に従い定理 2.28 を証明せよ.

(1) W の基底を, 次のようにして選べることを確かめよ.

   (i) $W \neq \{\mathbf{0}\}$ ゆえ, W から零ベクトルと異なる $\boldsymbol{a}_1$ が選べる. $\langle \boldsymbol{a}_1 \rangle = W$ ならば $\boldsymbol{a}_1$ が W の基底である.

   (ii) $\langle \boldsymbol{a}_1 \rangle \neq W$, 従って $\langle \boldsymbol{a}_1 \rangle \subsetneq W$ ならば $\langle \boldsymbol{a}_1 \rangle$ に属さないような W のベクトル $\boldsymbol{a}_2$ が選べる. このとき $\boldsymbol{a}_1, \boldsymbol{a}_2$ は線形独立である. $\langle \boldsymbol{a}_1, \boldsymbol{a}_2 \rangle = W$ ならば $\boldsymbol{a}_1, \boldsymbol{a}_2$ が W の基底である.

   (iii) $\langle \boldsymbol{a}_1, \boldsymbol{a}_2 \rangle \subsetneq W$ ならば, 上の手続きを繰り返し, W から線形独立な $\boldsymbol{a}_1$, $\boldsymbol{a}_2, \ldots, \boldsymbol{a}_r$ が条件 $\boldsymbol{a}_3 \notin \langle \boldsymbol{a}_1, \boldsymbol{a}_2 \rangle, \ldots, \boldsymbol{a}_r \notin \langle \boldsymbol{a}_1, \boldsymbol{a}_2, \ldots, \boldsymbol{a}_{r-1} \rangle$ を満たすベクトルとして順次選べる. ところが, 例題 2.26 の最後の主張から $r \leqq m$. これはこの手続きがせいぜい m 回で終わる, 換言すれば, ある r $(\leqq m)$ に対して $\langle \boldsymbol{a}_1, \boldsymbol{a}_2, \ldots, \boldsymbol{a}_r \rangle = W$ となり, 従って $\boldsymbol{a}_1, \boldsymbol{a}_2, \ldots, \boldsymbol{a}_r$ が W の基底となることを示している.

(2) W の次元が一定値として定まることを, 次を確かめることで示せ. $\boldsymbol{a}_1, \boldsymbol{a}_2, \ldots,$ $\boldsymbol{a}_r$ と $\boldsymbol{b}_1, \boldsymbol{b}_2, \ldots, \boldsymbol{b}_s$ がともに W の基底であれば, これらはどちらも $\boldsymbol{a}_1, \boldsymbol{a}_2, \ldots,$ $\boldsymbol{a}_r, \boldsymbol{b}_1, \boldsymbol{b}_2, \ldots, \boldsymbol{b}_s$ の中で極大線形独立であるから, 前問の結果から $r = s$ である.

(3) (2) の一定値が 1 以上 m 以下であることを, 例題 2.26 の最後の結果を用いて示せ.

演習 3 W と V をともに $\mathbb{K}^m$ の部分空間とするとき, 次を示せ.

(1) $W = V$ ならば $\dim W = \dim V$.

(2) $W \subsetneq V$ ならば $\dim W < \dim V$ が成り立つ. さらに, $\boldsymbol{a}_1, \boldsymbol{a}_2, \ldots, \boldsymbol{a}_n$ を W の基底 $(n = \dim W)$ とすると, これを延長して V の基底 $\boldsymbol{a}_1, \boldsymbol{a}_2, \ldots, \boldsymbol{a}_n, \boldsymbol{a}_{n+1}, \ldots,$ $\boldsymbol{a}_\ell$ $(\ell = \dim V)$ が得られる.

演習 4 前問の結果を用いて次の (1)–(3) を示せ. これらのうち (1) は注意 2.30 に述べた事実, (2) は命題 2.41 である.

(1) $\mathbb{K}^m$ の部分空間 W $(\neq \{\mathbf{0}\})$ の次元が $\dim W = n$ とわかったとすると, W に属す n 個の線形独立なベクトルたちは必然的に W の基底になる. とくに m 個の線形独立な m 次ベクトルたちは $\mathbb{K}^m$ の基底である.

(2) V と W がともに $\mathbb{K}^m$ の部分空間で $V \supset W$ を満たすとすると, W の V における補空間が必ず存在する.

(3) V と W がともに $\mathbb{K}^m$ の部分空間で $V \supset W$ かつ $\dim V = \dim W + 1$ を満たすとする. このとき, 差集合 $V \setminus W$ に属すベクトル $\boldsymbol{v}$, すなわち V に属すが W には属さない $\boldsymbol{v}$ を選ぶと, $\boldsymbol{v}$ が生成する $\mathbb{K}^m$ の部分空間 $\langle \boldsymbol{v} \rangle$ は W の V における補空間になる.

演習 5 次の問いに答えよ.

(1) A を (2.8) に与えた 4×6 行列とする. 例 2.7 で見たように $\operatorname{rank} A = 3$. また例 2.36 で見たように, A の列ベクトル $\boldsymbol{a}_1, \boldsymbol{a}_2, \ldots, \boldsymbol{a}_6$ のそれぞれが, $\boldsymbol{a}_2, \boldsymbol{a}_3, \boldsymbol{a}_5$ の

線形結合として（一意的に）表せる．その表示と表示法 (2.21) を用いて，次を示せ．$B = [\,\boldsymbol{a}_2\ \ \boldsymbol{a}_3\ \ \boldsymbol{a}_5\,]$ を，$\boldsymbol{a}_2, \boldsymbol{a}_3, \boldsymbol{a}_5$ を並べた 4×3 行列とするとき，適当な 3×6 行列 C を用いて，A が積

$$A = BC$$

の形に表せる．

(2)　A を $m \times n$ 非零行列とし，$r = \operatorname{rank} A$ をその階数とする．このような A が，適当な $m \times r$ 行列 B と $r \times n$ 行列 C との積

$$A = BC$$

の形に表せることを示せ．

(3)　問 2.13 に与えた 2 つの 4×6 行列 A を，上のような積の形に表せ．

演習 6　注意 2.14 に関連する，次の問いに答えよ．

(1)　注意 2.14 の議論を一般化して，次が成り立つことを示せ．A を $m \times n$ 非零行列，$\boldsymbol{b}$ を m 次ベクトルとする．非斉次連立 1 次方程式 $A\boldsymbol{x} = \boldsymbol{b}$ が解をもつためには

$$\operatorname{rank}[\,A \mid \boldsymbol{b}\,] = \operatorname{rank} A \tag{2.27}$$

が成り立つことが必要十分である．いまこの条件が満たされていると仮定し，この等式が示す同一の階数を r とする．A を階段化する行変形により，$m \times (n+1)$ 行列 $[\,A \mid \boldsymbol{b}\,]$ が $[\,B \mid \boldsymbol{c}\,]$ に変形されたとする（従って B は A の階段化．(2.27) は，ベクトル $\boldsymbol{c}$ の第 r 成分より下の成分がすべて 0 であることを意味する）．

　(i)　$r = n$ の場合．$\boldsymbol{x} = \boldsymbol{c}$ が $A\boldsymbol{x} = \boldsymbol{b}$ の唯一の解である．

　(ii)　$r < n$ の場合．$A\boldsymbol{x} = \boldsymbol{b}$ の解 $\boldsymbol{u}$ を 1 つ勝手に選ぶと，この $\boldsymbol{u}$ と，斉次連立 1 次方程式 $A\boldsymbol{x} = \boldsymbol{0}$ の基本解 $\boldsymbol{v}_1, \boldsymbol{v}_2, \ldots, \boldsymbol{v}_{n-r}$ の線形結合との和

$$\boldsymbol{x} = \boldsymbol{u} + c_1\boldsymbol{v}_1 + c_2\boldsymbol{v}_2 + \cdots + c_{n-r}\boldsymbol{v}_{n-r} \quad (c_1, c_2, \ldots, c_{n-r} \text{ はスカラー})$$

が $A\boldsymbol{x} = \boldsymbol{b}$ のすべての解を与える．解 $\boldsymbol{u}$ として，（B の主・助列に対応して決まる）r 個ある主成分に，$\boldsymbol{c}$ の最初の r 個の成分が順に並び，助成分がすべて 0 であるような m 次ベクトルを選べる．

(2)　$\boldsymbol{b} = \begin{bmatrix} 1 \\ 2 \\ t \\ -1 \end{bmatrix}$ を注意 2.14 に与えた 4 次ベクトルとする．問 2.13 に与えた 2 つの 4×6 行列 A のそれぞれに対し，非斉次連立 1 次方程式 $A\boldsymbol{x} = \boldsymbol{b}$ が解をもつために，t が満たすべき条件を求め，それが満たされる場合に $A\boldsymbol{x} = \boldsymbol{b}$ のすべての解を求めよ．

第3章

行列と線形写像

　本章で行列のサクセスストーリーは一旦完結を見る.「知りたいものをじっと見ているだけでは何も始まらない. それを別のものに働かせてその効果を見よ.」これは数学全般に亘るアイデアである. 行列をベクトルに働かせてみる. 効果は, ベクトル空間の間の線形写像と呼ばれる写像であるが, 逆にその線形写像は必ず行列により与えられる.「行列すなわち線形写像」であり, これらは1つの実在の2つの姿と見なせる. 前者は具体性に優れ, 後者は抽象的議論に適している.

3.1 行 列 の 積

　前章に引き続き本章においても係数域, すなわち行列の成分とスカラーの範囲は実数体 $\mathbb{R}$, 複素数体 $\mathbb{C}$ のいずれでもよい. それをまた $\mathbb{K}$ で表す.

　2.2 節で見たように, mn 個の数を m 行, n 列に長方形に並べ, カッコでくくったものを **$m \times n$ (型) 行列**と呼ぶ. 構成する数のそれぞれを行列の**成分**と呼び, とくに上から数えて第 i 行, 左から数えて第 j 列に位置するものを **(i, j)-成分**と呼ぶ. $\mathbb{K}$ に成分をもつ $m \times n$ 行列全体から成る集合を

$$M_{m,n}(\mathbb{K})$$

で表そう. 行列を表す英単語 matrix の頭文字の大文字 M を用いている. m 次 (列) ベクトルは $m \times 1$ 行列に等しく, その全体を $\mathbb{K}^m$ と記したから $\mathbb{K}^m = M_{m,1}(\mathbb{K})$ となる.

　$\mathbb{K}^m$ は加法, 減法, スカラー乗法が「自由に」できるシステムであった. $M_{m,n}(\mathbb{K})$ もまったく同じである. すなわちベクトルの場合と同様に, 同じポジションにある成分どうしの和を以て行列の和, 成分ごとのスカラー倍を以て行列のスカラー倍とする. また行列 A のすべての成分の符号を反転させたものを $-A$ とする. すると, 2.1 節に与えた (A1)–(A4), (S1)–(S4) が $m \times n$ 行列に対して成り立つ. ただし (A3), (A4) にある零ベクトル $\mathbf{0}$ は $m \times n$ 零行列 O に替えるものとする. これは容易に納得がゆくであろう. $M_{m,n}(\mathbb{K})$ は $\mathbb{K}^{mn}$ と本質的に同じものであって, mn 個の数をどのように並べるかだけの違いである.

次に定義する，行列どうしの積に関しては成分の並べ方が本質的に関わってくる．
2章において (2.2) の直前で同じ次数の行ベクトルと列ベクトルの積を定義した．その定義を一般の n 次の場合に書くと

$$[a_1 \quad a_2 \quad \cdots \quad a_n] \begin{bmatrix} b_1 \\ b_2 \\ \vdots \\ b_n \end{bmatrix} = a_1 b_1 + a_2 b_2 + \cdots + a_n b_n \tag{3.1}$$

となる．

定義 3.1 $m \times n$ 行列 A と $n \times \ell$ 行列 B の積 AB を次のように定義する．AB は $m \times \ell$ 行列であって，その (i,j)-成分を先に定義した積

$$[A \text{ の第 } i \text{ 行ベクトル}] \begin{bmatrix} B \\ \text{の} \\ \text{第} \\ j \\ \text{列} \\ \text{ベ} \\ \text{ク} \\ \text{ト} \\ \text{ル} \end{bmatrix}$$

とする．

$m = n = 2, \ell = 1$ の場合，また $m = n = \ell = 2$ の場合，この積はすでに 1.3 節で与えられている．$\ell = 1$ の場合の積，すなわち行列とベクトルの積は，すでに (2.14) に与えられている．$m = \ell = 1$ の場合には，上の積（1×1 型行列のカッコを除いてそれを数と見なす）は (3.1) に一致する．

$n \neq n'$ の場合に，$m \times n$ 行列 A と $n' \times \ell$ 行列 B の積 AB は定義されないものとする．

例題 3.2

次の4つの行列から2つ，X と Y（$X = Y$ でもよい）を選び積 XY を計算する．積が定義されるものすべてに関し計算を実行せよ．

$$A = \begin{bmatrix} 1 & -2 & 3 \\ 0 & 1 & -2 \end{bmatrix}, \quad B = \begin{bmatrix} 1 & -1 & 0 \\ 0 & 1 & -2 \\ 0 & 0 & 1 \end{bmatrix}, \quad C = [1 \ 2 \ -1], \quad D = \begin{bmatrix} 1 \\ -2 \\ -1 \end{bmatrix}$$

【解答】　A が 2×3 型, B が 3×3 型, C が 1×3 型, D が 3×1 型. これらから X が $m \times n$ 型, Y が $n \times \ell$ 型となる X, Y を選び, $m \times \ell$ 型の積 XY を得る. 結果は次の通り. AB 2×3 型, AD 2×1 型, BB 3×3 型, BD 3×1 型, CB 1×3 型, CD 1×1 型, DC 3×3 型. 積 AB を定義に基づき計算すると

$$
AB = \begin{bmatrix} [1 \ -2 \ 3]\begin{bmatrix} 1 \\ 0 \\ 0 \end{bmatrix} & [1 \ -2 \ 3]\begin{bmatrix} -1 \\ 1 \\ 0 \end{bmatrix} & [1 \ -2 \ 3]\begin{bmatrix} 0 \\ -2 \\ 1 \end{bmatrix} \\[3em] [0 \ 1 \ -2]\begin{bmatrix} 1 \\ 0 \\ 0 \end{bmatrix} & [0 \ 1 \ -2]\begin{bmatrix} -1 \\ 1 \\ 0 \end{bmatrix} & [0 \ 1 \ -2]\begin{bmatrix} 0 \\ -2 \\ 1 \end{bmatrix} \end{bmatrix} = \begin{bmatrix} 1 & -3 & 7 \\ 0 & 1 & -4 \end{bmatrix}.
$$

他の積も同様に計算して

$$
AD = \begin{bmatrix} 2 \\ 0 \end{bmatrix}, \quad BB = \begin{bmatrix} 1 & -2 & 2 \\ 0 & 1 & -4 \\ 0 & 0 & 1 \end{bmatrix}, \quad BD = \begin{bmatrix} 3 \\ 0 \\ -1 \end{bmatrix},
$$

$$
CB = [1 \ 1 \ -5], \quad CD = [-2], \quad DC = \begin{bmatrix} 1 & 2 & -1 \\ -2 & -4 & 2 \\ -1 & -2 & 1 \end{bmatrix}. \qquad \square
$$

注意 3.3　$m \times n$ 行列 A と n 次第 i 基本ベクトル $\boldsymbol{e}_i$ $(1 \leqq i \leqq n)$ の積が

$$
A\boldsymbol{e}_i = (A \text{ の第 } i \text{ 列ベクトル})
$$

となることを覚えておくと便利である. また $m = n = 2$ の場合, この等式はまさに, 1.3 節に与えた, 積 $A\boldsymbol{x}$ の定義の根拠を表していることに注意しよう.

　A, A' を $m \times n$ 行列, B, B' を $n \times \ell$ 行列, C を $\ell \times k$ 行列, c をスカラーとするとき次が成り立つ.

(M1)　(結合法則) $(AB)C = A(BC)$

(M2)　(分配法則) $A(B + B') = AB + AB'$

(M3)　(分配法則) $(A + A')B = AB + A'B$

(M4)　$(cA)B = c(AB) = A(cB)$

　重要なのは積の交換法則 $AB = BA$ が一般には成り立たないことである. 実際 AB が定義されても BA が定義されないことがある (前例題を見よ). また BA が定義されても AB と BA の型が異なることがある (前例題において CD と DC を比べよ. また AB, BA がともに定義されて同じ型であっても, $AB \neq BA$ となる

場合がある. 問 1.15 を見よ.

(M1) の両辺を単に ABC と書く（これが左辺, 右辺のどちらを意味するとしてもよいから）. 同様に (M4) の各辺を cAB で表す.

行の個数と列の個数が等しい行列を（成分が正方形に並ぶことから）**正方行列**と呼ぶ. 行の個数, 等しく列の個数 n を明示する場合, これを **n 次正方行列**と呼ぶ. これは $n \times n$ 行列に等しいが, その全体 $M_{n,n}(\mathbb{K})$ を $M_n(\mathbb{K})$ とも記す. すなわち

$$M_n(\mathbb{K}) = \{\mathbb{K} \text{ に成分をもつ } n \text{ 次正方行列}\}.$$

正方行列において, 左上から右下に至る対角線上にある成分, すなわち $(1,1)$-成分, $(2,2)$-成分, $(3,3)$-成分, $\cdots$；図示すると $\times$ で表される

$$[\times], \quad \begin{bmatrix} \times & \\ & \times \end{bmatrix}, \quad \begin{bmatrix} \times & & \\ & \times & \\ & & \times \end{bmatrix}, \quad \begin{bmatrix} \times & & & \\ & \times & & \\ & & \times & \\ & & & \times \end{bmatrix}, \cdots$$

を**対角成分**と呼ぶ. 対角成分より他の成分がすべて 0 であるような正方行列

$$[a_1], \quad \begin{bmatrix} a_1 & 0 \\ 0 & a_2 \end{bmatrix}, \quad \begin{bmatrix} a_1 & 0 & 0 \\ 0 & a_2 & 0 \\ 0 & 0 & a_3 \end{bmatrix}, \quad \begin{bmatrix} a_1 & 0 & 0 & 0 \\ 0 & a_2 & 0 & 0 \\ 0 & 0 & a_3 & 0 \\ 0 & 0 & 0 & a_4 \end{bmatrix}, \cdots$$

を**対角行列**と呼ぶ. 対角成分 $a_1, a_2, a_3, \ldots$ の中に 0 があってもよい. 極端な場合として $n \times n$ 零行列は対角行列である.

対角成分がすべて 1 であるような正方行列を

$$E_1 = [1], \quad E_2 = \begin{bmatrix} 1 & 0 \\ 0 & 1 \end{bmatrix}, \quad E_3 = \begin{bmatrix} 1 & 0 & 0 \\ 0 & 1 & 0 \\ 0 & 0 & 1 \end{bmatrix}, \quad E_4 = \begin{bmatrix} 1 & 0 & 0 & 0 \\ 0 & 1 & 0 & 0 \\ 0 & 0 & 1 & 0 \\ 0 & 0 & 0 & 1 \end{bmatrix}, \cdots$$

で表し, **単位行列**と呼ぶ. 一般に n 次単位行列を E_n で表すが, 次数を表す n を略して E と書くこともある.

単位行列は乗じても相手を変えず, 数におけるイチの役割をする. すなわち, $m \times n$ 行列 A に対して

(M5)　$E_m A = A = A E_n$

が成り立つ．これは簡単に確かめられる[1]．

2 つの n 次正方行列の積が定義でき，それがまた n 次正方行列である．このように $M_n(\mathbb{K})$ は加法，減法，スカラー乗法が自由にできるシステムであることに加え，乗法が定義できる．しかもその乗法は (i) 結合法則 (M1) を満たし，(ii) (M2)–(M4) を満たすという意味で線形構造と相性が良く，(iii) (M5) にあるように，イチの役目をする元（**単位元**と呼ばれる）を含む[2]．このようなシステムを**結合的代数**（係数域を明示する場合，$\mathbb{K}$ 上の結合的代数）と呼ぶ[3]．

n 次正方行列 A のベキを

$$A^0 = E, \quad A^1 = A, \quad A^2 = AA, \quad A^3 = A^2 A \; (= AA^2), \ldots,$$
$$A^k = A^{k-1} A \; (= AA^{k-1}) \; (k > 0)$$

で定義する．これらはもちろん n 次正方行列である．

注意 3.4　正方行列が，1 つの正方行列 A のいくつかのベキの線形結合，すなわち $c_0 A^k + c_1 A^{k-1} + \cdots + c_{k-1} A + c_k E$ のような A の多項式（$c_k E$ は定数項 c_k と見る）の形で与えられることがよくある．このような正方行列のスカラー倍，またこのような正方行列どうしの和，積を計算するには，これらがあたかも A を変数とする多項式のように思って計算してよい．2 つ以上の正方行列 $A, B, C, \ldots$ の積（例えば $AB^3 C^2$）の線形結合で与えられる正方行列に関しても同様で，それらを $A, B, C, \ldots$ を変数とする多変数多項式と思って計算してよい．ただし行列の積に関して交換法則は成り立たないので，通常の多項式のように $AB = BA$ を用いることは一般には許されない．

3.2　行列と線形写像

$m \times n$ 行列 A を勝手に選んで固定する．$\boldsymbol{x}$ を n 次ベクトルとすると，積 $A\boldsymbol{x}$ は m 次ベクトルになる．n 次ベクトルの全体を $\mathbb{K}^n$ で表した．いま $\boldsymbol{x}$ を $\mathbb{K}^n$ の中を動き回る**変数**（variable ＝動き得るもの．数とは限らないものに用いる）と見ると，それに応じて m 次ベクトル $A\boldsymbol{x}$ が得られる．言い換えれば $\mathbb{K}^n$ から $\mathbb{K}^m$ への写像 $\boldsymbol{x} \mapsto A\boldsymbol{x}$ が得られる．これを

$$L_A \colon \mathbb{K}^n \to \mathbb{K}^m, \quad L_A(\boldsymbol{x}) = A\boldsymbol{x}$$

---

[1] 注意 3.3 の等式から直ちに $AE_n = A$ が従う．

[2] 大学以降，集合のメンバーを（要素でなく）元と呼ぶのであった（1.2 節参照）．

[3] 一般に結合的代数において，単位元（e とする）がただ 1 つであることが容易に確かめられる．実際 e' もまた単位元であるとすると，e の単位元としての性質を用いて $e' = ee'$．e' の単位元としての性質を用いると，これは e に等しい．

で表す. L_A は A による**左乗法**（L は left の頭文字を表す）を意味する写像の名前であって，例えば 2 次関数 $g: \mathbb{R} \to \mathbb{R}$, $g(x) = x^2 + 1$ の g の役目をしている. $m = n = 2$ の場合の L_A はすでに 1.3 節に現れている. 次の定義もそう.

定義 3.5 写像 $f: \mathbb{K}^n \to \mathbb{K}^m$ が**線形写像**であるとは，すべての n 次ベクトル $\boldsymbol{x}, \boldsymbol{y}$ とスカラー c に対して

  (L1) $f(\boldsymbol{x} + \boldsymbol{y}) = f(\boldsymbol{x}) + f(\boldsymbol{y})$

  (L2) $f(c\boldsymbol{x}) = cf(\boldsymbol{x})$

が成り立つときにいう.

(L1), (L2) が要請しているのは，加法とスカラー乗法という 2 種類の演算（すなわち線形構造）に関して，演算を行ったのちに f で送った結果と，f で送ったのちに演算を行った結果が一致することである. これを以て，線形写像とは**線形構造を保つ写像**のことである[4]という言い方をする.

問 3.6 写像 $f: \mathbb{K}^n \to \mathbb{K}^m$ に対して次が同値であることを示せ.

  (i) 線形写像である. すなわち，すべての n 次ベクトル $\boldsymbol{x}, \boldsymbol{y}$ とスカラー c に対して (L1), (L2) が成り立つ；

  (ii) すべての n 次ベクトル $\boldsymbol{x}, \boldsymbol{y}$ とスカラー a, b に対して

$$f(a\boldsymbol{x} + b\boldsymbol{y}) = af(\boldsymbol{x}) + bf(\boldsymbol{y})$$

    が成り立つ.

— 例題 3.7 —

  $m \times n$ 行列 A による左乗法 $L_A: \mathbb{K}^n \to \mathbb{K}^m$ が線形写像であることを示せ.

【解答】 勝手な n 次ベクトル $\boldsymbol{x}, \boldsymbol{y}$ とスカラー c に対して，(M2), (M4) を用い

$$L_A(\boldsymbol{x} + \boldsymbol{y}) = A(\boldsymbol{x} + \boldsymbol{y}) = A\boldsymbol{x} + A\boldsymbol{y} = L_A(\boldsymbol{x}) + L_A(\boldsymbol{y}),$$
$$L_A(c\boldsymbol{x}) = A(c\boldsymbol{x}) = c(A\boldsymbol{x}) = cL_A(\boldsymbol{x}).$$

これらは L_A が線形写像であることを示している.   □

---

[4] 数学の対象の多くは，何かしらの構造を伴う集合である. その対象の間の関係は，写像を以て議論される. そのとき，問題としている構造（代数構造として種々の演算，幾何構造として距離や位相など）を保つ写像を考えるのが自然である.

> **定理 3.8**　　行列による左乗法は線形写像である．逆に，線形写像は行列による左乗法に限り，従って「行列による左乗法」と「線形写像」とは同義語になる．実際 $f: \mathbb{K}^n \to \mathbb{K}^m$ を線形写像とすると，n 次基本ベクトルにおける f の値（それは m 次ベクトル）を並べた $m \times n$ 行列
> $$A = [\,f(\boldsymbol{e}_1)\ \ f(\boldsymbol{e}_2)\ \cdots\ f(\boldsymbol{e}_n)\,] \tag{3.2}$$
> を以て $f = L_A$ が成り立つ．

これを確かめるために，勝手な n 次ベクトル $\boldsymbol{x} = \begin{bmatrix} x_1 \\ x_2 \\ \vdots \\ x_n \end{bmatrix}$ $(= x_1\boldsymbol{e}_1 + x_2\boldsymbol{e}_2 + \cdots +$

$x_n\boldsymbol{e}_n)$ を選ぶと，(L1)–(L2) と表示法 (2.21) を用いて

$$f(\boldsymbol{x}) = x_1 f(\boldsymbol{e}_1) + x_2 f(\boldsymbol{e}_2) + \cdots + x_n f(\boldsymbol{e}_n) = A\boldsymbol{x} = L_A(\boldsymbol{x}). \tag{3.3}$$

こうして $f = L_A$ を得る．

(3.2) の右辺を $f(E_n)$ で表す．すなわち

$$f(E_n) = [\,f(\boldsymbol{e}_1)\ \ f(\boldsymbol{e}_2)\ \cdots\ f(\boldsymbol{e}_n)\,].$$

この右辺は単位行列 E_n の各列に f を施した結果であるが，これを（記号を乱用して）E_n に f を施した結果と見るのが左辺である．

　$f: \mathbb{K}^n \to \mathbb{K}^m$ を線形写像とする．あらゆる n 次ベクトル $\boldsymbol{x}$ に対する f の値 $f(\boldsymbol{x})$ 全体を f の**像**（image）と呼び，$\mathrm{Im}\, f$ で表す．すなわち

$$\mathrm{Im}\, f = \{f(\boldsymbol{x}) \mid \boldsymbol{x} \in \mathbb{K}^n\}.$$

1.2 節で見たように，これは集合の間のどんな写像に対しても定義される．線形写像に特有な概念として，f により零ベクトル $\boldsymbol{0}$ に送られる（しばしば，f により**消滅する**という）n 次ベクトル全体を f の**核**（kernel）と呼び，$\mathrm{Ker}\, f$ で表す．すなわち

$$\mathrm{Ker}\, f = \{\boldsymbol{x} \in \mathbb{K}^n \mid f(\boldsymbol{x}) = \boldsymbol{0}\}.$$

> **定理 3.9**　　$f: \mathbb{K}^n \to \mathbb{K}^m$ を線形写像とする．定理 3.8 で見たように，f は (3.2) で与えられる行列 A による左乗法 L_A に等しい．
> 　(1)　像 $\mathrm{Im}\, f$ は A の n 個の列ベクトルが生成する $\mathbb{K}^m$ の部分空間に等しく，その次元は A の階数に等しい．すなわち

$$\operatorname{Im} f = \langle f(\boldsymbol{e}_1), f(\boldsymbol{e}_2), \ldots, f(\boldsymbol{e}_n)\rangle, \quad \dim(\operatorname{Im} f) = \operatorname{rank} A.$$

(2)　核 $\operatorname{Ker} f$ は方程式 $A\boldsymbol{x} = \boldsymbol{0}$ の解空間に等しく，従って $\mathbb{K}^n$ の部分空間である．その次元は

$$\dim(\operatorname{Ker} f) = n - \operatorname{rank} A \tag{3.4}$$

で与えられる．

(1) の前半は (3.3) から見て取れる．すると後半が定理 2.35 から従う．(2) の前半は核の定義から見て取れる．すると後半の等式 (3.4) が，定理 2.16 にある解空間の次元の**言い換え**として得られる．この等式と (1) の前半から，しばしば**次元定理**と呼ばれる等式

$$n - \dim(\operatorname{Ker} f) = \dim(\operatorname{Im} f) \tag{3.5}$$

が従う．これは直観的に次のように理解できる．もとの $n\ (= \dim(\mathbb{K}^n))$ から f により消滅する分 $\dim(\operatorname{Ker} f)$ を差し引くと f で生ずる結果 $\dim(\operatorname{Im} f)$ に一致する．

例 3.10　例としてまた，(2.8) に与えた 4×6 行列

$$A = \begin{bmatrix} 0 & 0 & 1 & -3 & 2 & 0 \\ 0 & 2 & 2 & -4 & 0 & 0 \\ 0 & 0 & 3 & -9 & 7 & -1 \\ 0 & -1 & 0 & -1 & 3 & -1 \end{bmatrix}$$

を取ろう．例 2.36 で見たように，A の列ベクトル $\boldsymbol{a}_1, \boldsymbol{a}_2, \ldots, \boldsymbol{a}_6$ が生成する $\mathbb{K}^4$ の部分空間

$$W = \langle \boldsymbol{a}_1, \boldsymbol{a}_2, \ldots, \boldsymbol{a}_6 \rangle$$

は，A の階段化の主列たちと同列にある，$\boldsymbol{a}_2, \boldsymbol{a}_3, \boldsymbol{a}_5$ を基底にもつ．従って

$$\dim W = \operatorname{rank} A = 3.$$

ところが，$L_A(\boldsymbol{e}_i) = \boldsymbol{a}_i\ (1 \leqq i \leqq 6)$ ゆえ

$$\operatorname{Im}(L_A) = \langle L_A(\boldsymbol{e}_1), L_A(\boldsymbol{e}_2), \ldots, L_A(\boldsymbol{e}_6)\rangle = \langle \boldsymbol{a}_1, \boldsymbol{a}_2, \ldots, \boldsymbol{a}_6 \rangle = W.$$

よって $\operatorname{Im}(L_A)$ は 3 次元で，$\boldsymbol{a}_2, \boldsymbol{a}_3, \boldsymbol{a}_5$ を 1 組の基底にもつ．一方，$\operatorname{Ker}(L_A)$ は，斉次連立 1 次方程式 $A\boldsymbol{x} = \boldsymbol{0}$ の解空間に等しい．定理 2.16（例 2.33 も見よ）により，これは $6 - \operatorname{rank} A = 3$ 次元で，(2.13) に与えた基本解 $\boldsymbol{v}_1, \boldsymbol{v}_2, \boldsymbol{v}_3$ を 1 組の基底にもつ．　　□

問 **3.11**　問 2.13 に与えた 2 つの 4×6 行列 A のそれぞれについて，A による左乗法 L_A の像 $\mathrm{Im}(L_A)$ および核 $\mathrm{Ker}(L_A)$ の次元と 1 組の基底を求めよ.

例題 3.12

　$f \colon \mathbb{K}^n \to \mathbb{K}^m$ を線形写像，また (3.2) の通り $A = f(E_n)$ とする. このとき次が成り立つことを示せ.

(1)　$f(\mathbf{0}) = \mathbf{0}$. すなわち，線形写像は零ベクトルを零ベクトルに写す.

(2)　次の 2 条件は互いに同値である.

　(a)　f が全射である. すなわち，どんなベクトル m 次ベクトル $\boldsymbol{y}$ に対しても，$f(\boldsymbol{x}) = \boldsymbol{y}$ を満たす n 次ベクトル $\boldsymbol{x}$ が存在する；

　(b)　$\mathrm{rank}\, A = m$.

(3)　次の 3 条件は互いに同値である.

　(a)　f が単射である. すなわち，$f(\boldsymbol{x}_1) = f(\boldsymbol{x}_2)$ となるのは $\boldsymbol{x}_1 = \boldsymbol{x}_2$ の場合に限られる；

　(b)　$\mathrm{rank}\, A = n$；

　(c)　$\mathrm{Ker}\, f = \{\mathbf{0}\}$. すなわち，$f$ の核は零ベクトルだけから成る.

【解答】　(1)　$f = L_A$ を用い $f(\mathbf{0}) = A\mathbf{0} = \mathbf{0}$. 別の方法としてより抽象的に，$\mathbf{0} + \mathbf{0} = \mathbf{0}$ の両辺に f を施し，左辺で f が加法を保つことを用いて

$$f(\mathbf{0}) + f(\mathbf{0}) = f(\mathbf{0} + \mathbf{0}) = f(\mathbf{0}).$$

最左辺と最右辺から $f(\mathbf{0})$ を引いて $f(\mathbf{0}) = \mathbf{0}$.

　(2)　(a) は $\mathrm{Im}\, f = \mathbb{K}^m$ と同値. 前章の章末演習問題 3 により，これは $\dim(\mathrm{Im}\, f) = m\ (= \dim \mathbb{K}^m)$ と同値. 定理 3.9 (1) より $\dim(\mathrm{Im}\, f) = \mathrm{rank}\, A$ ゆえ，これは (b) と同値.

　(3)　(a) $\Rightarrow$ (c). $\boldsymbol{x}$ が $\mathrm{Ker}\, f$ に属すとすると，(1) を用いて $f(\boldsymbol{x}) = \mathbf{0} = f(\mathbf{0})$. (a) を仮定すると $\boldsymbol{x} = \mathbf{0}$.

　(c) $\Rightarrow$ (a). 一般に，線形写像は差を保つ. 実際

$$f(\boldsymbol{x}_1 - \boldsymbol{x}_2) = f(\boldsymbol{x}_1 + (-1)\boldsymbol{x}_2) = f(\boldsymbol{x}_1) + (-1)f(\boldsymbol{x}_2) = f(\boldsymbol{x}_1) - f(\boldsymbol{x}_2).$$

いま $f(\boldsymbol{x}_1) = f(\boldsymbol{x}_2)$ とすると，$f(\boldsymbol{x}_1 - \boldsymbol{x}_2) = f(\boldsymbol{x}_1) - f(\boldsymbol{x}_2) = \mathbf{0}$. すなわち $\boldsymbol{x}_1 - \boldsymbol{x}_2$ は f の核に属す. (c) を仮定すると $\boldsymbol{x}_1 - \boldsymbol{x}_2 = \mathbf{0}$. すなわち $\boldsymbol{x}_1 = \boldsymbol{x}_2$.

　(b) $\Leftrightarrow$ (c). 再び前章の章末演習問題 3 により，(c) は $\dim(\mathrm{Ker}\, f) = 0$ と同値. (3.4) により，これは (b) と同値である.　　　　　　　□

このように線形写像の全射性・単射性が行列の階数で判定できる. 階数という概念の重要性がここに見られる.

問 3.13 線形写像 $f\colon \mathbb{K}^n \to \mathbb{K}^m$ のうち全単射であるものを**同型写像**と呼ぶ. f が同型写像であれば $m = n$ であり, 逆写像 f^{-1} も線形写像, 従って同型写像であることを示せ.

ヒント: $f\ (= L_A)$ が全単射であれば前例題 (2) から $m = \operatorname{rank} A$. 同 (3) と (3.4) から

$$0 = n - \operatorname{rank} A\ (= n - m).$$

逆写像 f^{-1} に対する (L1) $f^{-1}(\boldsymbol{x} + \boldsymbol{y}) = f^{-1}(\boldsymbol{x}) + f^{-1}(\boldsymbol{y})$ を見るには, f の単射性により, 両辺に f を施したあと等号が成り立つことを見ればよい.

3.3 正方行列と線形変換

前節で線形写像 $\mathbb{K}^n \to \mathbb{K}^m$ について考察した. とくに $m = n$ の場合, $\mathbb{K}^n$ から $\mathbb{K}^n$ 自身への線形写像を $\mathbb{K}^n$ の**線形変換**という[5]. $\mathbb{K}^n$ の線形変換全体から成る集合を $\operatorname{End}(\mathbb{K}^n)$ で表す[6]. すなわち

$$\operatorname{End}(\mathbb{K}^n) = \{\mathbb{K}^n \text{ の線形変換, すなわち線形写像 } \mathbb{K}^n \to \mathbb{K}^n\}. \tag{3.6}$$

例 3.14 (1) 各ベクトル $\boldsymbol{x}$ に $\boldsymbol{x}$ 自身を対応させる変換

$$\operatorname{Id}\colon \mathbb{K}^n \to \mathbb{K}^n, \quad \boldsymbol{x} \mapsto \boldsymbol{x}$$

を**恒等変換** (identity map) と呼び, このように Id で表す. これは線形変換である.

(2) すべてのベクトル $\boldsymbol{x}$ に零ベクトルを対応させる定値写像

$$\mathbb{K}^n \to \mathbb{K}^n, \quad \boldsymbol{x} \mapsto \boldsymbol{0}$$

を**零写像**と呼ぶ. これも線形変換である. □

これらほど単純でない例として次がある. 2.2 節で見た行列の行基本変形は, 各列に同様に作用するから, ただ 1 列の行列 (成分の個数を n とする), すなわち n 次 (列) ベクトルの変形と見てよく, さらに写像 $\mathbb{K}^n \to \mathbb{K}^n$ と見なせる. 加えて, どれも線形写像, すなわち $\mathbb{K}^n$ の線形変換であることが見て取れる. これらを**基本変換**と呼ぶ.

---

[5] 1.2 節で見たように, 集合 X から X 自身への写像を, X の**変換**という.

[6] End は数学独自の造語 endomorphism = endo (自分から自分自身へ) + morphism (構造を保つ写像) から取っている.

$\mathbb{K}^n$ の基本変換

（第1種）　第 i 成分を非零スカラー c（$\neq 0$）倍する（$1 \leqq i \leqq n$）；

（第2種）　第 i 成分と第 j 成分を入れ替える（$1 \leqq i < j \leqq n$）；

（第3種）　第 i 成分のスカラー c 倍を第 j 成分に加える（$1 \leqq i, j \leqq n, i \neq j$）.

定理3.8を思い出そう．この定理はとくに $m = n$ の場合に，写像の言葉を用いて次のように**言い換えられる**（確かめを問3.20の一部とする）．

定理3.15　各 n 次正方行列 A に，それによる左乗法 L_A を対応させることにより，写像

$$M_n(\mathbb{K}) \to \mathrm{End}(\mathbb{K}^n), \quad A \mapsto L_A$$

が得られる．これは全単射であって，各線形変換 f に n 次正方行列 $f(E_n)$ を対応させる $f \mapsto f(E_n)$ を逆写像にもつ．

この全単射により正方行列 A と線形変換 f が対応するとき，これを

$$A \leftrightarrow f$$

で表そう．もちろん f は A から，A は f から，それぞれ $f = L_A$, $A = f(E_n)$ のように決まるが，両者を対等に扱う目的もあってこの記法を用いる．A を f に**対応する正方行列**，f を A に**対応する線形変換**と呼ぶ．

明らかに

$$\text{単位行列 } E \ \leftrightarrow \ \text{恒等変換 Id}, \quad \text{零行列 } O \ \leftrightarrow \ \text{零写像}. \tag{3.7}$$

定義3.16　$\mathbb{K}^n$ の基本変換に対応する正方行列を**基本行列**と呼ぶ．それを基本変換の種類に応じ

$$D_i(c) \ \leftrightarrow \ (\text{第1種}), \quad P_{i,j} \ \leftrightarrow \ (\text{第2種}), \quad E_{i,j}(c) \ \leftrightarrow \ (\text{第3種})$$

によって定まる記号 $D_i(c)$, $P_{i,j}$, $E_{i,j}(c)$ で表す．

例題3.17

$n = 4$ の場合に，$D_2(c)$, $P_{1,4}$, $E_{3,1}(c)$ を具体的に表せ．

[証明]　4次単位行列に，それぞれに対応する基本変換を施した結果を見ればよい．

$$\begin{bmatrix} 1 & 0 & 0 & 0 \\ 0 & 1 & 0 & 0 \\ 0 & 0 & 1 & 0 \\ 0 & 0 & 0 & 1 \end{bmatrix} \xrightarrow{\times c} \begin{bmatrix} 1 & 0 & 0 & 0 \\ 0 & c & 0 & 0 \\ 0 & 0 & 1 & 0 \\ 0 & 0 & 0 & 1 \end{bmatrix} = D_2(c)$$

$$\begin{bmatrix} 1 & 0 & 0 & 0 \\ 0 & 1 & 0 & 0 \\ 0 & 0 & 1 & 0 \\ 0 & 0 & 0 & 1 \end{bmatrix} \rightarrow \begin{bmatrix} 0 & 0 & 0 & 1 \\ 0 & 1 & 0 & 0 \\ 0 & 0 & 1 & 0 \\ 1 & 0 & 0 & 0 \end{bmatrix} = P_{1,4}$$

$$\begin{bmatrix} 1 & 0 & 0 & 0 \\ 0 & 1 & 0 & 0 \\ 0 & 0 & 1 & 0 \\ 0 & 0 & 0 & 1 \end{bmatrix} \xrightarrow{\times c} \begin{bmatrix} 1 & 0 & c & 0 \\ 0 & 1 & 0 & 0 \\ 0 & 0 & 1 & 0 \\ 0 & 0 & 0 & 1 \end{bmatrix} = E_{3,1}(c) \qquad \square$$

　3.1 節の終わりで見たように，$M_n(\mathbb{K})$ は結合的代数—線形構造と，それと相性の良い，かつ結合法則を満たす乗法を伴い，単位元を含むシステム—であった．$\mathrm{End}(\mathbb{K}^n)$ も結合的代数である．ただし線形変換 f, g の和 $f + g$ を

$$f + g: \mathbb{K}^n \to \mathbb{K}^n, \quad \boldsymbol{x} \mapsto f(\boldsymbol{x}) + g(\boldsymbol{x}) \tag{3.8}$$

で，線形変換 f のスカラー c 倍 cf を

$$cf: \mathbb{K}^n \to \mathbb{K}^n, \quad \boldsymbol{x} \mapsto cf(\boldsymbol{x}) \tag{3.9}$$

で定め，また線形変換 f, g の積を写像の合成

$$f \circ g: \mathbb{K}^n \to \mathbb{K}^n, \quad \boldsymbol{x} \mapsto f(g(\boldsymbol{x})) \tag{3.10}$$

とする．このとき前定理 3.15 を補って次が成り立つ．

補足 **3.18**　定理 3.15 の全単射 $M_n(\mathbb{K}) \to \mathrm{End}(\mathbb{K}^n)$ は線形構造と乗法を保つ．すなわち

$$A \leftrightarrow f, B \leftrightarrow g \quad \text{ならば} \quad A + B \leftrightarrow f + g, cA \leftrightarrow cf, AB \leftrightarrow f \circ g. \tag{3.11}$$

ここに c は勝手なスカラーとする．

注意 3.19　$M_n(\mathbb{K})$ と $\mathrm{End}(\mathbb{K}^n)$ は結合的代数として本質的に同じもので，$\leftrightarrow$ がいわば精密な翻訳を与えているというのである．

問 3.20　定理 3.8 が $m = n$ の場合に，定理 3.15 に言い換えられること，また上の補足 3.18 が成り立つことを示せ．

3.4 正則行列と自己同型

　少しの間，味気ない一般論におつきあいを願いたい．実数または複素数 a は零と異なる限り，**逆数**をもつ．それは

$$ab = 1 \quad （単位元）$$

を満たす唯一の b のことであって，それを a^{-1} で表す．一般に結合的代数において，その元 a に対して

$$ab = 単位元 = ba \tag{3.12}$$

を満たす元 b（が存在すれば，それ）を a の**逆元**と呼び，a^{-1} で表す．交換法則 $ab = ba$ が成り立つとは限らないから，2 つの等号が必要になる．逆元が存在すればただ 1 つである．実際，単位元を e で表し，b' もまた逆元であるとすると

$$b = be = b(ab') = (ba)b' = eb' = b'.$$

逆元をもつ元を**可逆元**と呼ぶ．単位元はそれ自身を逆元にもつから可逆元である．

問 3.21　結合的代数において次が成り立つこと示せ．

(1)　いくつかの可逆元 $a_1, a_2, \ldots, a_k$ の積 $a_1 a_2 \cdots a_k$ は可逆元であって，実際

$$a_k^{-1} \cdots a_2^{-1} a_1^{-1}$$

を逆元にもつ．

(2)　可逆元 a の逆元 a^{-1} はまた可逆元であって，実際 a を逆元にもつ．すなわち

$$(a^{-1})^{-1} = a.$$

　このように一般に結合的代数において，可逆元全体から成る部分集合は単位元を含み，乗法と逆元に関して閉じている．

　さて，具体的な結合的代数 $M_n(\mathbb{K})$, $\mathrm{End}(\mathbb{K}^n)$ に戻ろう．これらに対しては，逆元，可逆元に，それぞれの個性を尊重した，親しみあるニックネームがつけられている．

> **定義 3.22**　結合的代数 $M_n(\mathbb{K})$ においては逆元を**逆行列**，可逆元を**正則行列**と呼ぶ．正則行列全体から成る（単位行列 E を含み，行列の積と逆で閉じた）部分集合を $\mathrm{GL}_n(\mathbb{K})$ で表す[7]．すなわち

---

[7]　一般に結合法則を満たす乗法が定義されたシステムで，単位元を含みすべての元が逆元をもつものを**群**（group）と呼ぶ．$\mathrm{GL}_n(\mathbb{K})$ は**一般線形群**（general linear group）と呼ばれる．線形変換から成る群のうち，最も一般的，すなわち広範囲のものを意味する．

$$\mathrm{GL}_n(\mathbb{K}) = \{A \in M_n(\mathbb{K}) \mid AB = E = BA \text{ を満たす正方行列 } B \text{ が存在}\}.$$

定義 3.23　結合的代数 $\mathrm{End}(\mathbb{K}^n)$ においては逆元を**逆変換**, 可逆元を $\mathbb{K}^n$ の**自己同型（写像）**（automorphism）と呼ぶ. 自己同型全体から成る（恒等変換 Id を含み, 写像の合成と逆で閉じた）部分集合を $\mathrm{Aut}(\mathbb{K}^n)$ で表す. すなわち

$$\mathrm{Aut}(\mathbb{K}^n) = \{f \in \mathrm{End}(\mathbb{K}^n) \mid f \circ g = \mathrm{Id} = g \circ f \text{ を満たす線形変換 } g \text{ が存在}\}.$$

本質的に等しい 2 つの結合的代数の間で, 可逆元全体から成るそれぞれの部分集合は単位元, 乗法, 逆元まで込めて**同一視**できる. いまの場合, それをキチンと定式化すると次のようになる.

定理 3.24　定理 3.15 の全単射 $M_n(\mathbb{K}) \to \mathrm{End}(\mathbb{K}^n)$ は, 双方の可逆元全体から成る部分集合の間の全単射

$$\mathrm{GL}_n(\mathbb{K}) \to \mathrm{Aut}(\mathbb{K}^n)$$

に制限される. この制限された全単射は単位元を保ち（$E \leftrightarrow \mathrm{Id}$）, 乗法を保つ（$A \leftrightarrow f$, $B \leftrightarrow g$ ならば $AB \leftrightarrow f \circ g$）のに加え, 逆元を保つ. すなわち

$$A \leftrightarrow f \quad \text{ならば} \quad \text{逆行列 } A^{-1} \leftrightarrow \text{逆変換 } f^{-1}. \tag{3.13}$$

我々は $M_n(\mathbb{K})$ により興味があって次を知りたい:

(I)　正方行列 A が正則行列であるのはどんな条件を満たすときか;

(II)　A が正則行列であるとき, 逆行列 A^{-1} はどう求められるか.

(II) に関して詳しくは次節に譲るが, 前定理を応用する―すなわち対応する線形変換に依存する―簡単な例が挙げられる.

$\mathbb{K}^n$ の基本変換は $\mathbb{K}^n$ の自己同型であって, 同種の基本変換を逆変換にもつ. この事実は, 行列の基本変形の可逆性と本質的に同じである. この事実と前定理から, 基本行列が正則行列であることがわかり, 次に見るように逆行列が具体的に求まる.

例 3.25　例題 3.17 で考えた, $n = 4$ の場合の $D_2(c)$, $P_{1,4}$, $E_{3,1}(c)$ の逆行列を求めよう.

$$D_2(c) \leftrightarrow \text{第 2 成分を } c \text{ 倍}$$
$$D_2(c^{-1}) \leftrightarrow \text{第 2 成分を } c^{-1} \text{ 倍}$$

であって，右側の 2 つの線形変換が互いに逆であることから，左側の行列も互いに
逆であることが従う．すなわち

$$D_2(c)^{-1} = D_2(c^{-1}).$$

同様に

$$E_{3,1}(c) \leftrightarrow \text{第 3 成分の } c \text{ 倍を第 1 成分に加える}$$

$$E_{3,1}(-c) \leftrightarrow \text{第 3 成分の } -c \text{ 倍を第 1 成分に加える}$$

から

$$E_{3,1}(c)^{-1} = E_{3,1}(-c).$$

最後に

$$P_{1,4} \leftrightarrow \text{第 1 成分と第 4 成分を入れ替える}$$

であって，右側の線形変換は自分自身を逆にもつことから，左側の行列も同じ性質
をもつことが従う．すなわち

$$P_{1,4}^{-1} = P_{1,4}. \qquad \qquad \square$$

この考察は直ちに一般化でき次を得る．

$$D_i(c)^{-1} = D_i(c^{-1}), \quad P_{i,j}^{-1} = P_{i,j}, \quad E_{i,j}(c)^{-1} = E_{i,j}(-c). \qquad (3.14)$$

(I) に関しても，$M_n(\mathbb{K})$ についてのみ考えるのではなく，$\mathrm{End}(\mathbb{K}^n)$ について並
行して考えるとよい．

命題 3.26 n 次正方行列 A に対し次が同値になる．

  (a) A が正則行列である．すなわち逆行列をもつ；

  (b) $\mathrm{rank}\, A = n$；

  (c) $AC = E$ を満たす正方行列 C が存在する；

  (d) $DA = E$ を満たす正方行列 D が存在する；

  (e) A がいくつかの基本行列 $F_1, F_2, \ldots, F_k$ の積 $F_1 F_2 \cdots F_k$ に等しい．

これらの同値条件が満たされるとき必然的に，(c) の行列 C，(d) の行列 D は
どちらも A の逆行列 A^{-1} に一致する．

最重要概念である階数が条件 (b) に，また表れていることに注意しよう．

上の命題 3.26 における最後の主張の証明は易しい．例えば C に関しては，$AC =$
E の両辺の左から A^{-1} を掛ければよい．

一般に結合的代数において，逆元は 2 つの等号（(3.12) を見よ）を成り立たさなければならないと言った．上の条件 (c), (d) にあるように，$M_n(\mathbb{K})$ においてはいずれか一方で十分なのである．

命題 3.27 $\mathbb{K}^n$ の線形変換 f に対し次が同値になる．

(a′) f が $\mathbb{K}^n$ の自己同型である．すなわち $f \circ g = \mathrm{Id} = g \circ f$ を満たす線形変換 g が存在する；

(a″) $f \colon \mathbb{K}^n \to \mathbb{K}^n$ が全単射，すなわち（問 3.13 に定義した意味の）同型写像である；

(c′) $f \colon \mathbb{K}^n \to \mathbb{K}^n$ が全射である；

(d′) $f \colon \mathbb{K}^n \to \mathbb{K}^n$ が単射である；

(e′) f がいくつかの基本変換 $f_1, f_2, \ldots, f_k$ の合成 $f_1 \circ f_2 \circ \cdots \circ f_k$ に等しい．

(a′), (a″), (c′), (d′) の同値性を証明するのは易しい．実際，(a″) は f が逆写像をもつのと同値．問 3.13 の結果から，この逆写像が線形写像ゆえ (a″) $\Rightarrow$ (a′)．逆は自明である．こうして，$\mathrm{End}(\mathbb{K}^n)$ において f の逆元を表す f^{-1} が f の逆写像を表す記号と一致する．

$A \leftrightarrow f$ と対応するとせよ．(c′) と (d′) は，例題 3.12 (2), (3) の結果からそれぞれが $\mathrm{rank}\, A = n$ と同値ゆえ，互いに同値である．その結果，これらは (a″) とも同値である．

こうして同値性が示せた (a′)–(d′) がさらに (e′) と同値であることも，上の対応を用いてうまく示せる．実際，A が (a), (b), (e) のそれぞれを満たすことと，f が (a′), (c′), (e′) のそれぞれを満たすことは同値である（(b) $\Leftrightarrow$ (c′) に例題 3.12 (2) の結果を用いる）．(b) は次と同値である．

(ε)　いくつかの基本行列 $G_1, G_2, \ldots, G_k$ に対して $G_k \cdots G_2 G_1 A = E$．

基本行列の逆行列がまた基本行列であるから，これは (e) と同値である（問 3.21 (1) を見よ）．こうして (b) $\Leftrightarrow$ (e)．従って (c′) $\Leftrightarrow$ (e′)．

すでに示された (a′) $\Leftrightarrow$ (c′) から，(a) $\Leftrightarrow$ (b)（$\Leftrightarrow$ (e)）が従う．(a) $\Rightarrow$ (c) は自明．章末演習問題 1 (1) で見るように (c) $\Rightarrow$ (c′)．すでに示された (c′) $\Leftrightarrow$ (a′) $\Leftrightarrow$ (a) と合わせて，(a) $\Leftrightarrow$ (c) が従う．同様に同章末演習問題 (2) を用いて，(a) $\Leftrightarrow$ (d) が見て取れ，結局 (a)–(e) の同値性が従う．

3.5 実践 逆行列の計算法

定理 3.24 の後に記した課題 (II) に取り組む. すなわち, 正則行列の逆行列を求める具体的方法を考える.

A を n 次正則行列とする.

考察 3.28 命題 3.26（条件 (b) を見よ）によれば $\operatorname{rank} A = n$, すなわち A の階段化は単位行列 E（$= E_n$）である. A を階段化する線形変換 f（いくつかの基本変換の合成）に対応する正方行列を P（$= f(E)$）とすれば $PA = E$. これより $P = A^{-1}$. 従って $f(E) = A^{-1}$. まとめると, A を階段化して単位行列 E にする変換を E に施した結果が A^{-1} である. □

実践向けにまとめよう.

> **命題 3.29** A と E を並べた $n \times 2n$ 行列 $[A \mid E]$ の階段化が $[E \mid A^{-1}]$ である. すなわち $[A \mid E]$ の階段化の右半分が A^{-1} である.

上のように, 真ん中に縦線を引いて左右を分けるのが習慣である.

例として

$$A = \begin{bmatrix} 1 & 2 & 2 \\ 2 & 1 & 2 \\ 2 & 2 & 1 \end{bmatrix}$$

を考えよう. $[A \mid E]$ を階段化すると

$$[A \mid E] = \begin{bmatrix} 1 & 2 & 2 & 1 & 0 & 0 \\ 2 & 1 & 2 & 0 & 1 & 0 \\ 2 & 2 & 1 & 0 & 0 & 1 \end{bmatrix} \begin{matrix} \times(-2) \\ \times(-2) \end{matrix}$$

$$\to \begin{bmatrix} 1 & 2 & 2 & 1 & 0 & 0 \\ 0 & -3 & -2 & -2 & 1 & 0 \\ 0 & -2 & -3 & -2 & 0 & 1 \end{bmatrix} \times\left(-\tfrac{1}{3}\right)$$

$$\to \begin{bmatrix} 1 & 2 & 2 & 1 & 0 & 0 \\ 0 & 1 & \tfrac{2}{3} & \tfrac{2}{3} & -\tfrac{1}{3} & 0 \\ 0 & -2 & -3 & -2 & 0 & 1 \end{bmatrix} \begin{matrix} \times(-2) \\ \times 2 \end{matrix}$$

$$\rightarrow \begin{bmatrix} 1 & 0 & \frac{2}{3} & \bigm| & -\frac{1}{3} & \frac{2}{3} & 0 \\ 0 & 1 & \frac{2}{3} & \bigm| & \frac{2}{3} & -\frac{1}{3} & 0 \\ 0 & 0 & -\frac{5}{3} & \bigm| & -\frac{2}{3} & -\frac{2}{3} & 1 \end{bmatrix} {\scriptstyle \times\left(-\frac{3}{5}\right)}$$

$$\rightarrow \begin{bmatrix} 1 & 0 & \frac{2}{3} & \bigm| & -\frac{1}{3} & \frac{2}{3} & 0 \\ 0 & 1 & \frac{2}{3} & \bigm| & \frac{2}{3} & -\frac{1}{3} & 0 \\ 0 & 0 & 1 & \bigm| & \frac{2}{5} & \frac{2}{5} & -\frac{3}{5} \end{bmatrix} {\scriptstyle \times\left(-\frac{2}{3}\right) \quad \times\left(-\frac{2}{3}\right)}$$

$$\rightarrow \begin{bmatrix} 1 & 0 & 0 & \bigm| & -\frac{3}{5} & \frac{2}{5} & \frac{2}{5} \\ 0 & 1 & 0 & \bigm| & \frac{2}{5} & -\frac{3}{5} & \frac{2}{5} \\ 0 & 0 & 1 & \bigm| & \frac{2}{5} & \frac{2}{5} & -\frac{3}{5} \end{bmatrix}.$$

これより A の階段化が E であり，従って A が確かに正則行列であることがわかる．また最後の階段行列の右半分を取り出して

$$A^{-1} = \frac{1}{5} \begin{bmatrix} -3 & 2 & 2 \\ 2 & -3 & 2 \\ 2 & 2 & -3 \end{bmatrix}.$$

問 3.30 次の正方行列 A のそれぞれに対し，$[A \mid E]$ を階段化することにより，A が正則行列であることを確かめ，逆行列 A^{-1} を求めよ．

(1) $A = \begin{bmatrix} 1 & 2 & 1 \\ 2 & 4 & 1 \\ 1 & 1 & 2 \end{bmatrix}$ (2) $A = \begin{bmatrix} 2 & 3 & 0 \\ -1 & 0 & -2 \\ 1 & -1 & 1 \end{bmatrix}$

注意 3.31 正則行列 A（例えば 3 次とする）の逆行列を $X = [\boldsymbol{x}_1 \ \boldsymbol{x}_2 \ \boldsymbol{x}_3]$ と，列ベクトルを表示して表すと，$AX = E$ は，非斉次連立 1 次方程式

$$A\boldsymbol{x}_1 = \boldsymbol{e}_1, \quad A\boldsymbol{x}_2 = \boldsymbol{e}_2, \quad A\boldsymbol{x}_3 = \boldsymbol{e}_3$$

に一致する．A を階段化（して E に）する上の方法は，この非斉次連立 1 次方程式を注意 2.14 の方法で解いている（ただし左辺が共通なため，$[A \mid \boldsymbol{e}_1 \ \boldsymbol{e}_2 \ \boldsymbol{e}_3]$ と一度に書いて）と見ることもできる．

逆行列を求める別の方法として（ただしつねに有効とは限らないが），例 3.25 で見たのと同様に (3.13) が応用できる場合がある．すなわち，正則行列 A に対し，A に対応する線形変換 f の逆変換 f^{-1} が容易にわかる場合には，f^{-1} に対応する正方行列 $A^{-1} = f^{-1}(E)$ として逆行列を求めることができる．例として

$$A = \begin{bmatrix} 1 & a & b \\ 0 & 1 & c \\ 0 & 0 & 1 \end{bmatrix}$$

を考えよう. これに対応する線形変換 $f\,(= L_A)$ は，次に示す基本変換 f_3, f_2, f_1 の合成に等しい.

$$\begin{bmatrix} \times \\ \times \\ \times \end{bmatrix} \underset{\times a}{\xrightarrow{\,f_3\,}} \begin{bmatrix} \times \\ \times \\ \times \end{bmatrix} \underset{\times b}{\xrightarrow{\,f_2\,}} \begin{bmatrix} \times \\ \times \\ \times \end{bmatrix} \underset{\times c}{\xrightarrow{\,f_1\,}} \begin{bmatrix} \times \\ \times \\ \times \end{bmatrix}$$

すなわち $f = f_1 \circ f_2 \circ f_3$. 基本変換が逆変換をもつから，合成 f もそうで，実際 $f^{-1} = f_3^{-1} \circ f_2^{-1} \circ f_1^{-1}$. これを単位行列に施して

$$E = \begin{bmatrix} 1 & 0 & 0 \\ 0 & 1 & 0 \\ 0 & 0 & 1 \end{bmatrix} \underset{\times(-c)}{\xrightarrow{\,f_1^{-1}\,}} \begin{bmatrix} 1 & 0 & 0 \\ 0 & 1 & -c \\ 0 & 0 & 1 \end{bmatrix} \underset{\times(-b)}{\xrightarrow{\,f_2^{-1}\,}} \begin{bmatrix} 1 & 0 & -b \\ 0 & 1 & -c \\ 0 & 0 & 1 \end{bmatrix} \underset{\times(-a)}{\phantom{\xrightarrow{}}}$$

$$\xrightarrow{\,f_3^{-1}\,} \begin{bmatrix} 1 & -a & ca-b \\ 0 & 1 & -c \\ 0 & 0 & 1 \end{bmatrix} = f^{-1}(E).$$

A は正則行列で，最後の行列を逆行列にもつ.

注意 3.32 f_1, f_2, f_3 は基本変換で，基本行列 $E_{3,2}(c), E_{3,1}(b), E_{2,1}(a)$ にそれぞれ対応するから

$$A = E_{3,2}(c)E_{3,1}(b)E_{2,1}(a)$$

が従う. 命題 3.26 に示されたように，このように基本行列の積として表される正方行列と，正則行列とは同義語である.

問 3.33 次の A はどちらも正則行列である. ただし (1) において a, b, c, d はいずれも 0 でないとするとする. A の逆行列を次の 2 つの方法で求めよ.

(i) $[A \,|\, E]$ を階段化する;

(ii) A に対応する線形変換 f の逆変換 f^{-1} に対応する行列 $f^{-1}(E)$ として求める.

$$(1) \quad A = \begin{bmatrix} 0 & a & 0 & 0 \\ 0 & 0 & b & 0 \\ 0 & 0 & 0 & c \\ d & 0 & 0 & 0 \end{bmatrix} \qquad (2) \quad A = \begin{bmatrix} 1 & a & b & c \\ 0 & 1 & x & y \\ 0 & 0 & 1 & z \\ 0 & 0 & 0 & 1 \end{bmatrix}$$

3.6 行列の転置

行列 A に対し，その**転置**または**転置行列**と呼ばれる行列が定義され，転置を表す transpose の頭文字を A の左上に書いて ^tA で表す[8]．例えば，例題 3.2 の 4 つの行列の転置は次で与えられる．

$$^t\begin{bmatrix} 1 & -2 & 3 \\ 0 & 1 & -2 \end{bmatrix} = \begin{bmatrix} 1 & 0 \\ -2 & 1 \\ 3 & -2 \end{bmatrix},$$

$$^t\begin{bmatrix} 1 & -1 & 0 \\ 0 & 1 & -2 \\ 0 & 0 & 1 \end{bmatrix} = \begin{bmatrix} 1 & 0 & 0 \\ -1 & 1 & 0 \\ 0 & -2 & 1 \end{bmatrix},$$

$$^t[1\ \ 2\ \ -1] = \begin{bmatrix} 1 \\ 2 \\ -1 \end{bmatrix}, \quad ^t\begin{bmatrix} 1 \\ -2 \\ -1 \end{bmatrix} = [1\ \ -2\ \ -1].$$

定義 3.34 一般に $m \times n$ 行列 A の**転置** ^tA は $n \times m$ 行列であって，A の (j, i)-成分を (i, j)-成分にもつものとする．ここに $1 \leqq i \leqq n, 1 \leqq j \leqq m$．

最後から 2 番目の例に見るように，列ベクトルを行ベクトルの転置として表すとスペースの節約になる．

問 3.35 A, B を $m \times n$ 行列，c をスカラーとするとき，次が成り立つことを示せ．

$$^t(^tA) = A, \quad ^t(A + B) = {}^tA + {}^tB, \quad ^t(cA) = c\,^tA.$$

例題 3.36

A を $m \times n$ 行列，B を $n \times \ell$ 行列とする．積 AB が定義され，その転置行列 $^t(AB)$ は $\ell \times m$ 行列になる．一方，^tB は $\ell \times n$ 行列，^tA は $n \times m$ 行列ゆえ，積 $^tB\,^tA$ が定義され $\ell \times m$ 行列になる．このとき

$$^t(AB) = {}^tB\,{}^tA \tag{3.15}$$

が成り立つことを示せ．

---

[8] 右上に書いて A^t とする流儀や，さらに大文字を用いて A^T とする流儀もある．

【解答】　$1 \leqq i \leqq \ell$, $1 \leqq j \leqq m$ として，両辺の (i,j)-成分が等しいことを見ればよい．

　　　左辺の (i,j)-成分　$=$　AB の (j,i)-成分　$=$　$(A$ の第 j 行$)(B$ の第 i 列$)$;

　　　右辺の (i,j)-成分　$=$　$({}^{t}B$ の第 i 行$)({}^{t}A$ の第 i 列$)$.

$1 \leqq k \leqq n$ とする．A の第 j 行の第 k 成分と ${}^{t}A$ の第 j 列の第 k 成分とは等しい．それを a_k とする．同様に，B の第 i 列の第 k 成分と ${}^{t}B$ の第 i 行の第 k 成分とは等しい．それを b_k とする．このとき比べるべき両辺の (i,j)-成分はともに

$$a_1 b_1 + a_2 b_2 + \cdots + a_n b_n$$

に等しく，よって相等しい．　　　　　　　　　　　　　　　　　　　　□

問 3.37　次を示せ．正則行列 A の転置 ${}^{t}A$ も正則行列であって，その逆行列は A の逆行列 A^{-1} の転置に等しい．すなわち

$$({}^{t}A)^{-1} = {}^{t}(A^{-1}).$$

　ここで復習．2.2 節で，行列の行基本変形 (第 1 種)–(第 3 種) を定義し，3.3 節でそのそれぞれが（単位行列にその変形を施して得られる）基本行列 $D_i(c)$, $P_{i,j}$ または $E_{i,j}(c)$ による左乗法に一致することを見た．

　行基本変形の「行」を「列」に替えて**行列の列基本変形** (第 1 種)–(第 3 種) が定義される．単位行列にこれらの変形を施したものも，また基本行列になることに注意しよう．

> **命題 3.38**　行列の列基本変形は，それを単位行列に施して得られる基本行列による右乗法（その基本行列を右から乗じる）に一致する．

　上の復習に現れる行列をすべて転置に置き換えてみる．(3.15) から，列ベクトルへの行列 A による左乗法は，行ベクトルへの ${}^{t}A$ による右乗法に変わる．こうして命題が確かめられる[9]．

---

[9] 転置を用いず，3.3 節を真似て確かめることもできる．

例 **3.39**　4次行ベクトルの第3種列基本変形「第1列の c 倍を第3列に加える」

$$[x_1 \ \ x_2 \ \ x_3 \ \ x_4] \to [x_1 \ \ x_2 \ \ x_3 + cx_1 \ \ x_4]$$

は，4次単位行列にこの変形を施して

$$E_4 = \begin{bmatrix} 1 & 0 & 0 & 0 \\ 0 & 1 & 0 & 0 \\ 0 & 0 & 1 & 0 \\ 0 & 0 & 0 & 1 \end{bmatrix} \to \begin{bmatrix} 1 & 0 & c & 0 \\ 0 & 1 & 0 & 0 \\ 0 & 0 & 1 & 0 \\ 0 & 0 & 0 & 1 \end{bmatrix} = E_{1,3}(c)$$

得られた $E_{1,3}(c)$ による右乗法

$$[x_1 \ \ x_2 \ \ x_3 \ \ x_4] \mapsto [x_1 \ \ x_2 \ \ x_3 \ \ x_4] \begin{bmatrix} 1 & 0 & c & 0 \\ 0 & 1 & 0 & 0 \\ 0 & 0 & 1 & 0 \\ 0 & 0 & 0 & 1 \end{bmatrix}$$

$$= [x_1 \ \ x_2 \ \ x_3 + cx_1 \ \ x_4]$$

に一致する.　□

　A を $m \times n$ 非零行列とし，その階数を r，階段化を B とする．この B に，何回か第2種または第3種列基本変形を施すことにより

$$\begin{bmatrix} E_r & O \\ O & O \end{bmatrix} \tag{3.16}$$

の形の行列が得られる（下の例を見よ）．この行列は，r 次正方行列が左上部にあって，右上，左下，右下にそれぞれ，$r \times (n-r)$ 型，$(m-r) \times r$ 型，$(m-r) \times (n-r)$ 型の零行列が3つ位置する行列である[10]．

考察 3.40　考察3.28と同様に考えて，階段化 B は A にある正方行列を左から乗じた結果に等しい．前命題から，上の操作は B にある正則行列を右から乗じることに一致する．こうして次の命題が従う.　□

命題 **3.41**　階数 r の $m \times n$ 非零行列 A が与えられたとき，m 次正則行列 P と n 次正則行列 Q をうまく選んで，PAQ が (3.16) の形になるようにできる.

---

[10] 換言すれば，左上端から右斜め下に向かい r 個の1が並び，他の成分がすべて0であるような $m \times n$ 行列.

例 **3.42** 2.3 節において, (2.8) の行列 A を階段化して, 下の初めにある B を得た. この結果から $\operatorname{rank} A = 3$. この B に列基本変形を何回か施して (3.16) の形にしよう.

$$B = \begin{bmatrix} 0 & 1 & 0 & 1 & 0 & -2 \\ 0 & 0 & 1 & -3 & 0 & 2 \\ 0 & 0 & 0 & 0 & 1 & -1 \\ 0 & 0 & 0 & 0 & 0 & 0 \end{bmatrix} \rightarrow \begin{bmatrix} 0 & 1 & 0 & 0 & 0 & 0 \\ 0 & 0 & 1 & -3 & 0 & 2 \\ 0 & 0 & 0 & 0 & 1 & -1 \\ 0 & 0 & 0 & 0 & 0 & 0 \end{bmatrix} \rightarrow$$

$$\begin{bmatrix} 0 & 1 & 0 & 0 & 0 & 0 \\ 0 & 0 & 1 & 0 & 0 & 0 \\ 0 & 0 & 0 & 0 & 1 & -1 \\ 0 & 0 & 0 & 0 & 0 & 0 \end{bmatrix} \rightarrow \begin{bmatrix} 0 & 1 & 0 & 0 & 0 & 0 \\ 0 & 0 & 1 & 0 & 0 & 0 \\ 0 & 0 & 0 & 0 & 1 & 0 \\ 0 & 0 & 0 & 0 & 0 & 0 \end{bmatrix} \rightarrow$$

$$\begin{bmatrix} 1 & 0 & 0 & 0 & 0 & 0 \\ 0 & 0 & 1 & 0 & 0 & 0 \\ 0 & 0 & 0 & 0 & 1 & 0 \\ 0 & 0 & 0 & 0 & 0 & 0 \end{bmatrix} \rightarrow \begin{bmatrix} 1 & 0 & 0 & 0 & 0 & 0 \\ 0 & 1 & 0 & 0 & 0 & 0 \\ 0 & 0 & 0 & 0 & 1 & 0 \\ 0 & 0 & 0 & 0 & 0 & 0 \end{bmatrix} \rightarrow \begin{bmatrix} E_3 & O \\ O & O \end{bmatrix}$$

2.3 節の行基本変形①–⑦を与える基本行列の積（変形の順序に応じて右から並べる）

$$P = E_{1,3}(2)E_{2,3}(-2)E_{4,3}(-1)E_{1,2}(-1)E_{4,2}(-1)E_{3,2}(-3)E_{4,1}(1)D_1\left(\tfrac{1}{2}\right)P_{1,2},$$

また上の列基本変形を与える基本行列の積（変形の順序に応じて左から並べる）

$$Q = E_{2,4}(-1)E_{2,6}(2)E_{3,4}(3)E_{3,6}(-2)E_{5,6}(1)P_{1,2}P_{2,3}P_{3,5}$$

を以て

$$PAQ = \begin{bmatrix} E_3 & O \\ O & O \end{bmatrix}$$

が成り立つことがわかる. P, Q は, 基本行列（とくに正則行列）の積ゆえ正則行列である. □

3.7 補遺 行列のブロック分割

(3.16) のように（例題 4.6 も見よ），行列（正方行列と限らない）を記述するのに，小さいサイズの行列をその成分のように並べることがある．ただし，同じ行にある行列の行の個数が同一であり，同じ列にある行列の列の個数が同一であるようにする．このような記法を，行列の**ブロック分割**と呼ぶ．行列の成分たちを，整然と並んだ家々に見立て，それらが縦・横まっすぐな何本かの道路によりブロックに分割される様子をイメージするとよい．

ブロック分割された行列どうしの積は，成分の行列を「数」と思って計算してよい．ただし

$$
\begin{bmatrix} A_1 & B_1 & C_1 \\ A_2 & B_2 & C_2 \\ A_3 & B_3 & C_3 \end{bmatrix} \begin{bmatrix} F_1 & F_2 \\ G_1 & G_2 \\ H_1 & H_2 \end{bmatrix} \begin{matrix} \}n_1 \\ \}n_2 \\ \}n_3 \end{matrix}
$$
$$
\underbrace{}_{n_1} \underbrace{}_{n_2} \underbrace{}_{n_3}
$$

のように，第 1 の行列の列の分割の仕方（A_1, A_2, A_3 が n_1 列，B_1, B_2, B_3 が n_2 列，C_1, C_2, C_3 が n_3 列）と第 2 の行列の行の分割の仕方（F_1, F_2 が n_1 行，G_1, G_2 が n_2 行，H_1, H_2 が n_3 行）が一致していなければならない．その場合には，成分を「数」と思って計算し，この積を

$$
\begin{bmatrix} A_1F_1 + B_1G_1 + C_1H_1 & A_1F_2 + B_1G_2 + C_1H_2 \\ A_2F_1 + B_2G_1 + C_2H_1 & A_2F_2 + B_2G_2 + C_2H_2 \\ A_3F_1 + B_3G_1 + C_3H_1 & A_3F_2 + B_3G_2 + C_3H_2 \end{bmatrix}
$$

としてよい[11]．分割の仕方に関する制約から，成分に現れる行列の積と和が定義される（例えば A_1F_1, B_1G_1, C_1H_1 が定義され，またすべて同じ型ゆえ，これらの和が定義される）ことに注意しよう．

考察 2.25 において線形代数理解のためのコツと言った，ベクトルの線形結合の表示法 (2.21)，すなわち

$$
c_1\boldsymbol{a}_1 + c_2\boldsymbol{a}_2 + \cdots + c_n\boldsymbol{a}_n = \begin{bmatrix} \boldsymbol{a}_1 & \boldsymbol{a}_2 & \cdots & \boldsymbol{a}_n \end{bmatrix} \begin{bmatrix} c_1 \\ c_2 \\ \vdots \\ c_n \end{bmatrix}
$$

を，上述の積の計算法から説明できる．実際，右辺をブロック分割された行列の積と見ると，これは

$$
\boldsymbol{a}_1[c_1] + \boldsymbol{a}_2[c_2] + \cdots + \boldsymbol{a}_n[c_n]
$$

---

[11] 「数と思って」と言っても，例えば A_1F_1 を F_1A_1 に替えることは一般には許されない．

に等しい．ここで $[c_i]$ を 1×1 行列と見て，また $\boldsymbol{a}_i[c_i]$ を $m \times 1$ 行列と 1×1 行列の積と見ている．ところが $\boldsymbol{a}_i[c_i]$ はスカラー乗法 $c_i\boldsymbol{a}_i$ に一致するから，上の等式が従う．

注意 3.43　スカラー乗法を表記するのに，$c\boldsymbol{a}$ のようにスカラー c を左に書いた．これを $\boldsymbol{a}c$ と表記してもよく，$c\boldsymbol{a}$ としたのは大方の流儀に従ったに過ぎない．上で見たように，むしろ $\boldsymbol{a}c$ の方が，行列の積 $\boldsymbol{a}[c]$ と整合する．もちろん，これは $\boldsymbol{a}$ が列ベクトルの場合で，行ベクトルの場合は，表記 $c\boldsymbol{a}$ が行列の積 $[c]\boldsymbol{a}$ と整合する．

演 習 問 題

演習 1　(1)　集合の間の写像の合成

$$U \xrightarrow{h} X \xrightarrow{f} Y$$

が全射であれば，第 2 の写像 f は全射であることを示せ．またこの結果を用いて，命題 3.26, 3.27 の状況で $A \leftrightarrow f$ と対応する場合に，(c) $\Rightarrow$ (c′) が成り立つことを示せ．

(2)　集合の間の写像の合成

$$X \xrightarrow{f} Y \xrightarrow{g} Z$$

が単射であれば，第 1 の写像 f は単射であることを示せ．またこの結果を用いて，命題 3.26, 3.27 の状況で $A \leftrightarrow f$ と対応する場合に，(d) $\Rightarrow$ (d′) が成り立つことを示せ．

演習 2　A を n 次正方行列とし，非負整数列 $r_0, r_1, r_2, \ldots$ を

$$r_0 = n; \quad r_i = \operatorname{rank} A^i \quad (i > 0)$$

により定める．これが次の性質をもつことを示せ．ある番号 $0 \leqq k \leqq n$ に対し

$$r_0 > r_1 > r_2 > \cdots > r_k = r_{k+1} = r_{k+2} = \cdots.$$

演習 3　A, B を $m \times n$ 行列とする．

(1)　次の 2 条件が同値であることを示せ．

(i)　ある m 次正則行列 P に対し $PA = B$ が成り立つ；

(ii)　A と B の階段化が一致する．

(2)　次の 2 条件が同値であることを示せ．

(i)　ある m 次正則行列 P と n 次正則行列 Q に対し $PAQ = B$ が成り立つ；

(ii)　A と B の階数が一致する．すなわち $\operatorname{rank} A = \operatorname{rank} B$．

演習 4　A を $m \times n$ 非零行列とし，$r = \operatorname{rank} A$ をその階数とする．

(1)　命題 3.41 で見たように，ある m 次正則行列 P と n 次正則行列 Q に対し

$$PAQ = \begin{bmatrix} E_r & O \\ O & O \end{bmatrix}$$

が成り立つ. 逆に, ある m 次正則行列 P' と n 次正則行列 Q' に対し

$$P'AQ' = \begin{bmatrix} E_s & O \\ O & O \end{bmatrix}$$

が成り立てば,

$$s = r$$

であること, すなわち, この右辺に現れる単位行列の次数 s は A の階数 r と必ず一致することを示せ.

(2)　(1) の結果を用いて, 行列 A に関する**階数の転置不変性**, すなわち

$$\mathrm{rank}(^tA) = \mathrm{rank}\, A$$

が成り立つことを示せ. A が零行列の場合, これは明らかに成り立つ (両辺ともに 0 に等しい).

演習 5　下に挙げる, 行列の階数に関する不等式を示せ.

(1)　$m \times n$ 行列 A, B に対し

$$\mathrm{rank}(A + B) \leqq \mathrm{rank}[\,A \mid B\,] \leqq \mathrm{rank}\, A + \mathrm{rank}\, B.$$

ここに $[\,A \mid B\,]$ は A, B を並べた $m \times 2n$ 行列を表す.

(2)　$m \times n$ 行列 A, $n \times \ell$ 行列 B に対し

$$\mathrm{rank}(AB) \leqq \mathrm{rank}\, A \quad かつ \quad \mathrm{rank}(AB) \leqq \mathrm{rank}\, B.$$

(3)　n 次正方行列 A, B に対し

$$\mathrm{rank}\, A + \mathrm{rank}\, B - n \leqq \mathrm{rank}(AB).$$

第4章

行　列　式

　　行列のサクセスストーリーにスピンオフがあり，本章ではそれが展開される．そこ
での主役は，各正方行列に対し与えられる，行列式と呼ばれる数である．2 次（実）
正方行列の行列式はすでに 1 章で議論している．一般次数の正方行列に対する行列
式を定義するのは厄介である．しかし，定義よりその性質を知ることの方が重要か
つ（以下，見るように）有用である．その性質の 1 つに多重線形性があり，それゆ
え線形性に基づく前 2 章とは発想を異にする．本章は，テンソル代数や外積代数を
論じる，幾何学の基礎となる代数学（多重線形代数）への入門である．

4.1　行列式の定義

　　本章においても係数域，すなわち行列の成分とスカラーの範囲は実数体 $\mathbb{R}$，複素
数体 $\mathbb{C}$ のいずれでもよい．それをまた $\mathbb{K}$ で表す．

　　1 章において，2 次正方行列 A に対して定まる**行列式**（determinant）と呼ばれ
る数，すなわちスカラー $|A|$ を定義した．次数を明示したいとき，これを 2 次行列
式と呼ぶ．以後，行列式を表す記号として（determinant から取った）$\det A$ を併
用する．一般の n 次正方行列に対し，その**行列式**（または次数を明示して **n 次行
列式**）を定義したい．一般の正方行列を表すのに

$$[a_{11}], \quad \begin{bmatrix} a_{11} & a_{12} \\ a_{21} & a_{22} \end{bmatrix}, \quad \begin{bmatrix} a_{11} & a_{12} & a_{13} \\ a_{21} & a_{22} & a_{23} \\ a_{31} & a_{32} & a_{33} \end{bmatrix}, \dots$$

のように，(i, j)-成分を a_{ij} で表そう．

　　1 次行列式 $\det[a_{11}]$ はスカラー a_{11} のこととする．これは論じるまでもない．

　　2 次行列式は，1 章で定義したように

$$\det \begin{bmatrix} a_{11} & a_{12} \\ a_{21} & a_{22} \end{bmatrix} = a_{11}a_{22} - a_{12}a_{21}$$

である．ただしそこでは係数域を実数体 $\mathbb{R}$ としたため，行列式の値は実数であっ
た．係数域を複素数体 $\mathbb{C}$ に選べば，その値は一般に複素数になる．

3次行列式を

$$
\det \begin{bmatrix} a_{11} & a_{12} & a_{13} \\ a_{21} & a_{22} & a_{23} \\ a_{31} & a_{32} & a_{33} \end{bmatrix} = a_{11}a_{22}a_{33} + a_{12}a_{23}a_{31} + a_{13}a_{21}a_{32}
$$

$$
- a_{12}a_{21}a_{33} - a_{13}a_{22}a_{31} - a_{11}a_{23}a_{32}
$$

とする. この定義は次のルールにのっとっている.

(1) 各行から1つずつ成分を選んで積を作る. 第 k 行から第 i_k 成分を選ぶ
と, 作った積は $a_{1i_1}a_{2i_2}a_{3i_3}$ となる.

(2) 上の成分の選び方において, 同じ列からは選ばない（各列から1成分ず
つ選ぶ）. 換言すれば (i_1, i_2, i_3) が $\{1, 2, 3\}$ の順列（並べ替え）であるよ
うにする.

(3) その順列 (i_1, i_2, i_3) において, 順序が逆転している2数（すなわち,
$p < q$ にもかかわらず $i_p > i_q$ である (i_p, i_q)）の個数を**転倒数**と呼び
$\ell(i_1, i_2, i_3)$ で表す. 例えば $(2, 3, 1)$ において, 順序が逆転している2数
は $(2, 1), (3, 1)$ ゆえ $\ell(2, 3, 1) = 2$. 上の (1) で作った積 $a_{1i_1}a_{2i_2}a_{3i_3}$ に
符号 $(-1)^{\ell(i_1, i_2, i_3)}$（すなわち, 転倒数の偶, 奇に応じて $+, -$）をつけ,
すべての順列に関して和を取った

$$
\sum_{(i_1, i_2, i_3)} (-1)^{\ell(i_1, i_2, i_3)} a_{1i_1} a_{2i_2} a_{3i_3} \tag{4.1}
$$

が3次行列式である.

和を表す記号 $\sum$ は高校で既習であるが, (4.1) の読み方には注意が要る. 記号
$\sum$ に添えた (i_1, i_2, i_3) は「ある範囲」をさまざま動く. (i_1, i_2, i_3) の1つずつに,
$(-1)^{\ell(i_1, i_2, i_3)} a_{1i_1} a_{2i_2} a_{3i_3}$ の値が1つずつ決まる. その値すべての和を (4.1) は意
味する. ここに「ある範囲」は, $\{1, 2, 3\}$ の順列全体（全部で $3! = 6$ 個ある）であ
るが, 記号に書き入れるには長すぎるので省略し, 先行する文脈に委ねている. そ
ういう場合は通常, 記号を含む式の前または後に添え字の動く範囲を断る.

3次行列式の覚え方として次のように, 成分の積を串刺しで表し, つける符号
（左肩上がり, 右肩上がりに応じ $+, -$）を付記する, **サラスの方法**がある. 2次行
列式の定義も上と同様のルールにのっとり, またサラスの方法と同様の覚え方が適
用できる.

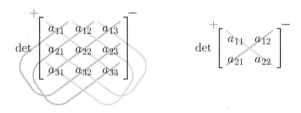

問 4.1　次の正方行列 A の行列式 $\det A$ を計算せよ.

(1)　$A = \begin{bmatrix} 1 & -2 & 4 \\ 1 & -3 & 9 \\ 1 & -4 & 16 \end{bmatrix}$　(2)　$A = \begin{bmatrix} a & b & 0 \\ 0 & g & h \\ x & y & z \end{bmatrix}$

　上のルールを一般化して, n 次行列式を定義しよう. 正方行列を一般的に表す方法として,

$$A = [a_{ij}] \quad \text{または} \quad A = [a_{ij}]_{i,j} \quad \text{または} \quad A = [a_{ij}]_{1 \leqq i,j \leqq n} \qquad (4.2)$$

がある. いずれも A が a_{ij} を (i,j)-成分にもつ行列であることを表している. 最後は最も几帳面に, i, j が 1 以上 n 以下の範囲を動くこと, 換言すれば A が n 次正方行列であることを表している.

定義 4.2　n 次正方行列 $A = [a_{ij}]$ の行列式を

$$\det A = \sum_I (-1)^{\ell(I)} a_{1i_1} a_{2i_2} \cdots a_{ni_n} \qquad (4.3)$$

で定義する. これは, $\{1, 2, \ldots, n\}$ の順列 $I = (i_1, i_2, \ldots, i_n)$ 全体に亘る和である. $\ell(I)$ は $I = (i_1, i_2, \ldots, i_n)$ の**転倒数**, すなわち $i_p > i_q$ $(1 \leqq p < q \leqq n)$ を満たす 2 数 (i_p, i_q) の個数を表す.

---

　a_{ij} のすべてを変数と見るとき (4.3) の右辺は n^2 次（斉次）多項式になる. 行列式の「式」はこれに由来する.

注意 4.3　(4.3) の右辺の和に現れる項は $n!$ 個. 4 次行列式をサラス式に 8 項の和とするのは誤り. 換言すれば, サラスの方法が適用できるのは 3 次まで. 先の誤りは, 教員側からすれば, 不合格点を与える格好の理由になる. 要注意！

記法 4.4　行列式 $\det A$ または $\det[a_{ij}]$ を,

$$|A| \quad \text{または} \quad \begin{vmatrix} a_{11} & a_{12} & \cdots & a_{1n} \\ a_{21} & a_{22} & \cdots & a_{2n} \\ \vdots & \vdots & \ddots & \vdots \\ a_{n1} & a_{n2} & \cdots & a_{nn} \end{vmatrix}$$

によりしばしば表す. これは 1 章において 2 次行列式を表すのに用いた記法で, 具体的に与えられた行列式を表すとき便利である.　　□

問 4.5　次の行列式を計算せよ.

(1) $\begin{vmatrix} a_{11} & 0 & 0 & a_{14} \\ 0 & a_{22} & a_{23} & a_{24} \\ 0 & 0 & a_{33} & a_{34} \\ a_{41} & 0 & 0 & a_{44} \end{vmatrix}$
(2) $\begin{vmatrix} a_1 & a_2 & a_3 & a_4 & a_5 \\ 0 & b_2 & b_3 & b_4 & b_5 \\ 0 & 0 & c_3 & c_4 & c_5 \\ 0 & 0 & 0 & d_4 & d_5 \\ 0 & 0 & 0 & 0 & e_5 \end{vmatrix}$

(3) $\begin{vmatrix} 0 & 0 & 0 & 0 & 0 & a_6 \\ 0 & 0 & 0 & 0 & b_5 & b_6 \\ 0 & 0 & 0 & c_4 & c_5 & c_6 \\ 0 & 0 & d_3 & d_4 & d_5 & d_6 \\ 0 & e_2 & e_3 & e_4 & e_5 & e_6 \\ f_1 & f_2 & f_3 & f_4 & f_5 & f_6 \end{vmatrix}$

— 例題 4.6 —

$A = \begin{bmatrix} B & O \\ F & C \end{bmatrix}$ または $A = \begin{bmatrix} B & G \\ O & C \end{bmatrix}$ の形 (ただし $B = [b_{ij}]$, $C = [c_{ij}]$ は

正方行列 (同一次数と限らない)) の場合

$$\det A = \det B \cdot \det C$$

が成り立つことを示せ (行列のブロック分割について 3.7 節を見よ).

【解答】　B を p 次, C を q 次とする $(p+q=n)$. (4.3) の右辺において, ある $1 \leqq k \leqq n$ に対し $a_{k i_k} = 0$ となるような順列 I は考えなくてよい. いまの場合, $(i_1, i_2, \ldots, i_p)$ が $\{1, 2, \ldots, p\}$ の順列, $(i_{p+1}, i_{p+2}, \ldots, i_n)$ が $\{p+1, p+2, \ldots, n\}$ の順列となるような $I = (i_1, i_2, \ldots, i_n)$ のみ考えればよい. このような I に対し, $J = (i_1, i_2, \ldots, i_p)$ (これは $\{1, 2, \ldots, p\}$ の順列), $T = (i_{p+1} - p, i_{p+2} - p, \ldots, i_n - p)$ (これは $\{1, 2, \ldots, q\}$ の順列) とおくと, $\ell(I) = \ell(J) + \ell(T)$ ゆえ

$$(-1)^{\ell(I)} a_{1 i_1} a_{2 i_2} \cdots a_{n i_n} = (-1)^{\ell(J)} b_{1 j_1} b_{2 j_2} \cdots b_{p j_p} (-1)^{\ell(T)} c_{1 t_1} c_{2 t_2} \cdots c_{q t_q}.$$

上のように制限された I すべてについて（換言すれば，$\{1, 2, \ldots, p\}$ の順列 J すべてと $\{1, 2, \ldots, q\}$ の順列 T すべてについて）和を取れば，

$$\det A = \det B \cdot \det C. \qquad\qquad\qquad \square$$

4.2　実践　行列式の計算法

まず，行列式の性質を列挙[1]する．例を与えるときには，4 次行列式を扱う．そのあと続いて見るように，それらの性質と 2 次，3 次行列式の定義さえ知っていれば，n 次行列式を実際に計算できる．以下，ベクトルを表す $\boldsymbol{a}, \boldsymbol{b}, \ldots$ との区別を明確にする目的で，スカラーをギリシャ文字 λ, μ で表す．

(0)　**単位元を保つ**：$\det E = 1$.

　　乗じても相手を変えない元を**単位元**と呼んだ．上は，$\det$ が行列の単位元，すなわち単位行列 E を数の単位元 1 に写すと言っている．

(i)　**次数降下**：
$$\begin{vmatrix} a_{11} & 0 & \cdots & 0 \\ a_{21} & a_{22} & \cdots & a_{2n} \\ \vdots & \vdots & \ddots & \vdots \\ a_{n1} & a_{n2} & \cdots & a_{nn} \end{vmatrix} = a_{11} \begin{vmatrix} a_{22} & \cdots & a_{2n} \\ \vdots & \ddots & \vdots \\ a_{n2} & \cdots & a_{nn} \end{vmatrix}$$

　　すなわち，第 1 行が第 1 成分 a_{11} を除きすべて 0 の場合，行列式は，a_{11} と，第 1 行と第 1 列を取り去って得られる $(n-1)$ 次行列式との積に等しい．これは例題 4.6 の結果の特別な場合である．

(ii)　**転置不変性**：$\det({}^{t}A) = \det A$.

　　すなわち，A を転置しても行列式は変わらない．

(iii)　**多重線形性**：行列式 $\det[\boldsymbol{a}_1, \boldsymbol{a}_2, \ldots, \boldsymbol{a}_n]$ を n 個の列ベクトル $\boldsymbol{a}_1, \boldsymbol{a}_2, \ldots, \boldsymbol{a}_n$ を変数[2]とする関数と見る（そのため列ベクトルの間にコンマを入れる）とき，各変数に関して線形である．

　　例えば，第 2 変数に関して線形とは次を意味する（問 3.6 を見よ）．

$$\det[\boldsymbol{a}_1, \lambda\boldsymbol{b} + \mu\boldsymbol{c}, \boldsymbol{a}_3, \boldsymbol{a}_4]$$
$$= \lambda\det[\boldsymbol{a}_1, \boldsymbol{b}, \boldsymbol{a}_3, \boldsymbol{a}_4] + \mu\det[\boldsymbol{a}_1, \boldsymbol{c}, \boldsymbol{a}_3, \boldsymbol{a}_4]$$

---

[1] 列挙する性質 (0)–(v) の証明に関して．(0) は定義から明らか．(i), (iii), (iv) の確かめは容易（確かめずとも性質を知って使えれば十分）．(ii) は例題 4.38 で証明される．(v) の証明を（ある事実を既知として）問うのが章末演習問題 2 (2) である．

[2] 再びの注意．変数は variable（変わり得るもの）の訳語．数でなくてもこう呼ばれる（3.2 節）．

(iv) **反対称性**：2つの変数を入れ替えると値が -1 倍になる．例えば

$$\det[\,\boldsymbol{a}_1,\boldsymbol{a}_4,\boldsymbol{a}_3,\boldsymbol{a}_2\,] = -\det[\,\boldsymbol{a}_1,\boldsymbol{a}_2,\boldsymbol{a}_3,\boldsymbol{a}_4\,].$$

(v) **積を保つ**：$\det(AB) = \det A \cdot \det B$．別の記法で $|AB| = |A| \cdot |B|$．

注意 4.7 (ii) の転置不変性を (i) と合わせることにより，第1列が第1成分を除きすべて 0 であるような行列の行列式についても，次数降下

$$
\begin{vmatrix}
a_{11} & a_{12} & \cdots & a_{1n} \\
0 & a_{22} & \cdots & a_{2n} \\
\vdots & \vdots & \ddots & \vdots \\
0 & a_{n2} & \cdots & a_{nn}
\end{vmatrix}
= a_{11}
\begin{vmatrix}
a_{22} & \cdots & a_{2n} \\
\vdots & \ddots & \vdots \\
a_{n2} & \cdots & a_{nn}
\end{vmatrix}
$$

が成り立つ．同様に (iii), (iv) は，「列」を「行」に替えて成り立つ．結果を**行に関する多重線形性**，**反対称性**と呼ぶ．オリジナルの (iii), (iv) は**列に関する多重線形性**，**反対称性**と呼ぶ．

問 4.8 性質 (0) と (v) から次の (1) を，(iii) から次の (2) を導け．

(1) A が正則行列ならば $\det(A^{-1}) = (\det A)^{-1}$．

(2) $\det(\lambda A) = \lambda^n \det A$．ここに λ はスカラー，n は A の次数．

記法 4.9 n 次正方行列 $A = [\,a_{ij}\,]$ から第 i 行，第 j 列（すなわち，(i,j)-成分 a_{ij} で交差する行と列）を取り去って得られる $(n-1)$ 次正方行列を A_{ij} で表す．例えば $n = 4$ の場合，

$$
A_{23} =
\begin{bmatrix}
a_{11} & a_{12} & a_{14} \\
a_{31} & a_{32} & a_{34} \\
a_{41} & a_{42} & a_{44}
\end{bmatrix},
\quad
A_{42} =
\begin{bmatrix}
a_{11} & a_{13} & a_{14} \\
a_{21} & a_{23} & a_{24} \\
a_{31} & a_{33} & a_{34}
\end{bmatrix}.
\qquad \square
$$

事実 4.10 性質 (i)（次数降下）の右辺は $a_{11}|A_{11}|$ に等しい． $\qquad \square$

例題 4.11

上の諸性質から次を導け．適当な例について示せばよい．

(i)′ **次数降下（一般化）**：勝手な $1 \leqq i, j \leqq n$ に対し，(i,j)-成分 a_{ij} を含む行または列の成分が，a_{ij} を除きすべて 0 であれば $|A| = (-1)^{i+j} a_{ij}|A_{ij}|$．

(iv)′ **2つの行または列が同一であれば，行列式 $= 0$．**

例えば $\det[\,\boldsymbol{a}_1,\boldsymbol{b},\boldsymbol{a}_3,\boldsymbol{b}\,] = 0$．

(vi) ある行（または列）のスカラー倍を別の行（または列）に加えても行列式の値は変わらない．

【解答】 (i)′ $n = 4$, $(i, j) = (3, 2)$, さらに当該成分を除き, 同行の成分がすべて 0 の場合に示そう. 2 回の行入れ替えで第 3 行を (1 行ずつ上に移動し), 1 回の列入れ替えで第 2 列に移動. これらに反対称性を適用. a_{32} はいまや $(1, 1)$-成分にある. これに次数降下 (i) を適用する.

$$
\begin{vmatrix} a_{11} & a_{12} & a_{13} & a_{14} \\ a_{21} & a_{22} & a_{23} & a_{24} \\ 0 & a_{32} & 0 & 0 \\ a_{41} & a_{42} & a_{43} & a_{44} \end{vmatrix} = - \begin{vmatrix} a_{11} & a_{12} & a_{13} & a_{14} \\ 0 & a_{32} & 0 & 0 \\ a_{21} & a_{22} & a_{23} & a_{24} \\ a_{41} & a_{42} & a_{43} & a_{44} \end{vmatrix}
$$

$$
= (-1)^2 \begin{vmatrix} 0 & a_{32} & 0 & 0 \\ a_{11} & a_{12} & a_{13} & a_{14} \\ a_{21} & a_{22} & a_{23} & a_{24} \\ a_{41} & a_{42} & a_{43} & a_{44} \end{vmatrix} = (-1)^{2+1} \begin{vmatrix} a_{32} & 0 & 0 & 0 \\ a_{12} & a_{11} & a_{13} & a_{14} \\ a_{22} & a_{21} & a_{23} & a_{24} \\ a_{42} & a_{41} & a_{43} & a_{44} \end{vmatrix}
$$

$$
= (-1)^{2+1} a_{32} |A_{32}|.
$$

一般の場合, $(i-1)$ 回の行入れ替え, $(j-1)$ 回の列入れ替えが必要になるから, 付すべき符号は $(-1)^{(i-1)+(j-1)} = (-1)^{i+j}$ になる.

(iv)′ 第 2 列と第 4 列に関する反対称性から

$$
\det[\, \boldsymbol{a}_1, \boldsymbol{a}_4, \boldsymbol{a}_3, \boldsymbol{a}_2 \,] = -\det[\, \boldsymbol{a}_1, \boldsymbol{a}_2, \boldsymbol{a}_3, \boldsymbol{a}_4 \,].
$$

$\boldsymbol{a}_2 = \boldsymbol{a}_4 = \boldsymbol{b}$ であれば $2 \det[\, \boldsymbol{a}_1, \boldsymbol{b}, \boldsymbol{a}_3, \boldsymbol{b} \,] = 0$. よって, この行列式 $= 0$.

(vi) 第 4 列の λ 倍を第 2 列に加えた場合, (iii) と (iv)′ を用いて

$$
\det[\, \boldsymbol{a}_1, \boldsymbol{a}_2 + \lambda \boldsymbol{a}_4, \boldsymbol{a}_3, \boldsymbol{a}_4 \,]
$$
$$
= \det[\, \boldsymbol{a}_1, \boldsymbol{a}_2, \boldsymbol{a}_3, \boldsymbol{a}_4 \,] + \lambda \det[\, \boldsymbol{a}_1, \boldsymbol{a}_4, \boldsymbol{a}_3, \boldsymbol{a}_4 \,]
$$
$$
= \det[\, \boldsymbol{a}_1, \boldsymbol{a}_2, \boldsymbol{a}_3, \boldsymbol{a}_4 \,] + \lambda 0 = \det[\, \boldsymbol{a}_1, \boldsymbol{a}_2, \boldsymbol{a}_3, \boldsymbol{a}_4 \,]. \qquad \square
$$

実践 I. 掃出し法 2.3 節で行列を階段化するのに, 第 3 種基本変形により, ある列において 1 つの成分を用いて他の成分を零化することを「掃き出す」と称した. 重要なのは, 正方行列に対してこの「掃き出し」をしても, 性質 (vi) により行列式の値が変わらないことである. これを行列式の計算に応用して, ある列の 1 成分を残し他の成分をすべて掃き出して, 最後に次数降下 (i)′ を適用することができる. この計算法を**掃出し法**と呼ぶ. 列における掃き出しと同様に, 行における掃き出しも可能なことに注意しよう.

例 **4.12**　次の行列式の計算で, 第 1 列の (-1) 倍を第 3 列に加え, 第 1 列の (-2) 倍を第 4 列に加え, $(4,3)$-成分と $(4,4)$-成分を零化し, ついで次数降下で $(4,1)$-成分を前に出す. さらに次数降下で, 2 次行列式の計算に持ち込む.

$$
\begin{vmatrix} 4 & -3 & 8 & 4 \\ 4 & -2 & 4 & 3 \\ 2 & 0 & 2 & -1 \\ 1 & 0 & 1 & 2 \end{vmatrix} = \begin{vmatrix} 4 & -3 & 4 & -4 \\ 4 & -2 & 0 & -5 \\ 2 & 0 & 0 & -5 \\ 1 & 0 & 0 & 0 \end{vmatrix} = (-1)^3 \begin{vmatrix} -3 & 4 & -4 \\ -2 & 0 & -5 \\ 0 & 0 & -5 \end{vmatrix}
$$

$$
= (-1)^3 \cdot (-1)^4 \cdot (-5) \begin{vmatrix} -3 & 4 \\ -2 & 0 \end{vmatrix} = (-1) \cdot (-5) \cdot 8 = 40. \qquad \square
$$

実践 II. 余因子展開　これは掃出し法より非実用的ではあるが, 次節でわかるように, 理論的に有用な方法. ある列を基本ベクトルの線形結合で表して, 多重線形性と次数降下 (i)′ を用いる.

例 **4.13**　上と同じ行列式の計算で, 第 2 列を

$$
\begin{bmatrix} -3 \\ -2 \\ 0 \\ 0 \end{bmatrix} = (-3)\begin{bmatrix} 1 \\ 0 \\ 0 \\ 0 \end{bmatrix} + (-2)\begin{bmatrix} 0 \\ 1 \\ 0 \\ 0 \end{bmatrix} + 0\begin{bmatrix} 0 \\ 0 \\ 1 \\ 0 \end{bmatrix} + 0\begin{bmatrix} 0 \\ 0 \\ 0 \\ 1 \end{bmatrix}
$$

と表し, この列に関する多重線形性, ついで次数降下 (i)′ を用いて

$$
\begin{vmatrix} 4 & -3 & 8 & 4 \\ 4 & -2 & 4 & 3 \\ 2 & 0 & 2 & -1 \\ 1 & 0 & 1 & 2 \end{vmatrix} = (-3)\begin{vmatrix} 4 & 1 & 8 & 4 \\ 4 & 0 & 4 & 3 \\ 2 & 0 & 2 & -1 \\ 1 & 0 & 1 & 2 \end{vmatrix} + (-2)\begin{vmatrix} 4 & 0 & 8 & 4 \\ 4 & 1 & 4 & 3 \\ 2 & 0 & 2 & -1 \\ 1 & 0 & 1 & 2 \end{vmatrix}
$$

$$
+ 0\begin{vmatrix} 4 & 0 & 8 & 4 \\ 4 & 0 & 4 & 3 \\ 2 & 1 & 2 & -1 \\ 1 & 0 & 1 & 2 \end{vmatrix} + 0\begin{vmatrix} 4 & 0 & 8 & 4 \\ 4 & 0 & 4 & 3 \\ 2 & 0 & 2 & -1 \\ 1 & 1 & 1 & 2 \end{vmatrix}
$$

$$
= (-1)^3 \cdot (-3)\begin{vmatrix} 4 & 4 & 3 \\ 2 & 2 & -1 \\ 1 & 1 & 2 \end{vmatrix} + (-1)^4 \cdot (-2)\begin{vmatrix} 4 & 8 & 4 \\ 2 & 2 & -1 \\ 1 & 1 & 2 \end{vmatrix}
$$

$$+ (-1)^5 \cdot 0 \begin{vmatrix} 4 & 8 & 4 \\ 4 & 4 & 3 \\ 1 & 1 & 2 \end{vmatrix} + (-1)^6 \cdot 0 \begin{vmatrix} 4 & 8 & 4 \\ 4 & 4 & 3 \\ 2 & 2 & -1 \end{vmatrix}.$$

これを第 2 列に関する行列式の**余因子展開**[3] または単に**展開**という．後は，例えば
サラスの方法を用い計算して，前の例と同じ計算結果を得る（確かめよ）．　　　□

正方行列のある行を

$${}^t\boldsymbol{e}_1 = [1 \ 0 \ \cdots \ 0], {}^t\boldsymbol{e}_2 = [0 \ 1 \ \cdots \ 0], \ldots, {}^t\boldsymbol{e}_n = [0 \ 0 \ \cdots \ 1]$$

の線形結合で表して，上と同様に行列式の計算をすることができる．もちろんこれ
も**余因子展開**または**展開**と呼ぶ．

問 4.14　次の行列式を，掃出し法と余因子展開の 2 通りの方法で計算せよ．

(1) $\begin{vmatrix} 1 & -2 & 4 \\ 1 & -3 & 9 \\ 1 & -4 & 16 \end{vmatrix}$　(2) $\begin{vmatrix} 0 & -1 & -2 & -3 \\ 1 & 0 & -3 & 2 \\ 2 & 3 & 0 & -1 \\ 3 & -2 & 1 & 0 \end{vmatrix}$

次節に進む前に，$\mathbb{K} = \mathbb{R}$ の場合に，3 次行列式と 1.4 節で見た平行 6 面体の体積
との関係を見よう．本章においては，ここでのみ $\mathbb{K} = \mathbb{R}$ とする．

命題 4.15　$\mathbb{R}^3$ に属する 3 つのベクトル $\boldsymbol{a}, \boldsymbol{b}, \boldsymbol{c}$ に対して

$$\det[\boldsymbol{a}, \boldsymbol{b}, \boldsymbol{c}] = (\boldsymbol{a} \times \boldsymbol{b}, \boldsymbol{c}) \tag{4.4}$$

が成り立つ．この右辺は外積 $\boldsymbol{a} \times \boldsymbol{b}$ とベクトル $\boldsymbol{c}$ の内積を表す．$\boldsymbol{a} = \overrightarrow{\mathrm{OP}}$,
$\boldsymbol{b} = \overrightarrow{\mathrm{OQ}}, \boldsymbol{c} = \overrightarrow{\mathrm{OR}}$ が線形独立であって，ここに記した（矢線ベクトルによる）
表示をもつ場合，4 点 O, P, Q, R を頂点にもつ平行 6 面体（命題 1.25 直前の
図）の体積を V とすると，さらに

$$\det[\boldsymbol{a}, \boldsymbol{b}, \boldsymbol{c}] = (\boldsymbol{a} \times \boldsymbol{b}, \boldsymbol{c}) = \begin{cases} V, & \boldsymbol{a}, \boldsymbol{b}, \boldsymbol{c} \text{ が右手系の場合} \\ -V, & \boldsymbol{a}, \boldsymbol{b}, \boldsymbol{c} \text{ が左手系の場合} \end{cases} \tag{4.5}$$

が成り立つ．

---

[3] これを**ラプラス展開**とも呼び，かつてはその呼称が主流だったように思う．J.-S., Laplace（フ
ランス 数学・物理学・天文学者，1749–1827）に因む．一方，「余因子展開」は，$(-1)^{i+j}|A_{ij}|$
を A の $(\boldsymbol{i}, \boldsymbol{j})$-余因子と呼ぶことから来ている．次の脚注を見よ．

行列式 $\det[\boldsymbol{a}, \boldsymbol{b}, \boldsymbol{c}]$ の, 第 3 列に関する展開から等式 (4.4) が従う. 実際,

$$\boldsymbol{a} = \begin{bmatrix} a_1 \\ a_2 \\ a_3 \end{bmatrix}, \quad \boldsymbol{b} = \begin{bmatrix} b_1 \\ b_2 \\ b_3 \end{bmatrix}, \quad \boldsymbol{c} = \begin{bmatrix} c_1 \\ c_2 \\ c_3 \end{bmatrix}$$

とすると, この行列式が (2 次行列式と第 3 列の成分の積を, 前とは逆に書いて) 次のように展開されるからである.

$$\det \begin{bmatrix} a_1 & b_1 & c_1 \\ a_2 & b_2 & c_2 \\ a_3 & b_3 & c_3 \end{bmatrix} = \begin{vmatrix} a_2 & b_2 \\ a_3 & b_3 \end{vmatrix} c_1 - \begin{vmatrix} a_1 & b_1 \\ a_3 & b_3 \end{vmatrix} c_2 + \begin{vmatrix} a_1 & b_1 \\ a_2 & b_2 \end{vmatrix} c_3 \qquad (4.6)$$

$$= \begin{bmatrix} \begin{vmatrix} a_2 & b_2 \\ a_3 & b_3 \end{vmatrix} \\ -\begin{vmatrix} a_1 & b_1 \\ a_3 & b_3 \end{vmatrix} \\ \begin{vmatrix} a_1 & b_1 \\ a_2 & b_2 \end{vmatrix} \end{bmatrix} \text{ と } \begin{bmatrix} c_1 \\ c_2 \\ c_3 \end{bmatrix} \text{ の内積}$$

命題 1.25 から (4.5) が直ちに従う.

注意 4.16 3 次ベクトルの外積の定義 (1.23) によると, 3 次基本ベクトル $\boldsymbol{e}_1, \boldsymbol{e}_2, \boldsymbol{e}_3$ を用いて

$$\boldsymbol{a} \times \boldsymbol{b} = \begin{vmatrix} a_2 & b_2 \\ a_3 & b_3 \end{vmatrix} \boldsymbol{e}_1 - \begin{vmatrix} a_1 & b_1 \\ a_3 & b_3 \end{vmatrix} \boldsymbol{e}_2 + \begin{vmatrix} a_1 & b_1 \\ a_2 & b_2 \end{vmatrix} \boldsymbol{e}_3.$$

この右辺を ((4.6) の右辺と見比べて) 形式的に下の右辺で表し, 下の等式を外積の定義の覚え方とすることが多い.

$$\boldsymbol{a} \times \boldsymbol{b} = \det \begin{bmatrix} a_1 & a_2 & \boldsymbol{e}_1 \\ a_2 & b_2 & \boldsymbol{e}_2 \\ a_3 & b_3 & \boldsymbol{e}_3 \end{bmatrix}$$

問 4.17 (4.4) を既知として, (1.25) で得た等式

$$(\boldsymbol{a} \times \boldsymbol{b}, \boldsymbol{c}) = (\boldsymbol{b} \times \boldsymbol{c}, \boldsymbol{a}) = (\boldsymbol{c} \times \boldsymbol{a}, \boldsymbol{b})$$

を次の 2 通りの方法で導け. (i) 行列式 $\det[\boldsymbol{a}, \boldsymbol{b}, \boldsymbol{c}]$ の, 第 1 列および第 2 列に関する展開を用いる. (ii) 行列式の反対称性を用いる.

4.3　余因子行列と逆行列の公式

$A = [\,a_{ij}\,]$ を n 次正方行列とする.

─── 例題 4.18 ───

　$1 \le i, j \le n$ を固定するとき, 次の等式が成り立つことを示せ. ここで, A_{ij} は記法 4.9 で定めた $(n-1)$ 次正方行列を表す.

$$(-1)^{j+1}a_{i1}|A_{j1}| + (-1)^{j+2}a_{i2}|A_{j2}| + \cdots + (-1)^{j+n}a_{in}|A_{jn}|$$
$$= \begin{cases} \det A, & i = j \text{ の場合} \\ 0, & i \neq j \text{ の場合} \end{cases}$$
$$(-1)^{1+j}a_{1i}|A_{1j}| + (-1)^{2+j}a_{2i}|A_{2j}| + \cdots + (-1)^{n+j}a_{ni}|A_{nj}|$$
$$= \begin{cases} \det A, & i = j \text{ の場合} \\ 0, & i \neq j \text{ の場合} \end{cases}$$

【解答】　第 1 式, $i = j$ の場合は, $\det A$ の第 $j\ (=i)$ 行に関する展開を表す等式である. この結果を, A の第 j 行を第 i 行に置き換えた行列に適用する (第 j 行に関し展開). この置き換えで $A_{j1}, A_{j2}, \ldots, A_{jn}$ は変わらないが, 行列の第 i 行と第 j 行は同一の

$$a_{i1} \quad a_{i2} \quad \cdots \quad a_{in}$$

となり, 従って性質 (iv)$'$ から行列式 $= 0$ になる. その結果, $i \neq j$ の場合の第 1 式が従う. 例えば $n = 4$ の場合, $j = 3$ として, 行列式の第 3 行に関する展開は

$$\det A = \begin{vmatrix} a_{11} & a_{12} & a_{13} & a_{14} \\ a_{21} & a_{22} & a_{23} & a_{24} \\ a_{31} & a_{32} & a_{33} & a_{34} \\ a_{41} & a_{42} & a_{43} & a_{44} \end{vmatrix}$$

$$= (-1)^{3+1}a_{31}\begin{vmatrix} a_{12} & a_{13} & a_{14} \\ a_{22} & a_{23} & a_{24} \\ a_{42} & a_{43} & a_{44} \end{vmatrix} + (-1)^{3+2}a_{32}\begin{vmatrix} a_{11} & a_{13} & a_{14} \\ a_{21} & a_{23} & a_{24} \\ a_{41} & a_{43} & a_{44} \end{vmatrix}$$

$$+ (-1)^{3+3}a_{33}\begin{vmatrix} a_{11} & a_{12} & a_{14} \\ a_{21} & a_{22} & a_{24} \\ a_{41} & a_{42} & a_{44} \end{vmatrix} + (-1)^{3+4}a_{34}\begin{vmatrix} a_{11} & a_{12} & a_{13} \\ a_{21} & a_{22} & a_{23} \\ a_{41} & a_{42} & a_{43} \end{vmatrix}$$

$$= (-1)^{3+1}a_{31}|A_{31}| + (-1)^{3+2}a_{32}|A_{32}| + (-1)^{3+3}a_{33}|A_{33}| + (-1)^{3+4}a_{34}|A_{34}|.$$

$i = 1$ として ($j = 3$ のまま), 行列の第 3 行を $a_{11}\ \ a_{12}\ \ a_{13}\ \ a_{14}$ に置き換えると,

(iv)′ から行列式は 0 となるものの，$A_{31}, A_{32}, A_{33}, A_{34}$ は変わらないから

$$0 = (-1)^{3+1}a_{11}|A_{31}| + (-1)^{3+2}a_{12}|A_{32}| + (-1)^{3+3}a_{13}|A_{33}| + (-1)^{3+4}a_{14}|A_{34}|$$

が得られる．

同様に，列に関する展開から第 2 式が従う． □

定義 4.19 $(-1)^{i+j}|A_{ij}|$ を (j,i)-成分（(i,j)-成分でなく）にもつ n 次正方行列

$$\tilde{A} = [(-1)^{i+j}|A_{ij}|]_{j,i} = \begin{bmatrix} |A_{11}| & -|A_{21}| & |A_{31}| & \cdots \\ -|A_{12}| & |A_{22}| & -|A_{32}| & \cdots \\ |A_{13}| & -|A_{23}| & |A_{33}| & \cdots \\ \vdots & \vdots & \vdots & \ddots \end{bmatrix}$$

を A の **余因子行列**[4]) と呼ぶ．添え字とポジションが反転していることに注意．

例題 4.18 の 2 つの等式左辺はそれぞれ，$A\tilde{A}, \tilde{A}A$ の (i,j)-成分に等しい．よって，2 つの等式の単なる**言い換え**として，下の (4.7) が得られる．

定理 4.20 n 次正方行列 A とその余因子行列 $\tilde{A}$ に対して

$$A\tilde{A} = (\det A)E = \tilde{A}A \tag{4.7}$$

が成り立つ．これより，

$$A \text{ が正則} \iff \det A \neq 0.$$

この条件が満たされる場合，A の逆行列が

$$A^{-1} = \frac{1}{\det A}\tilde{A} \tag{4.8}$$

で与えられる．

これは，1 章の定理 1.16（$n = 2$ の場合）の一般化である（確かめよ）．

逆行列の求め方はすでに 3.5 節で論じた．それに比べると上の公式は非実用的である．しかし，一般的公式が得られたことは理論的に意義深い．

---

[4]) 前脚注にある通り，$\tilde{A}$ の (j,i)-成分 $(-1)^{i+j}|A_{ij}|$ が A の (i,j)-余因子である．

問 4.21　次の正方行列が，正則か否かを行列式を計算して判定し，正則である場合には，公式 (4.8) を用いて逆行列を求めよ．

$$(1)\quad A = \begin{bmatrix} 1 & -2 & 4 \\ 1 & -3 & 9 \\ 1 & -4 & 16 \end{bmatrix} \qquad (2)\quad A = \begin{bmatrix} 0 & -1 & -2 & -3 \\ 1 & 0 & -3 & -2 \\ 2 & 3 & 0 & 5 \\ 3 & 2 & -5 & 0 \end{bmatrix}$$

正則行列の特徴づけは前定理に与えられた「行列式 $\neq 0$」より他にもすでに現れている．まとめておこう．

定理 4.22　n 次正方行列 A に対し次の 3 条件が同値になる．

(i)　A が正則行列である．すなわち逆行列をもつ；

(ii)　$\det A \neq 0$；

(iii)　$\operatorname{rank} A = n$；

(iv)　A の n 個の列ベクトルが線形独立（必然的に $\mathbb{K}^n$ の基底を成す）．

これらの同値条件が満たされるとき，A の逆行列 A^{-1} が (4.8) で与えられる．

実際，(i) $\Leftrightarrow$ (iii) はまさに命題 3.26 の同値 (a) $\Leftrightarrow$ (b) であり，(iii) $\Leftrightarrow$ (iv) は定理 2.35 から直ちに従う．

4.4　クラメールの公式

$A = [a_{ij}]$ を n 次正方行列，$\boldsymbol{b} = {}^t[b_1, b_2, \ldots, b_n]$ を n 次列ベクトルとする．連立 1 次方程式

$$A\boldsymbol{x} = \boldsymbol{b} \tag{4.9}$$

について考えよう．これを連立 1 次方程式と呼ぶのは，これの伝統的表示

$$\begin{cases} a_{11}x_1 + a_{12}x_2 + \cdots + a_{1n}x_n = b_1 \\ a_{21}x_1 + a_{22}x_2 + \cdots + a_{2n}x_n = b_2 \\ \qquad\qquad\vdots \\ a_{n1}x_1 + a_{n2}x_2 + \cdots + a_{nn}x_n = b_n \end{cases}$$

に由来する．これは定数項を持ち得るから，もはや斉次ではない．非斉次連立 1 次方程式である．これについては注意 2.14 で簡単に論じたが，いまの場合，方程式の個数と変数の個数が一致するという制約下にあることに注意しよう．

> **定理 4.23** A が正則行列であれば，連立 1 次方程式 (4.9) は
>
> $$x_i = \frac{\begin{vmatrix} \boldsymbol{a}_1 & \cdots & \overset{i}{\boldsymbol{b}} & \cdots & \boldsymbol{a}_n \end{vmatrix}}{|A|} \quad (1 \leqq i \leqq n) \tag{4.10}$$
>
> で与えられる $\boldsymbol{x} = {}^t[x_1, x_2, \ldots, x_n]$ を唯一の解にもつ．ここに，この分子は，A の第 i 列 $\boldsymbol{a}_i$ を $\boldsymbol{b}$ で置き換えた行列の行列式を表す．

解を与える (4.10) を**クラメールの公式**と呼ぶ．

> ── **例題 4.24** ───────
> 定理 4.20 から定理 4.23 を導け．

【解答】 仮定のもと，

$$\boldsymbol{x} = A^{-1}\boldsymbol{b}$$

が唯一の解であることは明らか．定理 4.20 から，これは $\frac{1}{|A|}\tilde{A}\boldsymbol{b}$ に一致し，

$$x_i = \frac{1}{|A|} \sum_{k=1}^{n} (-1)^{k+i} b_k |A_{ki}| \tag{4.11}$$

を第 i 成分にもつ．実際，$\tilde{A}$ の第 i 行を $\tilde{A}_i$ と書くと

$$\tilde{A}_i = [(-1)^{1+i}|A_{1i}|, (-1)^{2+i}|A_{2i}|, \ldots, (-1)^{n+i}|A_{ni}|]$$

ゆえ，(4.11) の右辺は $\frac{1}{|A|}\tilde{A}_i\boldsymbol{b}$ に一致する．この右辺の和の部分は，A の第 i 列 $\boldsymbol{a}_i$ を $\boldsymbol{b}$ で置き換えた行列の行列式の，第 i 列に関する展開であるから，この右辺は (4.10) の右辺に一致する． $\square$

問 4.25 次の連立 1 次方程式を次の 2 つの方法で解け．(i) クラメールの公式を用いる：(ii) 注意 2.14 のように，行列の階段化を用いる．

$$(1) \quad \begin{bmatrix} 3 & 1 & -3 \\ -2 & 2 & 1 \\ 1 & -2 & 1 \end{bmatrix} \begin{bmatrix} x_1 \\ x_2 \\ x_3 \end{bmatrix} = \begin{bmatrix} 1 \\ 2 \\ 3 \end{bmatrix} \qquad (2) \quad \begin{bmatrix} 4 & -3 & 4 & 4 \\ 0 & -2 & 1 & -3 \\ 0 & 0 & 1 & 2 \\ 0 & 0 & 0 & -3 \end{bmatrix} \begin{bmatrix} x_1 \\ x_2 \\ x_3 \\ x_4 \end{bmatrix} = \begin{bmatrix} -9 \\ 4 \\ -3 \\ 3 \end{bmatrix}$$

4.5 小行列式と階数

正方行列と限らない行列からサイズの小さい正方行列を抜き出すことを考える.
また, (2.8) の 4×6 行列

$$A = \begin{bmatrix} 0 & 0 & 1 & -3 & 2 & 0 \\ 0 & 2 & 2 & -4 & 0 & 0 \\ 0 & 0 & 3 & -9 & 7 & -1 \\ 0 & -1 & 0 & -1 & 3 & -1 \end{bmatrix}$$

を例に取り, これから 2 次正方行列を抜き出すことを考える. 第 2, 3 行と第 3, 5
列を選んで (順序を変えずに) 4 つの成分を抜き出せば

$$\begin{bmatrix} 2 & 0 \\ 3 & 7 \end{bmatrix}$$

が得られる. 第 1, 3 行と第 2, 6 列を選んで 4 つの成分を抜き出せば

$$\begin{bmatrix} 0 & 0 \\ 0 & -1 \end{bmatrix}$$

が得られるが, 第 2, 4 行と第 1, 6 列を選んでも同じ 2 次正方行列が得られる. こ
のようにして得られる 2 次正方行列を A の **2 次小行列**と呼ぶ. 行・列の選び方は

$$\binom{4}{2}\binom{6}{2} = \frac{4 \cdot 3}{2 \cdot 1}\frac{6 \cdot 5}{2 \cdot 1} = 90$$

通りある[5]. 同様に, 3 行 3 列を選んで 3 次小行列が, 4 行 4 列を選んで 4 次小行
列が抜き出せる. しかし次数が A の行数を超える, 5 次小行列は存在しない.

さて一般に, A を $m \times n$ 行列とする. 正方行列の一般的表示法 (4.2) に倣い, こ
れを最も几帳面に表すと

$$A = [a_{ij}]_{\substack{1 \leqq i \leqq m \\ 1 \leqq j \leqq n}}$$

となる. m, n のうち小さい方, $m = n$ ならばその一致した値を $\mathrm{Min}\{m, n\}$ で表
す. $1 \leqq s \leqq \mathrm{Min}\{m, n\}$ とすると, A から s 行 s 列を選んで s^2 個の成分を抜き出
すことにより, s 次正方行列が得られる. これを A の **s 次小行列**と呼ぶ. $1 \leqq i_1 <$
$i_2 < \cdots < i_s \leqq n$ に相当する s 行, $1 \leqq j_1 < j_2 < \cdots < j_s \leqq n$ に相当する s 列を

---

[5] 高校では $_n\mathrm{C}_s$ と書いた n 種類から s 種類を選ぶ組合せの数を, 大学では $\binom{n}{s}$ と書く. 否, こ
の記号を形式的に $\binom{n}{s} = \frac{n(n-1)\cdots(n-s+1)}{s!}$ と定義し (ただし s は自然数), n は複素数でも変
数でもよいとする. n がたまたま s 以上の自然数であれば先の組合せの数と一致すると論じる.

選ぶときに得られる s 次小行列は

$$[a_{i_p j_q}]_{1 \leqq p,q \leqq s}$$

である. s 行, s 列の選び方は

$$\binom{m}{s}\binom{n}{s} = \frac{m(m-1)\cdots(m-s+1)}{s!} \frac{n(n-1)\cdots(n-s+1)}{s!}$$

通りある.

定義 4.26 $1 \leqq s \leqq \mathrm{Min}\{m,n\}$ を満たすさまざまな s に対する s 次小行列を総称して, A の **小行列** といい, その行列式を A の **小行列式** という. ある小行列式が s 次小行列の行列式の場合, s をその小行列式の **次数** と呼ぶ.

定理 4.27 A が零行列と異なれば

$$\mathrm{rank}\, A = (A \text{ の非零小行列式の最大次数}).$$

すなわち, A の小行列式のうち 0 でないものをすべて選び出すとき, その次数の最大値が A の階数と一致する.

── 例題 4.28 ──

a, b, c のうち少なくとも 1 つは 0 でないと仮定するとき, 行列

$$A = \begin{bmatrix} 0 & a & b \\ -a & 0 & c \\ -b & -c & 0 \end{bmatrix}$$

の階数 $r = \mathrm{rank}\, A$ を求めよ.

【解答】 まず簡単な計算により $\det A = 0$ ゆえ, 定理 4.20 により A は正則でない. 従って命題 3.26 により $r < 3$. 次に, A は

$$\begin{bmatrix} 0 & a \\ -a & 0 \end{bmatrix}, \quad \begin{bmatrix} 0 & b \\ -b & 0 \end{bmatrix}, \quad \begin{bmatrix} 0 & c \\ -c & 0 \end{bmatrix}$$

のどれをも 2 次小行列として含む. 仮定より, これらの行列式のうちの少なくとも 1 つは 0 でないから, 定理 4.27 より $r = 2$. □

定理 4.27 の証明を章末演習問題 3 とする.

問 4.29 定理 4.27 から, 3 章の章末演習問題 4 (2) が問うた, 行列 A に関する階数の転置不変性

$$\mathrm{rank}({}^tA) = \mathrm{rank}\,A.$$

を導け.

4.6 補遺 置換と行列式♮

行列式の定義を見直したい. その準備として, 1 から n までの整数の集合からそれ自身への全単射

$$\sigma\colon \{1, 2, \ldots, n\} \to \{1, 2, \ldots, n\}$$

を n 次**置換**と呼ぶ. これを表すのに, 数字 k の下に行先 $\sigma(k)$ を書いて,

$$\sigma = \begin{pmatrix} 1 & 2 & \cdots & n \\ \sigma(1) & \sigma(2) & \cdots & \sigma(n) \end{pmatrix} \tag{4.12}$$

とする方法がある. この表示法を**並列法**と呼ぼう. σ が全単射とは, 下行に現れる $(\sigma(1), \sigma(2), \ldots, \sigma(n))$ が $\{1, 2, \ldots, n\}$ の順列であることを意味する. この順列の転倒数 $\ell(\sigma(1), \sigma(2), \ldots, \sigma(n))$ を σ の**転倒数**と呼び, $\ell(\sigma)$ で表す. この転倒数の偶数, 奇数に応じ, σ を**偶置換, 奇置換**と呼ぶ. また

$$\mathrm{sgn}\,\sigma = (-1)^{\ell(\sigma)} = \begin{cases} +1, & \sigma \text{ が偶置換} \\ -1, & \sigma \text{ が奇置換} \end{cases}$$

を置換 σ の**符号**（signature）と呼ぶ.

n 次置換全体から成る集合を S_n で表し, n 次**対称群**（symmetric group）と呼ぶ. 前段にいう「意味」を**言い換え**て, S_n から $\{1, 2, \ldots, n\}$ の順列全体から成る集合への全単射が,

$$\text{置換 } \sigma \mapsto \text{順列 } (\sigma(1), \sigma(2), \ldots, \sigma(n))$$

により与えられる. 逆写像が

$$\text{順列 } (i_1, i_2, \ldots, i_n) \mapsto \text{置換 } \begin{pmatrix} 1 & 2 & \cdots & n \\ i_1 & i_2 & \cdots & i_n \end{pmatrix}$$

で与えられることは明らかであろう. S_n も（順列の集合と同じ）$n!$ 個の元から成ることが従う. また, 行列式の定義式 (4.3) は

$$\det[a_{ij}] = \sum_{\sigma \in S_n} (-1)^{\ell(\sigma)} a_{1\sigma(1)} a_{2\sigma(2)} \cdots a_{n\sigma(n)} \tag{4.13}$$

と書き換えられる. 右辺は S_n の各元 σ ごとに決まる $(-1)^{\ell(\sigma)} a_{1\sigma(1)} a_{2\sigma(2)} \cdots a_{n\sigma(n)}$ を, すべての σ に亘って取った和を表す.

　このように順列を置換に替える利点は，S_n が写像の合成を積として（その名の通り）群を成す点にある．一般に，結合法則を満たす乗法を伴うシステムで，単位元を含み，すべての元が逆元をもつものを**群**と呼ぶ[6]．実際，$\sigma, \tau \in S_n$ に対し，写像としての合成 $\sigma \circ \tau$ を乗法に選んで，単に $\sigma\tau$ で表すと，これは結合法則 $(\sigma\tau)\rho = \sigma(\tau\rho)$ を満たす．S_n は恒等変換

$$\varepsilon = \begin{pmatrix} 1 & 2 & \cdots & n \\ 1 & 2 & \cdots & n \end{pmatrix}$$

を単位元，すなわちどんな元 σ に乗じても相手を変えない（$\sigma\varepsilon = \sigma = \varepsilon\sigma$）元として含む．さらに後で見るように，各元 $\sigma \in S_n$ は**逆元** σ^{-1}，すなわち $\sigma\sigma^{-1} = \varepsilon = \sigma^{-1}\sigma$ を満たす元を S_n の中にもつ．

　例を見る前に1つ注意．並列法による置換の表示 (4.12) において，k と $\sigma(k)$ が同じ列に並んでさえいれば，上の行に並ぶ数字の順序は問わない．

例 4.30　$n = 6$ として，6次置換

$$\sigma = \begin{pmatrix} 1 & 2 & 3 & 4 & 5 & 6 \\ 5 & 6 & 3 & 1 & 4 & 2 \end{pmatrix},$$

$$\tau = \begin{pmatrix} 1 & 2 & 3 & 4 & 5 & 6 \\ 5 & 2 & 1 & 6 & 4 & 3 \end{pmatrix} \tag{4.14}$$

を取る．$\sigma\tau$ を計算するには，上の注意に鑑み σ の上の行を並べ替えて，τ の下の行とそろえるとよく，

$$\sigma\tau = \begin{pmatrix} 5 & 2 & 1 & 6 & 4 & 3 \\ 4 & 6 & 5 & 2 & 1 & 3 \end{pmatrix}\begin{pmatrix} 1 & 2 & 3 & 4 & 5 & 6 \\ 5 & 2 & 1 & 6 & 4 & 3 \end{pmatrix} = \begin{pmatrix} 1 & 2 & 3 & 4 & 5 & 6 \\ 4 & 6 & 5 & 2 & 1 & 3 \end{pmatrix}.$$

同様に

$$\tau\sigma = \begin{pmatrix} 5 & 6 & 3 & 1 & 4 & 2 \\ 4 & 3 & 1 & 5 & 6 & 2 \end{pmatrix}\begin{pmatrix} 1 & 2 & 3 & 4 & 5 & 6 \\ 5 & 6 & 3 & 1 & 4 & 2 \end{pmatrix} = \begin{pmatrix} 1 & 2 & 3 & 4 & 5 & 6 \\ 4 & 3 & 1 & 5 & 6 & 2 \end{pmatrix}.$$

積が交換法則 $\sigma\tau = \tau\sigma$ を満たさないことに注意．また σ の逆元が

$$\sigma^{-1} = \begin{pmatrix} 5 & 6 & 3 & 1 & 4 & 2 \\ 1 & 2 & 3 & 4 & 5 & 6 \end{pmatrix}$$

$$= \begin{pmatrix} 1 & 2 & 3 & 4 & 5 & 6 \\ 4 & 6 & 3 & 5 & 1 & 2 \end{pmatrix}$$

で与えられる．一般の元 ρ の逆元が，ρ の並列法表示の上の行と下の行を入れ替えたものとして与えられる．　　　　　　　　　　　　　　　　　　　　　　　□

　n 次置換 σ を表すのに，$k \neq \sigma(k)$ を満たすすべての $1 \leqq k \leqq n$ に対して k から $\sigma(k)$ に矢印を引いた，**有向グラフ**を用いる方法がある．これを用いると，(4.14) の6次置換はそれぞれ次のように表せる．

---

[6] 定義 3.22 に与えた $\mathrm{GL}_n(\mathbb{K})$ は群であった．そこでは明言しなかったが，続く定義 3.23 に与えた $\mathrm{Aut}(\mathbb{K}^n)$ もまた群である．

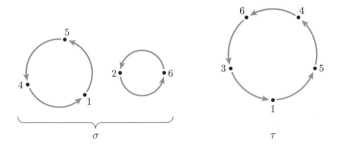

このように有向グラフには，置換 σ で動かない数字（$k = \sigma(k)$ なる k）は書かない.

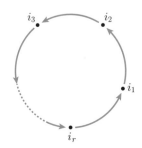

1〜n から選んだいくつかの数字の順列 $(i_1, i_2, \ldots, i_r)$（ただし $2 \leqq r \leqq n$）に対応した連結有向グラフ（これを**サイクル**と呼ぶ）で表される置換を**巡回置換**と呼び，

$$(i_1, i_2, \ldots, i_r)$$

で表す[7]. r をこの巡回置換の**長さ**という. 始点を選び直した，$(i_2, i_3, \ldots, i_r, i_1)$，$(i_3, i_4, \ldots, i_r, i_1, i_2)$，$\ldots$ もすべてこの巡回置換を表す.

問 4.31 この巡回置換の逆元は，矢印の向きを逆転させたサイクルで表される $(i_r, i_{r-1}, \ldots, i_2, i_1)$ であることを確かめよ.

置換を表す有向グラフが，互いに交わりをもたないいくつかのサイクルとなることに応じ，次が成り立つ.

命題 4.32 置換 σ は，いくつかの巡回置換の積として表せる. このとき，巡回置換を成す数字に重複がない（1 つの数字が 2 つ以上の巡回置換に現れない）ようにで

---

[7] これは，これまで用いてきた順列を表す記号と同じゆえ要注意. 巡回置換にこの記号を用いる方が一般的なため，「順列」と断ってこの記号を用いてきた. 以後は専ら巡回置換を表すのに，断りなしに用いる.

き，その場合，巡回置換の積の順序は自由に交換できる．しかも積の順序を無視すれば，σ の表示の仕方は一意的に決まる．

例 4.30 の σ, τ に関して，上にいう一意的表示は次の通り．

$$\sigma = (1,5,4)(2,6) \ (= (2,6)(1,5,4)), \quad \tau = (1,5,4,6,3)$$

とくに長さ 2 の巡回置換 (i_1, i_2) を**互換**と呼ぶ．これは (i_1, i_2) 自身を逆元とする．巡回置換は，いくつかの互換の積として

$$(i_1, i_2, \ldots, i_r) = (i_1, i_r)(i_2, i_r)(i_3, i_r) \cdots (i_{r-1}, i_r) \tag{4.15}$$

のように表せる（確かめよ）．これを前命題と合わせると，次の定理 4.33 の前半が従う．

> **定理 4.33** ★ 置換 σ はいくつかの互換の積として表せる．表す仕方はさまざまあるが，現れる互換の個数が偶数か，奇数かは一定であって，σ が偶置換であれば偶数，奇置換であれば奇数である．

これを用いると，置換の偶奇判定が，転倒数を数えずともできる．例えば，例 4.30 の σ, τ は互換の積に

$$\sigma = (1,4)(4,5)(2,6),$$
$$\tau = (1,3)(3,5)(3,4)(3,6)$$

と表せる．よって定理から，σ は奇置換，τ は偶置換である（転倒数を数えることでこれを確かめよ）．

問 4.34 等式 (4.15) から次を導け．長さ $r \ (\geqq 2)$ の巡回置換は，r が偶数のとき奇置換，奇数のとき偶置換である．

注意 4.35 隣り合う数字の互換 $(1,2), (2,3), \ldots, (n-1, n)$ をとくに**基本互換**と呼ぶ．n 次置換 σ はいくつかの基本互換の積 $\sigma = \tau_1 \tau_2 \cdots \tau_\ell$（$\tau_i$ は基本互換）として表せる．さまざまある表示法のうち，表示の長さ ℓ が最小となるものを選ぶと，その ℓ が σ の転倒数 $\ell(\sigma)$ と一致する．この事実に基づき，$\ell(\sigma)$ を置換 σ の**長さ** (length) とも呼ぶ．ℓ を記号に用いるのは，このためである．

n 次置換 σ, τ に関して，

$$\sigma = \rho_1 \rho_2 \cdots \rho_p, \quad \tau = \sigma_1 \sigma_2 \cdots \sigma_q \quad (\rho_i, \sigma_j \text{ 互換})$$

が互換の積による表示であれば，

$$\sigma\tau = \rho_1 \rho_2 \cdots \rho_p \sigma_1 \sigma_2 \cdots \sigma_q$$

もそう．従って $\ell(\sigma) + \ell(\tau)$ と $\ell(\sigma\tau)$ の偶奇は一致し，次が従う．

系 4.36　符号 sgn は積を保つ. すなわち

$$\mathrm{sgn}(\sigma\tau) = (\mathrm{sgn}\,\sigma)(\mathrm{sgn}\,\tau).$$

具体的に,

$$\text{(偶置換)(偶置換)} = \text{偶置換},$$
$$\text{(偶置換)(奇置換)} = \text{(奇置換)(偶置換)} = \text{奇置換},$$
$$\text{(奇置換)(奇置換)} = \text{偶置換}.$$

問 4.37　$\mathrm{sgn}\,\sigma = \mathrm{sgn}(\sigma^{-1})$ を示せ.

── 例題 4.38 ──

$A = [\,a_{ij}\,]_{1\leq i,j\leq n}$ の行列式に関し

$$\det A = \sum_{\sigma\in S_n} (\mathrm{sgn}\,\sigma)a_{1\sigma(1)}a_{2\sigma(2)}\cdots a_{n\sigma(n)}$$
$$= \sum_{\sigma\in S_n} (\mathrm{sgn}\,\sigma)a_{\sigma(1)1}a_{\sigma(2)2}\cdots a_{\sigma(n)n}$$

を示し, この結果から転置不変性 $\det({}^tA) = \det A$ を導け.

【解答】　第 1 の等号は (4.13) と符号の定義から直ちに従う. この結果を転置行列 ${}^tA$ に適用して

$$\det({}^tA) = \sum_{\sigma\in S_n} (\mathrm{sgn}\,\sigma)a_{\sigma(1)1}a_{\sigma(2)2}\cdots a_{\sigma(n)n}.$$

従って, あと第 2 の等号を示せばよい. 少しの間 $\sigma\in S_n$ を固定する. $\sigma(k)=i \Leftrightarrow k = \sigma^{-1}(i)$ ゆえ, $a_{1\sigma(1)}, a_{2\sigma(2)}, \ldots, a_{n\sigma(n)}$ を, 第 2 添え字が $1, 2, \ldots, n$ の順になるよう並べ替えると $a_{\sigma^{-1}(1)1}, a_{\sigma^{-1}(2)2}, \ldots, a_{\sigma^{-1}(n)n}$ になる. 前の問の結果と合わせ

$$(\mathrm{sgn}\,\sigma)a_{1\sigma(1)}a_{2\sigma(2)}\cdots a_{n\sigma(n)} = \mathrm{sgn}(\sigma^{-1})a_{\sigma^{-1}(1)1}a_{\sigma^{-1}(2)2}\cdots a_{\sigma^{-1}(n)n}.$$

両辺の和 $\sum_{\sigma\in S_n}$ を取る. $\sigma\mapsto\sigma^{-1}$ が全単射 $S_n\to S_n$ を与える ($\sigma\mapsto\sigma^{-1}$ 自身が逆写像). これは σ が S_n の元すべてに亘って動くとき, σ^{-1} も S_n の元すべてに亘って動くことを示しており, 従って右辺の和 $\sum_{\sigma\in S_n}$ を取るとき, これを $\sum_{\sigma^{-1}\in S_n}$ に替えてよい. こうして

$$\sum_{\sigma\in S_n} (\mathrm{sgn}\,\sigma)a_{1\sigma(1)}a_{2\sigma(2)}\cdots a_{n\sigma(n)}$$
$$= \sum_{\sigma^{-1}\in S_n} \mathrm{sgn}(\sigma^{-1})a_{\sigma^{-1}(1)1}a_{\sigma^{-1}(2)2}\cdots a_{\sigma^{-1}(n)n}.$$

右辺の変数 σ^{-1} を改めて σ とすれば示すべき等号を得る.　□

演習 1　n 次正方行列 A の余因子行列 $\tilde{A}$ の行列式は

$$\det \tilde{A} = (\det A)^{n-1}$$

で与えられることを示せ.

演習 2　$f\colon M_n(\mathbb{K}) \to \mathbb{K}$ を n 次正方行列全体の集合から係数域への写像とする.　n 次正方行列 X を, n 個の n 次列ベクトル $[\,\boldsymbol{x}_1, \boldsymbol{x}_2, \ldots, \boldsymbol{x}_n\,]$ と見るとき, $f(X) = f(\boldsymbol{x}_1, \boldsymbol{x}_2, \ldots, \boldsymbol{x}_n)$ が多重線形性と反対称性（4.2 節 性質 (iii), (iv) を見よ）をもてば, この写像 f は単位行列における値 $f(E)$ を以て

$$f(X) = f(E) \det X \quad (X \in M_n(\mathbb{K}))$$

を満たすことが知られている.　この事実を用いて次を示せ.

(1)　行列式を写像 $\det\colon M_n(\mathbb{K}) \to \mathbb{K}$ と見るとき, これは単位行列 E で値 1 を取り, 列に関する多重線形性と反対称性をもつ, 唯一の写像である.

(2)　行列式の性質 (v) が成り立つ.　すなわち

$$\det(AB) = \det A \cdot \det B \quad (A, B \in M_n(\mathbb{K})).$$

演習 3　次の手順で定理 4.27 を証明せよ.

(1)　A を $m \times s$ 行列とする.　$\operatorname{rank} A < s \leqq m$ と仮定するとき, A の s 次行列式はすべて 0 であることを示せ.

(2)　A を $m \times s$ 行列とする.　$s = \operatorname{rank} A$ と仮定するとき, A の非零 s 次小行列式が存在することを示せ.

(3)　A を $m \times n$ 非零行列とする.　(1) の結果から, $s > \operatorname{rank} A$ ならば A の s 次小行列式はすべて 0 であることを導け.　また (2) の結果から, $s = \operatorname{rank} A$ ならば A の非零 s 次小行列式が存在することを導け.

ヒント：演習 2. (2) A を固定し, 写像 $f\colon X \mapsto \det(AX)$ に与えられた事実を適用せよ.

演習 3. 次を示せ. (1) 仮定の下, A のどんな s 次小行列の列ベクトルたちも線形従属で, 定理 4.22 によりその小行列の行列式は 0 である.　(2) 前章の章末演習問題 1 の結果を A の転置に適用すると, 仮定の下, A の行ベクトルたちの中から s 個の線形独立なベクトルが選べる.　これらを抜き出して得られる, A の s 次小行列の行列式は（定理 4.22 をその小行列の転置に適用することにより）0 でない.

第5章
正方行列の固有値と対角化

　本章ではアイデアの勝利を味わって欲しい．挑戦する問題は，正方行列 A の簡約化—といっても 2 章で扱った階段化とは異なる．正則行列 P をうまく選んで $P^{-1}AP$ を対角行列にできれば，（ここで問題とする簡約化として）A が対角化できたという．ところが，どんな A に対してもこれが可能というわけではない．問題は次の 2 つ．(I) どんな正方行列 A に関してこれが可能か，その判定条件を求め，(II) その条件が満たされる場合，A はどう対角化できるか，その具体的方法を明らかにせよ．数学のアイデアが自然に問題を解くさまを体験して欲しい．

5.1 　固　有　値

　この章を通し，係数域を複素数体 $\mathbb{C}$ とする．それは次の事実を使いたいがためである．

> **定理 5.1**　（代数学の基本定理[1]）　複素数を係数にもつ定数でない多項式 $f(x)$ は必ず
> $$f(x) = c(x - \alpha_1)^{m_1}(x - \alpha_2)^{m_2} \cdots (x - \alpha_r)^{m_r},$$
> $\alpha_1, \ldots, \alpha_r$ は相異なる複素数，各 m_i は正整数，c は非零複素数
> の形に（積の順序を無視すれば）一意的に分解する．

　これより方程式 $f(x) = 0$ は $\alpha_1, \ldots, \alpha_s$ を解にもつ．m_i を解 α_i の**重複度**と呼ぶ．係数を実数に限ると，例えば $x^2 + 1$, $x^3 - 1$ のように，実数係数の 1 次式の積に分解できない多項式が存在する．複素数に至って初めて，それを係数にもつ多項式が与える方程式の解やその重複度を，自由に論じることができる．

---

[1] この定理の証明は，ここにもサポートページにも与えない．いくつもの証明が知られている．代数学，解析学，位相幾何学の 3 分野における証明を一度に，必要となる知識とともに学べる本として，新妻弘，木村哲三 訳「代数学の基本定理」共立出版，2002（原著 B. Fine, G. Rosenberger, *The Fundamental Theorem of Algebra*, Springer-Verlag, 1997）がある．

やや天下りになるがここで，正方行列 $A = [\,a_{ij}\,]$ に対し定まる多項式を定義する.

定義 5.2　多項式を成分にもつ正方行列

$$xE - A = \begin{bmatrix} x - a_{11} & -a_{12} & \cdots & -a_{1n} \\ -a_{21} & x - a_{22} & \cdots & -a_{2n} \\ \vdots & \vdots & \ddots & \vdots \\ -a_{n1} & -a_{n2} & \cdots & x - a_{nn} \end{bmatrix}$$

の行列式を

$$\Phi_A(x) = \det(xE - A)$$

で表し，A の**固有多項式**と呼ぶ. 正方行列 A が n 次であれば，これは最高次係数が 1 であるような n 次多項式になる. 方程式

$$\Phi_A(x) = 0$$

を A の**固有方程式**と呼ぶ[2]. その解を A の**固有値**と呼び，従って解の重複度を固有値の重複度という.

---

　n 次正方行列は**重複度を込める**（重複度 m の固有値を m 個と数える）と，ちょうど n 個の固有値をもつ.

注意 5.3　上の定義に関し，スルドイ読者は「実数または複素数を成分にもつ行列やその行列式は習っていても，多項式を成分にもつ行列，ましてやその行列式なんて習ってない」とおっしゃるだろう. その通り！　多項式全体が，$\mathbb{R}$ や $\mathbb{C}$ と同様に加減乗法が自由にできるシステム（可換環という）を成すため，いま考える行列式が同様に定義，また計算できると注意すべきであった.

---

[2] 固有方程式（多項式）に替えて，特性方程式（多項式）と呼ぶ教科書もある. それらの教科書でも固有値に別名は用いない.

例 5.4　4 次正方行列 $A = \begin{bmatrix} 1 & * & * & * \\ 0 & 2 & * & * \\ 0 & 0 & 3 & * \\ 0 & 0 & 0 & 3 \end{bmatrix}$ の固有多項式は，計算するまでもなく

$$\Phi_A(x) = \begin{vmatrix} x-1 & * & * & * \\ 0 & x-2 & * & * \\ 0 & 0 & x-3 & * \\ 0 & 0 & 0 & x-3 \end{vmatrix} = (x-1)(x-2)(x-3)^2.$$

A の固有値は（重複度を込め）$1, 2, 3, 3$ となる．$*$ で表した成分が何であれこの結果に影響しない．　　　　　　　　　　　　　　　　　　　　　　　　　　□

例 5.5　4 次正方行列 $A = \begin{bmatrix} 13 & 0 & 0 & -8 \\ 0 & 1 & 0 & 0 \\ 0 & -2 & 1 & 0 \\ 18 & 0 & 0 & -11 \end{bmatrix}$ の固有多項式を計算しよう．行列

式を第 1 列で展開し

$$\Phi_A(x) = \begin{vmatrix} x-13 & 0 & 0 & 8 \\ 0 & x-1 & 0 & 0 \\ 0 & 2 & x-1 & 0 \\ -18 & 0 & 0 & x+11 \end{vmatrix}$$

$$= (x-13) \begin{vmatrix} x-1 & 0 & 0 \\ 2 & x-1 & 0 \\ 0 & 0 & x+11 \end{vmatrix} + 18 \begin{vmatrix} 0 & 0 & 8 \\ x-1 & 0 & 0 \\ 2 & x-1 & 0 \end{vmatrix}$$

$$= (x-13)(x-1)^2(x+11) + 18 \cdot 8(x-1)^2 = (x-1)^4.$$

A の固有値は $1, 1, 1, 1$ となる．　　　　　　　　　　　　　　　　　　　□

　固有値がもつ意味は次節で明らかになる．その前に 1 つ注意を与えたい．趨勢に従い固有多項式を行列 $xE - A$ の行列式として定義したが，行列 $A - xE$ （$= -(xE - A)$）を考える方があとあと間違いが少ない．そこで以後，前者に替え後の形の行列を（変数 x を複素数に替える場合も）考える．A が n 次の場合

$$\det(A - xE) = (-1)^n \Phi_A(x)$$

となり（問 4.8 (2) を見よ），n が奇数であれば行列式に符号の差が生じる．しかし，対応する方程式の解は一致するから，この差は本質的でない．

5.2 固 有 空 間

零ベクトルと異なるベクトルを**非零ベクトル**と呼ぶ. また以後しばしば, 正方行列 B に対応する線形変換 L_B の核 $\mathrm{Ker}(L_B)$ を, $\mathrm{Ker}\,B$ と略記する (あとの用法の都合上, 行列を B としている). 従って, B が n 次正方行列であれば

$$\mathrm{Ker}\,B = \{\boldsymbol{v} \in \mathbb{C}^n \mid B\boldsymbol{v} = \boldsymbol{0}\}. \tag{5.1}$$

さて, A を n 次正方行列とする. 本章序に与えられた問題を考えよう. そこにいうアイデアとは, ある複素数 α に対し

$$A\boldsymbol{v} = \alpha\boldsymbol{v} \tag{5.2}$$

が成り立つような非零ベクトル $\boldsymbol{v}$ に注目することである. すなわち, A をベクトルに働かせる. その際, A がスカラー倍として働くベクトルのみをえこひいきするのである.

定義 5.6 (5.2) を満たす非零ベクトル $\boldsymbol{v}$ を, α に関する A の**固有ベクトル**と呼ぶ.

(5.2) を満たすような複素数 α と非零ベクトル $\boldsymbol{v}$ のペア $(\alpha, \boldsymbol{v})$ をすべて求めたい. 次の手順で求まる.

(1) まず α から始める. 求めるべきは, $A\boldsymbol{v} = \alpha\boldsymbol{v}$, すなわち $(A - \alpha E)\boldsymbol{v} = \boldsymbol{0}$ を満たす非零ベクトル $\boldsymbol{v}$ が存在するような α. 換言すれば[3]

$$\mathrm{Ker}(A - \alpha E) = \{\boldsymbol{v} \in \mathbb{C}^n \mid (A - \alpha E)\boldsymbol{v} = \boldsymbol{0}\} \tag{5.3}$$

が $\{\boldsymbol{0}\}$ と異なるような α. これは $((-1)^n \Phi_A(\alpha) =) \det(A - \alpha E) = 0$ を満たす複素数, すなわち A の固有値である.

(2) A の固有値 α がすべて求まったら, その各々について $\mathrm{Ker}(A - \alpha E)$ に属す非零ベクトルとして $\boldsymbol{v}$ がすべて求まる. 求め方は斉次連立 1 次方程式の解法と同じである.

---

[3] $B = A - \alpha E$ に対し略記法 (5.1) を用いる.

> **定義 5.7** (5.3) に与えられたのは $\mathbb{C}^n$ の部分空間である. これを
> $$V_\alpha = \mathrm{Ker}(A - \alpha E)$$
> で表し[4)], α に関する A の**固有空間**と呼ぶ.

この定義は α が A の固有値でない場合も意味をもつ.

$$\alpha\ \text{が}\ A\ \text{の固有値} \Leftrightarrow V_\alpha \neq \{\mathbf{0}\}$$

であって, これらの同値な条件が成り立つ場合, 次の 2 つが同義語になる.

(i) V_α に属す非零ベクトル;

(ii) α に関する A の固有ベクトル.

例 5.8 例 5.4 において A がとくに対角行列の場合, すなわち

$$A = \begin{bmatrix} 1 & 0 & 0 & 0 \\ 0 & 2 & 0 & 0 \\ 0 & 0 & 3 & 0 \\ 0 & 0 & 0 & 3 \end{bmatrix}$$

の場合, 各固有値に関する固有空間が, 基本ベクトルを用いて次のように表されることは容易に見て取れる.

$$V_1 = \langle \mathbf{e}_1 \rangle, \quad V_2 = \langle \mathbf{e}_2 \rangle, \quad V_3 = \langle \mathbf{e}_3, \mathbf{e}_4 \rangle. \qquad \square$$

例題 5.9

例 5.5 の A を考えよう. この A の固有値は 1 のみである. 固有空間 V_1 の次元と 1 組の基底を求めよ.

【解答】 何回かの行基本変形により

$$A - E = \begin{bmatrix} 12 & 0 & 0 & -8 \\ 0 & 0 & 0 & 0 \\ 0 & -2 & 0 & 0 \\ 18 & 0 & 0 & -12 \end{bmatrix} \longrightarrow \begin{bmatrix} 1 & 0 & 0 & -\frac{2}{3} \\ 0 & 1 & 0 & 0 \\ 0 & 0 & 0 & 0 \\ 0 & 0 & 0 & 0 \end{bmatrix}$$

となるから V_1 は 2 次元. ${}^t[0,0,1,0]$, ${}^t[2,0,0,3]$ を基底にもつ[5)]. $\qquad \square$

[4)] この部分空間は A にもよるが, A は皆が了解しているとして記号に含めないのが通例.

[5)] スペース節約の目的で, 列ベクトルを, 行ベクトルの転置で表す. 見やすいように, 成分の間にコンマを入れて.

問 5.10 次の正方行列に関し，固有値をすべて求めよ．また各固有値に関する固有空間の次元および 1 組の基底を求めよ.

(1) $\begin{bmatrix} 0 & 1 & 0 \\ 0 & 0 & 1 \\ 1 & 0 & 0 \end{bmatrix}$ (2) $\begin{bmatrix} 0 & 1 & 1 \\ 1 & 0 & 1 \\ 1 & 1 & 0 \end{bmatrix}$ (3) $\begin{bmatrix} 0 & 1 & 0 \\ 0 & 0 & 1 \\ 0 & 0 & 0 \end{bmatrix}$

(4) $\begin{bmatrix} 3 & 0 & 0 & 1 \\ 1 & 2 & 0 & 1 \\ -3 & -1 & 2 & -4 \\ -1 & 0 & 0 & 1 \end{bmatrix}$ (5) $\begin{bmatrix} 1 & 0 & 2 & 1 \\ 1 & -1 & 1 & -1 \\ 1 & 0 & 0 & -1 \\ 0 & 0 & 0 & 2 \end{bmatrix}$

5.3 対角化可能性の判定

A を n 次正方行列とする．$\alpha_1, \alpha_2, \ldots, \alpha_r$ を A のすべての固有値とする．ここで重複度は込めず，これらは相異なるとする．α_i の重複度を $m_i\ (\geqq 1)$ とする．これは A の固有多項式が

$$\Phi_A(x) = (x - \alpha_1)^{m_1}(x - \alpha_2)^{m_2} \cdots (x - \alpha_r)^{m_r} \tag{5.4}$$

と分解することを意味した.

命題 5.11 ★ 次が成り立つ.

(1) 各固有空間 V_{α_i} の次元は α_i の重複度 m_i 以下である．すなわち

$$\dim V_{\alpha_i} \leqq m_i \quad (1 \leqq i \leqq r).$$

(2) すべての固有空間の和 $\sum_{i=1}^r V_{\alpha_i}$—すなわち各固有空間 V_{α_i} から勝手に選んだベクトル $\boldsymbol{x}_i$ の和

$$\boldsymbol{x}_1 + \boldsymbol{x}_2 + \cdots + \boldsymbol{x}_r$$

全体から成る $\mathbb{C}^n$ の部分空間—は直和である[6]．すなわち

$$\sum_{i=1}^r V_{\alpha_i} = \bigoplus_{i=1}^r V_{\alpha_i}.$$

---

[6] 部分空間の和と直和については 2.5 節にある．しかし，そこを参照せずとも済むように記述を進める.

これは次を意味する. V_{α_1} の基底 $\boldsymbol{v}_1, \boldsymbol{v}_2, \ldots, \boldsymbol{v}_{n_1}$, V_{α_2} の基底 $\boldsymbol{w}_1,$ $\boldsymbol{w}_2, \ldots, \boldsymbol{w}_{n_2}$, V_{α_3} の基底 $\cdots$ と続けて, 最後 V_{α_r} の基底 $\boldsymbol{z}_1, \boldsymbol{z}_2, \ldots,$ $\boldsymbol{z}_{n_r}$ を勝手に選ぶとき, これらすべてを合わせた

$$\boldsymbol{v}_1, \boldsymbol{v}_2, \ldots, \boldsymbol{v}_{n_1}, \boldsymbol{w}_1, \boldsymbol{w}_2, \ldots, \boldsymbol{w}_{n_2}, \ldots, \boldsymbol{z}_1, \boldsymbol{z}_2, \ldots, \boldsymbol{z}_{n_r}$$

が $\sum_{i=1}^{r} V_{\alpha_i}$ の基底になる. これと同値な言い換えとして, $\sum_{i=1}^{r} V_{\alpha_i}$ の次元がすべての V_{α_i} の次元の和に等しい. すなわち

$$\dim\left(\sum_{i=1}^{r} V_{\alpha_i}\right) = \sum_{i=1}^{r} \dim(V_{\alpha_i}).$$

注意 5.12　この命題の (1) から, 重複度

$$m_i = 1$$

の固有値 α_i に関しては

$$1 \leqq \dim V_{\alpha_i} \leqq m_i = 1$$

より,

$$\dim V_{\alpha_i} = m_i \ (= 1)$$

が成り立つことになる.

定義 5.13　正則行列 P をうまく選んで

$$P^{-1}AP$$

が対角行列であるようにできるとき, A は**対角化可能**である, また P により**対角化**されるという. この場合, 対角行列 $P^{-1}AP$ を A の**対角化**と呼ぶ.

本章序の問題 (I)「A が対角化可能であるための判定条件を求めよ」に次の定理 (の前半) が答える.

> **定理 5.14** A に関して次が互いに同値になる.
>
> (a) A が対角化可能;
>
> (b) $\mathbb{C}^n = \bigoplus_{i=1}^{r} V_{\alpha_i}$;
>
> (c) すべての固有値 α_i に対し,固有空間 V_{α_i} の次元と α_i の重複度 m_i が等しい.すなわち
>
> $$\dim V_{\alpha_i} = m_i; \tag{5.5}$$
>
> (d) 重複度 $m_i \geqq 2$ であるようなすべての固有値 α_i に対し,上の等式 (5.5) が成り立つ.
>
> これらの互いに同値な条件が満たされる場合,A の対角化として対角行列
>
> $$\begin{bmatrix} \alpha_1 E_{m_1} & & & \\ & \alpha_2 E_{m_2} & & \\ & & \ddots & \\ & & & \alpha_r E_{m_r} \end{bmatrix} \tag{5.6}$$
>
> (α_i を対角成分にもつ m_i 次対角行列を,$i = 1, 2, \ldots, r$ の順に対角に並べた行列.空白部分の成分はすべて 0)が得られる.$P^{-1}AP$ を対角行列にする正則行列 P はさまざまあるが,対角化 $P^{-1}AP$ は必ず,上の行列 (5.6) の対角成分を並べ替えたものになる[7].

注意 5.15   この定理における条件 (b)–(d) の同値性は容易に従う.実際 (c) $\Rightarrow$ (d) は自明.注意 5.12 により重複度 1 の固有値に関しては等式 (5.5) が必ず成り立つから (c) $\Leftarrow$ (d).命題 5.11 を用いると

$$\dim\left(\bigoplus_{i=1}^{r} V_{\alpha_i}\right) = \sum_{i=1}^{r} \dim V_{\alpha_i}$$

$$\leqq \sum_{i=1}^{r} m_i = \deg(\Phi_A(x)) = n = \dim \mathbb{C}^n.$$

ここに $\deg(\Phi_A(x))$ は $\Phi_A(x)$ の次数(degree)を表す.(b), (c) はそれぞれに,上の不等式において,等号が成り立つための必要十分条件であるから,(b) $\Leftrightarrow$ (c).

---

[7] 換言すれば,対角化可能な行列 A の対角化に現れる対角成分たちは,A の固有値のすべて(重複度を込め)と一致する.この事実を示すのが,章末演習問題 3 (2).

> **系 5.16**　A の固有値の重複度がすべて 1 であれば，換言すると n 次の A が相異なる n 個の固有値をもてば，A は対角化可能である．

この仮定のもと定理 5.14 の条件 (d) が満たされるため，この系が従う．

例 5.17　例 5.5 の 4 次正方行列 A はただ 1 つの固有値をもち，従ってその重複度 $= 4$．ところが例題 5.9 で見たように，固有空間の次元 $\dim V_1 = 2 < 4$．定理 5.14 からこの A は対角化不可能（すなわち対角化可能でない）．A はスカラー行列でないから，これは次の例題の結果からも従う．ここに**スカラー行列**とは，単位行列のスカラー倍

$$\alpha E = \begin{bmatrix} \alpha & 0 & \cdots & 0 \\ 0 & \alpha & \cdots & 0 \\ \vdots & \vdots & \ddots & \vdots \\ 0 & 0 & \cdots & \alpha \end{bmatrix}$$

の形の行列を指す[8]．　　　　　　　　□

例題 5.18

　正方行列 A が（**重複度を込めず**）ただ 1 つの固有値 α をもつ場合，前定理の後半を既知として

$$A \text{ が対角化可能} \iff A \text{ がスカラー行列 } \alpha E \text{ に等しい}$$

を示せ．

【解答】　$\Leftarrow$ は自明．逆を示すため A が対角化可能とする．前定理 5.14 の後半から，αE が A の対角化．ある正則行列 P を以て

$$P^{-1}AP = \alpha E.$$

従って

$$A = P(\alpha E)P^{-1} = \alpha(PEP^{-1}) = \alpha E.$$　　　　　　　□

---

[8] $\alpha E \pm \beta E = (\alpha \pm \beta)E$, $(\alpha E)(\beta E) = \alpha\beta E$, $(\alpha E)(\beta E)^{-1} = \alpha\beta^{-1}E$（最後は $\beta \neq 0$ の場合）に見られるように，このような行列が本質的にスカラーと一致するから．

5.4 実践　対角化の方法

本節で本章序の問題 (II) に答える．命題 5.11 は既知とする．定理 5.14 に関し，前半の条件 (b)–(d) の同値性は注意 5.15 で見た．以下，問題 (II) に答えることで，互いに同値な条件 (b)–(d) から (a) が従うこと，また A の対角化として (5.6) が得られることがわかる．

まず正方行列

$$A = \begin{bmatrix} 1 & 0 & 2 & 1 \\ -1 & 2 & 2 & 1 \\ -1 & 0 & 4 & 1 \\ 2 & 0 & -4 & 0 \end{bmatrix} \tag{5.7}$$

を例に取ろう．A の固有多項式を計算して

$$\Phi_A(x) = (x-1)(x-2)^3.$$

従って A の固有値は重複度込みで $1,\ 2,\ 2,\ 2$ となる．重複度 $\geqq 2$ の固有値は 2 のみ．この 2 に関する固有空間 $V_2 = \mathrm{Ker}(A - 2E)$ を知るため，$A - 2E$ を階段化すると

$$A - 2E = \begin{bmatrix} -1 & 0 & 2 & 1 \\ -1 & 0 & 2 & 1 \\ -1 & 0 & 2 & 1 \\ 2 & 0 & -4 & -2 \end{bmatrix} \longrightarrow \begin{bmatrix} 1 & 0 & -2 & -1 \\ 0 & 0 & 0 & 0 \\ 0 & 0 & 0 & 0 \\ 0 & 0 & 0 & 0 \end{bmatrix}.$$

これより $\dim V_2 = 3$（＝この固有値の重複度）であり，V_2 は $\boldsymbol{v}_1 = {}^t[0,1,0,0]$，$\boldsymbol{v}_2 = {}^t[2,0,1,0]$，$\boldsymbol{v}_3 = {}^t[1,0,0,1]$ を基底にもつ．こうして定理 5.14 の条件 (d) が満たされていることがわかった．

もう 1 つの固有値 1 に関する固有空間 $V_1 = \mathrm{Ker}(A - E)$ は（この固有値の重複度 ＝1 ゆえ必然的に）1 次元．$A - E$ の階段化

$$A - E = \begin{bmatrix} 0 & 0 & 2 & 1 \\ -1 & 1 & 2 & 1 \\ -1 & 0 & 3 & 1 \\ 2 & 0 & -4 & -1 \end{bmatrix} \longrightarrow \begin{bmatrix} 1 & 0 & 0 & \frac{1}{2} \\ 0 & 1 & 0 & \frac{1}{2} \\ 0 & 0 & 1 & \frac{1}{2} \\ 0 & 0 & 0 & 0 \end{bmatrix}$$

から，$\boldsymbol{w} = {}^t[1,1,1-,2]$ を基底にもつ．

こうして得られた $\boldsymbol{v}_1,\ \boldsymbol{v}_2,\ \boldsymbol{v}_3,\ \boldsymbol{w}$ が固有ベクトルであること，すなわち

$$A\boldsymbol{v}_1 = 2\boldsymbol{v}_1, \quad A\boldsymbol{v}_2 = 2\boldsymbol{v}_2, \quad A\boldsymbol{v}_3 = 2\boldsymbol{v}_3, \quad A\boldsymbol{w} = 1\boldsymbol{w} \tag{5.8}$$

を行列を用いて表示して

$$A[\boldsymbol{v}_1 \quad \boldsymbol{v}_2 \quad \boldsymbol{v}_3 \quad \boldsymbol{w}] = [\boldsymbol{v}_1 \quad \boldsymbol{v}_2 \quad \boldsymbol{v}_3 \quad \boldsymbol{w}] \begin{bmatrix} 2 & 0 & 0 & 0 \\ 0 & 2 & 0 & 0 \\ 0 & 0 & 2 & 0 \\ 0 & 0 & 0 & 1 \end{bmatrix}. \tag{5.9}$$

注意 5.19 議論を中断して, (5.8) が (5.9) として表示できることを確かめよう. (5.9) の両辺はともに 4×4 行列である. 一般に, 行列の積 BC の第 1 列は, 行列とベクトルの積 $B(C$ の第 1 列) に等しいから, (5.9) の両辺の第 1 列が等しいとは

$$A\boldsymbol{v}_1 = [\boldsymbol{v}_1 \quad \boldsymbol{v}_2 \quad \boldsymbol{v}_3 \quad \boldsymbol{w}] \begin{bmatrix} 2 \\ 0 \\ 0 \\ 0 \end{bmatrix} \tag{5.10}$$

が成り立つということ. この右辺は, 考察 2.25 において「線形代数理解のためのコツ」と評した表示法 (2.21) を用いると, $2\boldsymbol{v}_1$ に等しいことがわかるから, 等式 (5.10) は (5.8) の第 1 式の書き換えとして成り立つ. 同様に, (5.8) の各等式を書き換えて, (5.9) の両辺の各列が等しいとする等式が, すなわち行列の等式 (5.9) が得られる.

上のように, いくつかのベクトルの等式を「行列の等式として表示」する場面は, 以後繰り返し現れる. これを短く**行列表示**と呼ぼう. これを使い慣れることも線形代数理解のための**コツ**と思われる.

議論に戻ろう. いま $V_2 \oplus V_1 = \mathbb{C}^4$ (定理 5.14 の条件 (b)) ゆえ, V_2 と V_1 の基底を寄せ集めた $\boldsymbol{v}_1, \boldsymbol{v}_2, \boldsymbol{v}_3, \boldsymbol{w}$ は $\mathbb{C}^4$ の基底. 同値な条件として, これらを並べた

$$P = [\boldsymbol{v}_1 \quad \boldsymbol{v}_2 \quad \boldsymbol{v}_3 \quad \boldsymbol{w}] = \begin{bmatrix} 0 & 2 & 1 & 1 \\ 1 & 0 & 0 & 1 \\ 0 & 1 & 0 & 1 \\ 0 & 0 & 1 & -2 \end{bmatrix} \tag{5.11}$$

は正則行列である (定理 4.22 を見よ). (5.9) の両辺の左から P^{-1} を掛け

$$P^{-1}AP = \begin{bmatrix} 2 & 0 & 0 & 0 \\ 0 & 2 & 0 & 0 \\ 0 & 0 & 2 & 0 \\ 0 & 0 & 0 & 1 \end{bmatrix}. \tag{5.12}$$

こうして A は P により対角化された.

注意 5.20　上の議論からわかるように，P の列ベクトルの順を適宜替えることにより，対角化 $P^{-1}AP$ の対角成分の順はいかようにも替わる．例えば $Q = [\,\boldsymbol{v}_1\ \ \boldsymbol{w}\ \ \boldsymbol{v}_2\ \ \boldsymbol{v}_3\,]$ とすれば $Q^{-1}AQ = \begin{bmatrix} 2 & 0 & 0 & 0 \\ 0 & 1 & 0 & 0 \\ 0 & 0 & 2 & 0 \\ 0 & 0 & 0 & 2 \end{bmatrix}$.

一般の n 次正方行列 A に対しても，次のように議論できる．

(1)　A の固有方程式 $\Phi_A(x) = 0$ の解として A の固有値 $\alpha, \beta, \ldots, \gamma$（重複度込めず）がすべて求まる．

(2)　各固有値に関する固有空間 $V_\alpha, V_\beta, \ldots, V_\gamma$ の基底 $\boldsymbol{v}_1, \boldsymbol{v}_2, \ldots, \boldsymbol{v}_s$; $\boldsymbol{w}_1, \boldsymbol{w}_2, \ldots, \boldsymbol{w}_t$; $\ldots$; $\boldsymbol{z}_1, \boldsymbol{z}_2, \ldots, \boldsymbol{z}_p$ が求まる．

(3)　A が定理 5.14 の同値条件 (b)–(d) を満たす場合，これらのベクトルは n 個からなり，$\mathbb{C}^n$ の基底を成す．同値な条件として，これらを並べた

$$P = [\,\boldsymbol{v}_1\ \boldsymbol{v}_2\ \cdots\ \boldsymbol{v}_s\ \boldsymbol{w}_1\ \boldsymbol{w}_2\ \cdots\ \boldsymbol{w}_t\ \cdots\ \boldsymbol{z}_1\ \boldsymbol{z}_2\ \cdots\ \boldsymbol{z}_p\,] \quad (5.13)$$

は正則行列になる．固有ベクトルであることを示す n 個の等式

$$A\boldsymbol{v}_1 = \alpha\boldsymbol{v}_1,\ A\boldsymbol{v}_2 = \alpha\boldsymbol{v}_2,\ \ldots,\ A\boldsymbol{v}_s = \alpha\boldsymbol{v}_s;$$
$$A\boldsymbol{w}_1 = \beta\boldsymbol{w}_1,\ A\boldsymbol{w}_2 = \beta\boldsymbol{w}_2,\ \ldots,\ A\boldsymbol{w}_t = \beta\boldsymbol{w}_t;\ \ldots;$$
$$A\boldsymbol{z}_1 = \gamma\boldsymbol{z}_1,\ A\boldsymbol{z}_2 = \gamma\boldsymbol{z}_2,\ \ldots,\ A\boldsymbol{z}_p = \gamma\boldsymbol{z}_p$$

を**行列表示**することにより，A を

$$P^{-1}AP = \begin{bmatrix} \alpha E_s & & & \\ & \beta E_t & & \\ & & \ddots & \\ & & & \gamma E_p \end{bmatrix}$$

と対角化できる．

こうして，定理 5.14 前半の同値条件 (b)–(d) から (a) が従い，また A の対角化として (5.6) の形の行列が得られることがわかった．条件 (a) から (c) が従うことを問うのが章末演習問題 3 (1) であり，それを解くと，条件 (a)–(d) の同値性の証明が完成（命題 5.11 を既知とした上で）したことになる．

問 5.21　問 5.10 に挙げた正方行列のうち対角化可能なものを選び対角化せよ．

●●●●●●●●●●●●●●●●●●●●●●　演 習 問 題　●●●●●●●●●●●●●●●●●●●●●●

演習 1　3 次正方行列 $A = \begin{bmatrix} a_{11} & a_{12} & a_{13} \\ a_{21} & a_{22} & a_{23} \\ a_{31} & a_{32} & a_{33} \end{bmatrix}$ の固有多項式が，記法 4.9 を用いて

$$\Phi_A(x) = x^3 - (\mathrm{tr}\, A)x^2 + (|A_{11}| + |A_{22}| + |A_{33}|)x - \det A$$

で与えられることを示せ．ただし

$$\mathrm{tr}\, A = a_{11} + a_{22} + a_{33} \tag{5.14}$$

とする．

注意 5.22　一般の正方行列 A に対し，そのすべての対角成分の和を $\mathrm{tr}\, A$ で表し，A のトレース（trace）と呼ぶ．(5.14) は 3 次正方行列のトレースである．

演習 2　A を正方行列とする．勝手な正則行列 P に対し，$B = P^{-1}AP$ とおくとき，次を示せ．

(1)　$\Phi_A(x) = \Phi_B(x)$．従って A と B の固有値は重複度まで込めて一致する．

(2)　その各固有値 α に関する，A の固有空間 V_α と B の固有空間 V'_α とは

$$V_\alpha = PV'_\alpha \quad (\text{ただし，右辺} = \{P\boldsymbol{v} \mid \boldsymbol{v} \in V'_\alpha\})$$

の関係にあり，両者の次元は等しい．すなわち

$$\dim V_\alpha = \dim V'_\alpha.$$

演習 3　対角化可能な正方行列 A に対し次が成り立つことを，前問の結果から導け．

(1)　定理 5.14 の条件 (c) が成り立つ．

(2)　対角化可能な行列 A の対角化 $P^{-1}AP$ は（本質的に）一意的．すなわち A の固有値のすべて（重複度を込める）を対角成分とするものに限られる．ただし，対角成分の並び順は P の選び方により，いかようにも変わり得る．

演習 4　次の問いに答えよ．

(1)　B を正方行列とする．正則行列 P に対し，PBP^{-1} のベキ $(PBP^{-1})^k$ が PB^kP^{-1} に等しいことを示せ．k は**正整数**[9]とする．

(2)　A を (5.7) の正方行列とする．A の対角化 (5.12) に (1) を適用して，A のベキ A^k を求めよ．

---

[9] 正の（すなわち 0 より大きい）整数．0 以上の整数を自然数と呼ぶのが，現代数学の主流のため，自然数と呼ばずにこう呼んでいる．

第6章

ベクトルの内積と行列

　前章においては $\mathbb{C}^n$ に関し，和とスカラー倍という代数構造のみを考察した．（ベクトル）空間と呼びながら，そこに幾何はなかったのである．本章では，内積という幾何構造まで込めて考察し，$\mathbb{C}^n$ を計量空間と呼ぶ．「郷に入れば郷に従え．」この場合，基底に替えて考えるべきは正規直交基底，正則行列に替えて考えるべきはユニタリ行列になる．すると前章の問題 (I), (II) は次に代わる．(I) A を正方行列とするとき，ユニタリ行列 U をうまく選んで $U^{-1}AU$ が対角行列であるようにできるのは，A がどんな条件を満たすときか．(II) A がその条件を満たすとき，具体的にどのように，ユニタリ行列によって対角化されるか．これらに答えるのが本章の目的である．

　効率性から，本章では係数域を複素数体 $\mathbb{C}$ とし，次章でこれを実数体 $\mathbb{R}$ に制限する．ユークリッド幾何への応用を含む次章の方がとっつきやすいとも考えられるから，まずは本章はざっと見るに留め，次章に飛んで感覚を得てから改めて本章に戻ってもよい．

6.1　ベクトルの内積，正規直交基底

　本章では，係数域（ベクトル，行列の成分やスカラーの範囲）を複素数体 $\mathbb{C}$ とする．複素数を成分とするベクトル，行列をそれぞれ，**複素ベクトル**，**複素行列**と呼ぶ．一方，実数を成分とするそれらを，**実ベクトル**，**実行列**と呼ぶ．

　本章ではまた，i で虚数単位 $\sqrt{-1}$ を表す．混乱を避けるため，添え字に i を用いない．高校で（また 1.5 節でも）学んだように，複素数 $\alpha = a + bi$（a, b は実数）に対し，その複素共役および絶対値を

$$\overline{\alpha} = a - bi, \quad |\alpha| = \sqrt{a^2 + b^2} \ (= \sqrt{\alpha\overline{\alpha}}) \tag{6.1}$$

で表す．

$$\overline{\overline{\alpha}} = \alpha, \quad \overline{\alpha + \beta} = \overline{\alpha} + \overline{\beta}, \quad \overline{\alpha\beta} = \overline{\alpha}\,\overline{\beta}$$

が成り立つことを思い出そう．

> **定義 6.1** $\mathbb{C}^n$ の 2 元, すなわち 2 つの n 次複素ベクトル[1]
>
> $$\boldsymbol{x} = {}^t[x_1, x_2, \ldots, x_n], \quad \boldsymbol{y} = {}^t[y_1, y_2, \ldots, y_n]$$
>
> に対し,
>
> $$(\boldsymbol{x}, \boldsymbol{y}) = x_1\overline{y}_1 + x_2\overline{y}_2 + \cdots + x_n\overline{y}_n \left(= \sum_{k=1}^{n} x_k\overline{y}_k \right) \tag{6.2}$$
>
> と定め, これを $\boldsymbol{x}$ と $\boldsymbol{y}$ の**内積**と呼ぶ. これは複素数である. ベクトル空間 $\mathbb{C}^n$ を, この内積を伴った対象と見るとき, **(複素) 計量空間**と呼ぶ[2].

$\boldsymbol{x}, \boldsymbol{y}$ をさまざま動かすことにより, 内積を, $\mathbb{C}$ に値をもつ 2 変数関数

$$(\text{第 1 変数}, \text{第 2 変数}): \mathbb{C}^n \times \mathbb{C}^n \to \mathbb{C}$$

と見ることができる[3]. これは次の性質をもつ. ただし λ は勝手なスカラー (すなわち複素数) とする.

(i) **第 1 変数に関して線形**:すなわち

$$(\boldsymbol{x}_1 + \boldsymbol{x}_2, \boldsymbol{y}) = (\boldsymbol{x}_1, \boldsymbol{y}) + (\boldsymbol{x}_2, \boldsymbol{y}), \quad (\lambda\boldsymbol{x}, \boldsymbol{y}) = \lambda(\boldsymbol{x}, \boldsymbol{y}).$$

(ii) **第 2 変数に関して半線形**:すなわち

$$(\boldsymbol{x}, \boldsymbol{y}_1 + \boldsymbol{y}_2) = (\boldsymbol{x}, \boldsymbol{y}_1) + (\boldsymbol{x}, \boldsymbol{y}_2), \quad (\boldsymbol{x}, \lambda\boldsymbol{y}) = \overline{\lambda}(\boldsymbol{x}, \boldsymbol{y}).$$

(iii) **エルミート対称性**:すなわち $(\boldsymbol{y}, \boldsymbol{x}) = \overline{(\boldsymbol{x}, \boldsymbol{y})}$.

(iv) **正値かつ非退化**:すなわち, すべての $\boldsymbol{x} \in \mathbb{C}^n$ に対し $(\boldsymbol{x}, \boldsymbol{x}) \geqq 0$. かつ $(\boldsymbol{x}, \boldsymbol{x}) = 0$ を満たすのは零ベクトル $\boldsymbol{x} = \boldsymbol{0}$ に限られる.

問 6.2 性質 (i)–(iii) が成り立つことを確かめよ.

$\boldsymbol{x} = {}^t[x_1, x_2, \ldots, x_n] \in \mathbb{C}^n$ とする. $x_k\overline{x}_k = |x_k|^2$ ゆえ

$$(\boldsymbol{x}, \boldsymbol{x}) = \sum_{k=1}^{n} |x_k|^2.$$

---

[1] ここでもスペース節約のため, 列ベクトルを, 行ベクトルの転置で表している (3.6 節参照).

[2] 内積空間と呼ぶ教科書もある.

[3] 三たびの注意. 変数は variable (変わり得るもの) の訳語. 数でなくてもこう呼ばれる.

これより (iv) が確かめられる．この非負実数[4] の非負平方根を

$$\|\boldsymbol{x}\| = \sqrt{\sum_{k=1}^{n} |x_k|^2}$$

で表し，$\boldsymbol{x}$ の**ノルム**または**長さ**と呼ぶ．スカラー倍 $\lambda\boldsymbol{x}$（λ は複素数）のノルムは

$$\|\lambda\boldsymbol{x}\| = |\lambda|\,\|\boldsymbol{x}\|$$

で与えられる（確かめよ）．

$\boldsymbol{x}, \boldsymbol{y}$ を n 次複素ベクトルとする．

$$(\boldsymbol{x}, \boldsymbol{y}) = 0 \quad \text{または}\,（(\text{iii}) \text{により同値な条件として}）\quad (\boldsymbol{y}, \boldsymbol{x}) = 0$$

が成り立つとき，$\boldsymbol{x}$ と $\boldsymbol{y}$ は互いに**直交**するという．零ベクトル $\boldsymbol{0}$ はどんなベクトルとも直交する．

注意 6.3 次章においては係数域を実数全体 $\mathbb{R}$ とし，内積を実ベクトル空間に制限する．この制限された内積は，実数値関数 $\mathbb{R}^n \times \mathbb{R}^n \to \mathbb{R}$, $(\boldsymbol{x}, \boldsymbol{y}) = \sum_{k=1}^{n} x_k y_k$ になり，上と同じ性質 (i), (iv) および

> (ii)′　**第 2 変数に関しても線形**：すなわち
> $$(\boldsymbol{x}, \boldsymbol{y}_1 + \boldsymbol{y}_2) = (\boldsymbol{x}, \boldsymbol{y}_1) + (\boldsymbol{x}, \boldsymbol{y}_2), \quad (\boldsymbol{x}, \lambda\boldsymbol{y}) = \lambda(\boldsymbol{x}, \boldsymbol{y}).$$
> (iii)′　**対称性**：すなわち $(\boldsymbol{y}, \boldsymbol{x}) = (\boldsymbol{x}, \boldsymbol{y})$.

を満たす．ノルム，直交の定義が実ベクトルに対してもそのまま適用される．$\mathbb{R}^2$ または $\mathbb{R}^3$ においてこれらは（内積の定義とともに高校で，また 1.1 節，1.4 節で，既習であり），実ベクトルを表す矢線ベクトルの長さ，直交として（現実味をもって）定義された．より高次の実ベクトル，あるいは複素ベクトルも，（いわばイメージ図として）矢線ベクトルとして表示する．その長さがベクトルのノルムを表すと理解し，直交する 2 つを表す矢線ベクトルは直角に交わるように図示する．

> **定理 6.4**　計量空間 $\mathbb{C}^n$ において
> $$|(\boldsymbol{x}, \boldsymbol{y})| \leqq \|\boldsymbol{x}\| \cdot \|\boldsymbol{y}\| \quad （\text{コーシー－シュヴァルツの不等式}[5]）$$

---

[4] 負でない実数．すなわち 0 以上の実数．

[5] 不等式の左辺は内積 $(\boldsymbol{x}, \boldsymbol{y})$ の絶対値を表す．この不等式を $-\|\boldsymbol{x}\| \cdot \|\boldsymbol{y}\| \leqq (\boldsymbol{x}, \boldsymbol{y}) \leqq \|\boldsymbol{x}\| \cdot \|\boldsymbol{y}\|$ と表すこともできる．なおこの不等式の名称は，A.-L. Cauchy（フランス 数学者，1789–1857）と H. A. Schwarz（ドイツ 数学者，1843–1921）に因む．

$$\|\boldsymbol{x} + \boldsymbol{y}\| \leqq \|\boldsymbol{x}\| + \|\boldsymbol{y}\| \quad (\text{三角不等式})$$

が成り立つ．コーシー－シュヴァルツの不等式において，等号が成立するのは，$\boldsymbol{x}, \boldsymbol{y}$ が線形従属の場合であって，かつその場合に限られる[6]．

── 例題 6.5 ──

コーシー－シュヴァルツの不等式から三角不等式を導け．

【解答】 (三角不等式の右辺)^2 － (同左辺)^2 が非負であることを見よう．ノルムの定義と内積の性質 (i)–(iii) を用い，

$$(\|\boldsymbol{x}\| + \|\boldsymbol{y}\|)^2 - \|\boldsymbol{x} + \boldsymbol{y}\|^2$$
$$= (\|\boldsymbol{x}\| + \|\boldsymbol{y}\|)^2 - (\boldsymbol{x} + \boldsymbol{y}, \boldsymbol{x} + \boldsymbol{y})$$
$$= \|\boldsymbol{x}\|^2 + \|\boldsymbol{y}\|^2 + 2\|\boldsymbol{x}\| \cdot \|\boldsymbol{y}\| - ((\boldsymbol{x}, \boldsymbol{x}) + (\boldsymbol{y}, \boldsymbol{y}) + (\boldsymbol{x}, \boldsymbol{y}) + \overline{(\boldsymbol{x}, \boldsymbol{y})})$$
$$\geqq 2(\|\boldsymbol{x}\| \cdot \|\boldsymbol{y}\| - |(\boldsymbol{x}, \boldsymbol{y})|) \geqq 0.$$

最後の不等号にコーシー－シュヴァルツの不等式を用い，最後から 2 番目の不等号に

$$(\boldsymbol{x}, \boldsymbol{y}) + \overline{(\boldsymbol{x}, \boldsymbol{y})} = 2\,\mathrm{Re}(\boldsymbol{x}, \boldsymbol{y}) \leqq 2|(\boldsymbol{x}, \boldsymbol{y})|$$

を用いた．ただし，$\mathrm{Re}(\boldsymbol{x}, \boldsymbol{y})$ は $(\boldsymbol{x}, \boldsymbol{y})$ の実部を表す[7]．　　□

注意 6.6　再び $\mathbb{R}^2$ または $\mathbb{R}^3$ において考えよう．この場合，内積 $(\boldsymbol{x}, \boldsymbol{y})$ は実ベクトル $\boldsymbol{x}, \boldsymbol{y}$（を表示する矢線ベクトル）のなす角度 θ を以て $\|\boldsymbol{x}\| \cdot \|\boldsymbol{y}\| \cos \theta$ に一致．コーシー－シュヴァルツの不等式は $|\cos \theta| \leqq 1$ という，自明な不等式に帰着する．三角不等式は $\boldsymbol{x}$, $\boldsymbol{y}, \boldsymbol{x} + \boldsymbol{y}$ を表示する三角形において，2 辺の長さの和が他の 1 辺の長さを超えないことを示している．

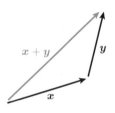

より高次元の $\mathbb{R}^n$，また $\mathbb{C}^n$ においても 2 つの不等式が成り立つということは，内積の定義の正当性を裏づけている．すなわち，これら一般のベクトル空間においても，内積はベクトルの幾何学的量—直観的に，角度と長さ—を表すものと理解でき，それに基づいて幾何学が展開できる．内積を幾何学的構造と呼ぶ所以である．

　章末演習問題 1 は，定理 6.4 の残りの部分（コーシー－シュヴァルツの不等式と等号の成立条件）を，誘導により証明させるものである．

---

[6] すなわち，$|(\boldsymbol{x}, \boldsymbol{y})| = \|\boldsymbol{x}\| \cdot \|\boldsymbol{y}\| \Leftrightarrow \boldsymbol{x}, \boldsymbol{y}$ が線形従属（⇔ 一方のベクトルが他方のスカラー倍）．

[7] $\alpha = a + bi$（a, b は実数）に対し，a をその実部，b を虚部という．この証明では $\alpha + \overline{\alpha} = 2a \leqq 2|\alpha|$ を，$\alpha = (\boldsymbol{x}, \boldsymbol{y})$ の場合に用いている．

定義 6.7 $\boldsymbol{u}_1, \boldsymbol{u}_2, \ldots, \boldsymbol{u}_r$ が，どの2元も互いに直交するような $\mathbb{C}^n$ の非零ベクトルから成るとき，これを $\mathbb{C}^n$ の**直交系**と呼ぶ．下の例題 6.9 (1) で示されるように，これらは必然的に線形独立である．ノルム1のベクトルから成る直交系を**正規直交系**と呼ぶ．$\boldsymbol{u}_1, \boldsymbol{u}_2, \ldots, \boldsymbol{u}_r$ が直交系であれば，$\frac{\boldsymbol{u}_1}{\|\boldsymbol{u}_1\|}$, $\frac{\boldsymbol{u}_2}{\|\boldsymbol{u}_2\|}, \ldots, \frac{\boldsymbol{u}_r}{\|\boldsymbol{u}_r\|}$ は正規直交系になる[8]．上述の線形独立性と注意 2.30 から，n 個のベクトルから成る（正規）直交系は $\mathbb{C}^n$ の基底を成す．これを **（正規）直交基底**と呼ぶ．

例 6.8 基本ベクトル $\boldsymbol{e}_1, \boldsymbol{e}_2, \ldots, \boldsymbol{e}_n$ は $\mathbb{C}^n$ の正規直交基底を成す． □

── 例題 6.9 ──

次を示せ．

(1) $\mathbb{C}^n$ の直交系 $\boldsymbol{u}_1, \boldsymbol{u}_2, \ldots, \boldsymbol{u}_r$ は線形独立である．

(2) $\boldsymbol{u}_1, \boldsymbol{u}_2, \ldots, \boldsymbol{u}_n$ を $\mathbb{C}^n$ の1組の直交基底とする．勝手なベクトル $\boldsymbol{v} \in \mathbb{C}^n$ は，この基底を用い

$$\boldsymbol{v} = \sum_{k=1}^{n} \frac{(\boldsymbol{v}, \boldsymbol{u}_k)}{(\boldsymbol{u}_k, \boldsymbol{u}_k)} \boldsymbol{u}_k \qquad (6.3)$$
$$\left(= \frac{(\boldsymbol{v}, \boldsymbol{u}_1)}{(\boldsymbol{u}_1, \boldsymbol{u}_1)} \boldsymbol{u}_1 + \frac{(\boldsymbol{v}, \boldsymbol{u}_2)}{(\boldsymbol{u}_2, \boldsymbol{u}_2)} \boldsymbol{u}_2 + \cdots + \frac{(\boldsymbol{v}, \boldsymbol{u}_n)}{(\boldsymbol{u}_n, \boldsymbol{u}_n)} \boldsymbol{u}_n \right)$$

と簡潔に表示される．$\boldsymbol{u}_1, \boldsymbol{u}_2, \ldots, \boldsymbol{u}_n$ が正規直交基底であれば，これはなお簡潔に

$$\boldsymbol{v} = \sum_{k=1}^{n} (\boldsymbol{v}, \boldsymbol{u}_k) \boldsymbol{u}_k$$
$$(= (\boldsymbol{v}, \boldsymbol{u}_1)\boldsymbol{u}_1 + (\boldsymbol{v}, \boldsymbol{u}_2)\boldsymbol{u}_2 + \cdots + (\boldsymbol{v}, \boldsymbol{u}_2)\boldsymbol{u}_n)$$

となる．

【解答】 (1) $\sum_{k=1}^{n} c_k \boldsymbol{u}_k = \boldsymbol{0}$ として，すべての係数 c_j が0であることを示す．$1 \leqq j \leqq n$ を固定するとき，$(\boldsymbol{u}_k, \boldsymbol{u}_j) = 0$ $(k \neq j)$ ゆえ

$$0 = (\boldsymbol{0}, \boldsymbol{u}_j) = \left(\sum_{k=1}^{n} c_k \boldsymbol{u}_k, \boldsymbol{u}_j \right) = \sum_{k=1}^{n} c_k (\boldsymbol{u}_k, \boldsymbol{u}_j) = c_j (\boldsymbol{u}_j, \boldsymbol{u}_j). \qquad (6.4)$$

---

[8] どの2元も互いに直交することは容易にわかり，$\left\| \frac{\boldsymbol{u}}{\|\boldsymbol{u}\|} \right\| = \left\| \frac{1}{\|\boldsymbol{u}\|} \boldsymbol{u} \right\| = \frac{1}{\|\boldsymbol{u}\|} \|\boldsymbol{u}\| = 1$.

$\boldsymbol{u}_j \neq \boldsymbol{0}$ より $(\boldsymbol{u}_j, \boldsymbol{u}_j) \neq 0$ ゆえ $c_j = 0$.

(2) 後半は，仮定 $(\boldsymbol{u}_k, \boldsymbol{u}_k) = \|\boldsymbol{u}_k\|^2 = 1$ $(1 \leqq k \leqq n)$ のもと，前半の結果から従う．この仮定をしない前半を示そう．$\boldsymbol{u}_1, \boldsymbol{u}_2, \ldots, \boldsymbol{u}_n$ はとくに基底ゆえ，$\boldsymbol{v} = \sum_{k=1}^{n} c_k \boldsymbol{u}_k$ $(c_k$ はスカラー$)$ と表せる．$1 \leqq j \leqq n$ を固定するとき，(6.4) と同様に

$$(\boldsymbol{v}, \boldsymbol{u}_j) = \sum_{k=1}^{n} c_k(\boldsymbol{u}_k, \boldsymbol{u}_j) = c_j(\boldsymbol{u}_j, \boldsymbol{u}_j). \quad \text{よって } c_j = \frac{(\boldsymbol{v}, \boldsymbol{u}_j)}{(\boldsymbol{u}_j, \boldsymbol{u}_j)}.$$

こうして (6.3) を得る． □

$\mathbb{C}^n$ を計量空間と見るときには，基底に替えて正規直交基底を考えるべきである．さらに，我々の目的（本章序の問題 (I), (II) に答える）に適した正規直交基底を構成する必要がある．この要請に応える，うまい構成法があり（後述の定理 6.12），それは次を原理とする．

命題 6.10 計量空間 $\mathbb{C}^n$ において，直交系 $\boldsymbol{u}_1, \boldsymbol{u}_2, \ldots, \boldsymbol{u}_r$ $(0 < r < n)$ と $\boldsymbol{v} \notin \langle \boldsymbol{u}_1, \boldsymbol{u}_2, \ldots, \boldsymbol{u}_r \rangle$ を満たす（すなわち $\boldsymbol{u}_1, \boldsymbol{u}_2, \ldots, \boldsymbol{u}_r$ の線形結合として表せない）ベクトル $\boldsymbol{v}$ が与えられたとする．

$$\boldsymbol{u} = \boldsymbol{v} - \sum_{k=1}^{r} \frac{(\boldsymbol{v}, \boldsymbol{u}_k)}{(\boldsymbol{u}_k, \boldsymbol{u}_k)} \boldsymbol{u}_k$$

とおくと，$\boldsymbol{u}_1, \boldsymbol{u}_2, \ldots, \boldsymbol{u}_r, \boldsymbol{u}$ は直交系になり，しかも $\langle \boldsymbol{u}_1, \boldsymbol{u}_2, \ldots, \boldsymbol{u}_r, \boldsymbol{v} \rangle$ を生成する．

これは次のようにイメージできる．各 $1 \leqq k \leqq r$ に対し，$\frac{(\boldsymbol{v}, \boldsymbol{u}_k)}{(\boldsymbol{u}_k, \boldsymbol{u}_k)} \boldsymbol{u}_k$ は，$\boldsymbol{v}$ を $\boldsymbol{u}_k$ が張る「直線」へ正射影した結果であって，それらすべてを $\boldsymbol{v}$ から引いた $\boldsymbol{u}$ がすべての $\boldsymbol{u}_k$ と直交するベクトルになる．例題 6.9 (2) の状況では，$\boldsymbol{v}$ がすべての正射影の和であった．

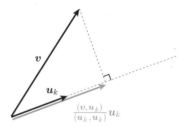

問 6.11 上の命題が成り立つことを確かめよ．

上の命題を繰り返し用いることにより，次の定理が得られる．

定理 **6.12** $\mathbb{C}^n$ の 1 組の基底 $\boldsymbol{v}_1, \ldots, \boldsymbol{v}_n$ が与えられたとき，

$$\boldsymbol{u}_1 = \boldsymbol{v}_1, \, \boldsymbol{u}_2 = \boldsymbol{v}_2 - \frac{(\boldsymbol{v}_2, \boldsymbol{u}_1)}{(\boldsymbol{u}_1, \boldsymbol{u}_1)} \boldsymbol{u}_1, \, \boldsymbol{u}_3 = \boldsymbol{v}_3 - \frac{(\boldsymbol{v}_3, \boldsymbol{u}_1)}{(\boldsymbol{u}_1, \boldsymbol{u}_1)} \boldsymbol{u}_1 - \frac{(\boldsymbol{v}_3, \boldsymbol{u}_2)}{(\boldsymbol{u}_2, \boldsymbol{u}_2)} \boldsymbol{u}_2,$$

$$\ldots, \, \boldsymbol{u}_n = \boldsymbol{v}_n - \sum_{k=1}^{n-1} \frac{(\boldsymbol{v}_n, \boldsymbol{u}_k)}{(\boldsymbol{u}_k, \boldsymbol{u}_k)} \boldsymbol{u}_k$$

とおくと，これらは $\mathbb{C}^n$ の直交基底を成す[9]．従って $\frac{\boldsymbol{u}_1}{\|\boldsymbol{u}_1\|}, \frac{\boldsymbol{u}_2}{\|\boldsymbol{u}_2\|}, \ldots, \frac{\boldsymbol{u}_n}{\|\boldsymbol{u}_n\|}$ は $\mathbb{C}^n$ の正規直交基底を成す.

　基底から（正規）直交基底を構成するこの方法を，グラム－シュミットの直交化法と呼ぶ.

—— 例題 **6.13** ——

　次の 3 つのベクトルは $\mathbb{C}^3$ の基底を成す. グラム－シュミットの直交化法を用いて，これらから $\mathbb{C}^3$ の正規直交基底を構成せよ.

$$\boldsymbol{v}_1 = \begin{bmatrix} 0 \\ -i \\ 1 \end{bmatrix}, \quad \boldsymbol{v}_2 = \begin{bmatrix} i \\ 0 \\ -i \end{bmatrix}, \quad \boldsymbol{v}_3 = \begin{bmatrix} 1 \\ i \\ 0 \end{bmatrix}.$$

【解答】 第 1 段として，$\boldsymbol{u}_1 = \boldsymbol{v}_1 = \begin{bmatrix} 0 \\ -i \\ 1 \end{bmatrix}$ とおく. すると $(\boldsymbol{u}_1, \boldsymbol{u}_1) = 0^2 + 1^2 +$

$1^2 = 2$. 第 2 段として，$\boldsymbol{u}_2 = \boldsymbol{v}_2 - \frac{(\boldsymbol{v}_2, \boldsymbol{u}_1)}{(\boldsymbol{u}_1, \boldsymbol{u}_1)} \boldsymbol{u}_1$ とおく. 計算により

$$\boldsymbol{u}_2 = \begin{bmatrix} i \\ 0 \\ -i \end{bmatrix} - \frac{i \cdot 0 + 0 \cdot i + (-i) \cdot 1}{2} \begin{bmatrix} 0 \\ -i \\ 1 \end{bmatrix} = \begin{bmatrix} i \\ \frac{1}{2} \\ -\frac{i}{2} \end{bmatrix}.$$

また $(\boldsymbol{u}_2, \boldsymbol{u}_2) = 1^2 + \left(\frac{1}{2}\right)^2 + \left(\frac{1}{2}\right)^2 = \frac{3}{2}$. 第 3 段として，$\boldsymbol{u}_3 = \boldsymbol{v}_3 - \frac{(\boldsymbol{v}_3, \boldsymbol{u}_1)}{(\boldsymbol{u}_1, \boldsymbol{u}_1)} \boldsymbol{u}_1 -$

$\frac{(\boldsymbol{v}_3, \boldsymbol{u}_2)}{(\boldsymbol{u}_2, \boldsymbol{u}_2)} \boldsymbol{u}_2$ とおく. 計算により

---

　[9] より詳しく，各 $1 \leqq r \leqq n$ に対し，$\boldsymbol{u}_1, \boldsymbol{u}_2, \ldots, \boldsymbol{u}_r$ が $\langle \boldsymbol{v}_1, \boldsymbol{v}_2, \ldots, \boldsymbol{v}_r \rangle$ の直交基底（定理には，$r = n$ の場合の結果のみ述べてある）. 命題 6.10 の直前で「うまい構成法」と評したのは，この性質を念頭においてのこと.

$$\boldsymbol{u}_3 = \begin{bmatrix} 1 \\ i \\ 0 \end{bmatrix} - \frac{1 \cdot 0 + i \cdot i + 0 \cdot 1}{2} \begin{bmatrix} 0 \\ -i \\ 1 \end{bmatrix} - \frac{1 \cdot (-i) + i \cdot \left(\frac{1}{2}\right) + 0 \cdot \left(\frac{i}{2}\right)}{\frac{3}{2}} \begin{bmatrix} i \\ \frac{1}{2} \\ -\frac{i}{2} \end{bmatrix}$$

$$= \begin{bmatrix} 1 \\ i \\ 0 \end{bmatrix} + \frac{1}{2} \begin{bmatrix} 0 \\ -i \\ 1 \end{bmatrix} + \frac{i}{3} \begin{bmatrix} i \\ \frac{1}{2} \\ -\frac{i}{2} \end{bmatrix} = \frac{2}{3} \begin{bmatrix} 1 \\ i \\ 1 \end{bmatrix}.$$

こうして直交基底 $\boldsymbol{u}_1$, $\boldsymbol{u}_2$, $\boldsymbol{u}_3$ を得る．求めるべき正規直交基底は，これらを自身のノルムで割った[10]

$$\frac{\boldsymbol{u}_1}{\|\boldsymbol{u}_1\|} = \frac{1}{\sqrt{2}} \begin{bmatrix} 0 \\ -i \\ 1 \end{bmatrix}, \quad \frac{\boldsymbol{u}_2}{\|\boldsymbol{u}_2\|} = \frac{1}{\sqrt{6}} \begin{bmatrix} 2i \\ 1 \\ -i \end{bmatrix}, \quad \frac{\boldsymbol{u}_3}{\|\boldsymbol{u}_3\|} = \frac{1}{\sqrt{3}} \begin{bmatrix} 1 \\ i \\ 1 \end{bmatrix}. \qquad \square$$

　後で重要になる注意をしよう．W を $\mathbb{C}^n$ の部分空間とする．W の基底であって，$\mathbb{C}^n$ において（正規）直交系を成すものを，W の（**正規**）**直交基底**と呼ぶ．グラム－シュミットの直交化法を用いて，W の勝手な基底から，W の正規直交基底が構成できる[11]．

6.2　ユニタリ対角化可能性の判定

　列ベクトルたちが $\mathbb{C}^n$ の基底となるような正方行列が，正則行列であった．$\mathbb{C}^n$ を計量空間と見るいま，列ベクトルたちが $\mathbb{C}^n$ の正規直交基底となる正方行列（必然的に正則行列）を考える必要がある．このような行列がどんな行列か明らかにしたい．そのための準備として，行列（正方行列と限らない）$A = [\,a_{ij}\,]$ に対し，その成分をすべて複素共役で置き換えた行列を

$$\overline{A} = [\,\overline{a}_{ij}\,]$$

で表し，A の**複素共役**と呼ぶ．この複素共役の転置行列を

$$A^* = {}^t\overline{A} \tag{6.5}$$

で表し，A の**随伴行列**と呼ぶ．これは A の転置行列 ${}^tA$ の複素共役に等しい．容易にわかるように

---

[10] $\dfrac{\boldsymbol{u}_3}{\|\boldsymbol{u}_3\|}$ を計算するには，${}^t[1, i, 1]$ を自身のノルムで割ればよいことに気づくとラク．

[11] 脚注9) に述べた事実による．

$$\overline{\overline{A}} = A, \quad (A^*)^* = A.$$

また，行列の積 AB が定義できる（すなわち，A の列数 $= B$ の行数の）場合，

$$\overline{AB} = \overline{A}\,\overline{B}, \quad (AB)^* = B^*A^*.$$

問 6.14　上の 2 つの等式が成り立つことを示せ．

問 6.15　次を示せ．ベクトル $\boldsymbol{x}, \boldsymbol{y} \in \mathbb{C}^n$ の内積 $(\boldsymbol{x}, \boldsymbol{y})$ は $\boldsymbol{x}$ の転置 ${}^t\boldsymbol{x}$（$1 \times n$ 行列）と $\boldsymbol{y}$ の複素共役 $\overline{\boldsymbol{y}}$（$n \times 1$ 行列）との積 ${}^t\boldsymbol{x}\overline{\boldsymbol{y}}$ に等しい．すなわち

$$(\boldsymbol{x}, \boldsymbol{y}) = {}^t\boldsymbol{x}\overline{\boldsymbol{y}}. \tag{6.6}$$

右辺は 1×1 行列であるが，カッコを除きこれを複素数と見る．

定義 6.16　n 次複素正方行列 U に関する次の 4 条件は互いに同値である．

(a)　U の列ベクトルたちが $\mathbb{C}^n$ の正規直交基底を成す．

(b)　U は随伴行列を逆行列にもつ．すなわち $U^* = U^{-1}$．

(c)　U が与える線形変換が内積を保つ．すなわち，すべてのベクトル $\boldsymbol{x}$, $\boldsymbol{y} \in \mathbb{C}^n$ に対し，$(U\boldsymbol{x}, U\boldsymbol{y}) = (\boldsymbol{x}, \boldsymbol{y})$ が成り立つ．

(d)　U が与える線形変換がノルムを保つ．すなわち，すべてのベクトル $\boldsymbol{x} \in \mathbb{C}^n$ に対し，$\|U\boldsymbol{x}\| = \|\boldsymbol{x}\|$ が成り立つ．

これらの同値条件を満たす U を，**ユニタリ行列**（unitary matrix）と呼ぶ．

— 例題 6.17 —

　4 条件の同値性に関して，簡単な (a) $\Leftrightarrow$ (b) を示せ（残りを章末演習問題 4 とする）．

【解答】　$U = [\boldsymbol{u}_1 \ \boldsymbol{u}_2 \ \cdots \ \boldsymbol{u}_n]$，すなわち U の第 i 列ベクトルを $\boldsymbol{u}_i$ とする．

$$U^* = \begin{bmatrix} {}^t\overline{\boldsymbol{u}}_1 \\ {}^t\overline{\boldsymbol{u}}_2 \\ \vdots \\ {}^t\overline{\boldsymbol{u}}_n \end{bmatrix}$$ ゆえ $U^*U = [{}^t\overline{\boldsymbol{u}}_i\boldsymbol{u}_j]$．こうして，$U^*U$ の (i,j)-成分 $= {}^t\overline{\boldsymbol{u}}_i\boldsymbol{u}_j$

$(= {}^t\boldsymbol{u}_j\overline{\boldsymbol{u}}_i)$．(6.6) よりこれは $(\boldsymbol{u}_j, \boldsymbol{u}_i)$ に等しい．従って

$$(b) \ \Leftrightarrow \ U^*U = E \ \Leftrightarrow \ (\boldsymbol{u}_j, \boldsymbol{u}_i) = \begin{cases} 1, & i = j \ \text{の場合} \\ 0, & i \neq j \ \text{の場合} \end{cases}$$

$$\Leftrightarrow \ (a). \qquad\qquad\qquad \square$$

── 例題 6.18 ──

次を示せ．ユニタリ行列 U の行列式の絶対値は 1 である．すなわち

$$|\det U| = 1.$$

【解答】　一般に，複素正方行列 A に対し，$\overline{A}$, A^* $(= {}^t\overline{A})$ の行列式はどちらも $\det A$ の複素共役に等しい．すなわち

$$\det \overline{A} = \overline{\det A}, \quad \det A^* = \overline{\det A}.$$

実際，複素数 a, b に対し

$$\overline{a \pm b} = \overline{a} \pm \overline{b}, \quad \overline{ab} = \overline{a}\,\overline{b}$$

が成り立つことを用いると，行列式の定義 (4.3) から第 1 の等式が従う．この結果と 4.2 節で見た行列式の性質 (ii) 転置不変性から，

$$\det A^* = \det({}^t\overline{A}) = \det \overline{A} = \overline{\det A}.$$

こうして第 2 の等式が従う．

さてユニタリ行列 U に対し $E = UU^*$．この両辺の行列式を取る．上の第 2 の等式と，行列式の性質 (0) 単位元を保つ，(v) 積を保つ，を用いて

$$1 = \det U \, \overline{\det U} = |\det U|^2.$$

よって $|\det U| = 1$.　　　　　　　　　　　　　　　　　　　　　□

定義 6.19　正方行列 A に対し，ユニタリ行列 U をうまく選んで U^*AU $(= U^{-1}AU)$ が対角行列であるようにできるとき，A は**ユニタリ行列により対角化可能**である，あるいは短く，**ユニタリ対角化可能**であるという．

本章序の問題 (I) を考えるべきときが来た．その問題はいまや「正方行列 A がユニタリ対角化可能であるための判定条件を求めよ」と言い直せる．これに答えるのが，下の定理 6.21 である．

定義 6.20　随伴行列と**可換**（積が交換可能）であるような―すなわち

$$AA^* = A^*A$$

を満たす―正方行列 A を**正規行列**と呼ぶ．

定理 6.21 ★ n 次複素正方行列 A に対して次が互いに同値になる.

(a) A がユニタリ対角化可能.

(b) A が正規行列.

(c) A の固有値のすべてを $\alpha_1, \alpha_2, \ldots, \alpha_r$ (**重複度を込めない**) とするとき,

 (i) $\mathbb{C}^n = \bigoplus_{k=1}^r V_{\alpha_k}$ が成り立ち, かつ

 (ii) 相異なる固有空間に属すベクトルは互いに直交する. すなわち, $p \neq q$ ならば V_{α_p} に属すベクトルと V_{α_q} に属すベクトルは直交する.

定理 5.14 の (a) ⇔ (b) の「内積を込めたバージョン」が, 上の定理の (a) ⇔ (c) であることに気づいて欲しい.

上の定理を吟味する前に, 正規行列にはどのようなものあるか見よう.

問 6.22 ユニタリ行列は正規行列である. これを確かめよ.

定義 6.23 随伴行列が自身と一致する, すなわち

$$A^* = A$$

を満たす正方行列 A を**エルミート行列**と呼ぶ. これは

$$\begin{bmatrix} a_1 & \alpha \\ \overline{\alpha} & a_2 \end{bmatrix}, \quad \begin{bmatrix} a_1 & \alpha & \beta \\ \overline{\alpha} & a_2 & \gamma \\ \overline{\beta} & \overline{\gamma} & a_3 \end{bmatrix}, \ldots \quad (a_1, a_2, a_3 \text{ は実数})$$

のように,

(i) 対角成分がすべて実数であり,

(ii) それより他の成分で, 対角成分を貫く直線に関し対称の位置にある成分どうしが, 互いに複素共役である

ような正方行列のことである.

┌─ 例題 6.24 ─────────────────────────────
│ 次を示せ. エルミート行列 A は (1) 正規行列であり, (2) その固有値はすべ
│ て実数である.
└─────────────────────────────────────

【解答】 (1) A と $A^*\ (= A)$ は可換（$AA^* = AA = A^*A$）.

(2) α を A の固有値とする. α に関する固有ベクトル $\boldsymbol{v}$ を選ぶと,

$$Av = \alpha v.$$

また ${}^tA = {}^t(A^*) = \overline{A}$ ゆえ

$$ {}^tA\overline{v} = \overline{A}\,\overline{v} = \overline{Av} = \overline{\alpha v} = \overline{\alpha}\,\overline{v}.$$

これらと (6.6) を用いて[12]

$$
\begin{aligned}
\alpha(\boldsymbol{v},\boldsymbol{v}) = (\alpha\boldsymbol{v},\boldsymbol{v}) &= (A\boldsymbol{v},\boldsymbol{v})\\
&= {}^t(A\boldsymbol{v})\overline{\boldsymbol{v}} = {}^t\boldsymbol{v}\,{}^tA\overline{\boldsymbol{v}}\\
&= {}^t\boldsymbol{v}(\overline{\alpha}\,\overline{\boldsymbol{v}}) = \overline{\alpha}(\boldsymbol{v},\boldsymbol{v}).
\end{aligned}
$$

$(\boldsymbol{v},\boldsymbol{v}) \neq 0$ ゆえ $\alpha = \overline{\alpha}$. これは, α が実数であることを意味する. □

定理 6.21 と上の (1) の結果から, エルミート行列はユニタリ対角化可能, とくに
対角化可能. 一般に, 対角化可能な行列 A の対角化 $P^{-1}AP$ に現れる対角成分た
ちは, A の固有値のすべて（重複度を込める）と一致した（前章の脚注 6) を見よ）
から, 上の (2) から次が従う.

┌─────────────────────────────────────
│ 定理 6.25 エルミート行列 A はユニタリ対角化可能であって, ユニタリ行
│ 列による対角化 U^*AU は実対角行列（すなわち実数を成分とする対角行列[13]）
│ になる.
└─────────────────────────────────────

───────────────

[12] 続く等式を示すのに, 一般の複素正方行列に A に対して成り立つ $(A\boldsymbol{x},\boldsymbol{y}) = (\boldsymbol{x},A^*\boldsymbol{y})$（章
末演習問題 3 を見よ）を用いると,

$$\alpha(\boldsymbol{v},\boldsymbol{v}) = (\alpha\boldsymbol{v},\boldsymbol{v}) = (A\boldsymbol{v},\boldsymbol{v}) = (\boldsymbol{v},A^*\boldsymbol{v}) = (\boldsymbol{v},A\boldsymbol{v}) = (\boldsymbol{v},\alpha\boldsymbol{v}) = \overline{\alpha}(\boldsymbol{v},\boldsymbol{v}).$$

[13] 成分がすべて実数であるような xx 行列を実 xx 行列と呼ぶ. xx には「対角」,「正方」,「ユニ
タリ」など, 行列の性質を表す語句が入る.

6.3 実践 ユニタリ対角化の方法

　定理 6.21 を顧みつつ，本章序の問題 (II) に答えよう．A を正規行列とする．定理によりこれは，A がユニタリ対角化可能というのに等しい．5.4 節末に，対角化可能な行列の対角化の方法（3 段 (1)–(3) から成る）を示した．いま A はとくに対角化可能ゆえ，この方法が適用できる．ただし第 2 段 (2) において，各固有空間 V_α の基底 $v_1, v_2, \ldots, v_s$ として，正規直交基底を取るものとする（これが可能なことを言っているのが，6.1 節末の注意）．定理 6.21 により，相異なる固有空間のベクトルは互いに直交する（定理の条件 (c) (ii) を見よ）から，すべての固有値にわたり前述の正規直交基底を寄せ集めると，$\mathbb{C}^n$ の正規直交基底になる．従って，その基底を並べた (5.13) の行列 P はユニタリ行列になり，これによって A は対角化される．

　次の行列を例に取って上の議論をたどろう．

$$A = \begin{bmatrix} 2 & -i & 1 \\ i & 2 & -i \\ 1 & i & 2 \end{bmatrix}$$

これは $A^* = A$ を満たし，すなわちエルミート行列．とくに正規行列ゆえ，定理 6.21 によりユニタリ対角化可能である．固有多項式を計算して $\Phi_A(x) = x(x-3)^2$ を得るから，A の固有値が 0, 3, 3（すべて実数）と求まる（従って，定理 6.25 が言うように，A の対角化は実対角行列になる）．5.4 節の方法を用い，まず固有空間 $V_0 = \mathrm{Ker}(A - 0E)$ の基底を求めよう．計算により $A \, (= A - 0E)$ の階段化

が $\begin{bmatrix} 1 & 0 & 1 \\ 0 & 1 & -i \\ 0 & 0 & 0 \end{bmatrix}$ と求まるから，V_0 の基底として $u = {}^t[-1, i, 1]$ を選べる．同様

に，固有空間 $V_3 = \mathrm{Ker}(A - 3E)$ の基底が，$A - 3E = \begin{bmatrix} -1 & -i & 1 \\ i & -1 & -i \\ 1 & i & -1 \end{bmatrix}$ の階段化

$\begin{bmatrix} 1 & i & -1 \\ 0 & 0 & 0 \\ 0 & 0 & 0 \end{bmatrix}$ から $v = {}^t[1, 0, 1]$, $w = {}^t[-i, 1, 0]$ と選べる．

　それぞれの基底にグラム–シュミットの直交化法を適用する．すると，V_0 の正規直交基底として（V_0 の基底 u を自身のノルムで割った）$u' = \frac{1}{\sqrt{3}} u \, (= \frac{1}{\sqrt{3}} {}^t[-1, i, 1])$ を得る．V_3 の正規直交基底として

$$v, \quad w - \frac{(w, v)}{(v, v)} v = \frac{1}{2} {}^t[-i, 2, i]$$

を自身のノルムで割った,.

$$v' = \frac{1}{\sqrt{2}} v \left(= \frac{1}{\sqrt{2}} {}^t[1, 0, 1] \right), \quad w' = \frac{1}{\sqrt{6}} {}^t[-i, 2, i]$$

を得る. 重要なのは, 6.1 節末の注意の通り, これらがなお固有空間の基底であることである.

　もう 1 つ重要な事実は, A が正規ゆえ, 固有空間 V_0 と V_3 が直交するということ (定理 6.21 の条件 (c) (ii)) である. すなわち, u' と v', また u' と w' とは (直接確かめるまでもなく) 直交する. これにより u', v', w' は $\mathbb{C}^3$ の正規直交基底になる. 換言すれば, これらを並べて得られる

$$U = [\, u' \;\; v' \;\; w' \,] = \begin{bmatrix} -\frac{1}{\sqrt{3}} & \frac{1}{\sqrt{2}} & \frac{i}{\sqrt{6}} \\ \frac{i}{\sqrt{3}} & 0 & \frac{2}{\sqrt{6}} \\ \frac{1}{\sqrt{3}} & \frac{1}{\sqrt{2}} & -\frac{i}{\sqrt{6}} \end{bmatrix}$$

がユニタリ行列になる. 5.4 節同様, u', v', w' が固有ベクトルであることを示す等式 $Au' = 0u', Av' = 3v', Aw' = 3w'$ を**行列表示**して

$$AU = U \begin{bmatrix} 0 & 0 & 0 \\ 0 & 3 & 0 \\ 0 & 0 & 3 \end{bmatrix}.$$

両辺の左から $U^* \, (= U^{-1})$ を乗じて

$$U^* A U = \begin{bmatrix} 0 & 0 & 0 \\ 0 & 3 & 0 \\ 0 & 0 & 3 \end{bmatrix}.$$

こうして, A がユニタリ行列 U により対角化された.

問 6.26　次の A が正規行列であることを確かめたうえで, ユニタリ対角化せよ. (1) における ω は 1 の原始 3 乗根 $\frac{-1+\sqrt{3}i}{2}$ を表す.

$$(1) \quad A = \begin{bmatrix} 1 & \omega^2 & \omega \\ \omega & 1 & \omega^2 \\ \omega^2 & \omega & 1 \end{bmatrix} \qquad (2) \quad A = \begin{bmatrix} 2-i & 0 & i \\ 0 & 1+i & 0 \\ i & 0 & 2-i \end{bmatrix}$$

●●●●●●●●●●●●●●●●● **演 習 問 題** ●●●●●●●●●●●●●●●●●●●●●●●●

演習1　定理 6.4 にある次の (i), (ii) を，下の (1), (2) に答えることで証明せよ.

(i)　コーシー－シュヴァルツの不等式 $|(\boldsymbol{x}, \boldsymbol{y})| \leqq \|\boldsymbol{x}\| \cdot \|\boldsymbol{y}\|$ ；

(ii)　等号（すなわち $|(\boldsymbol{x}, \boldsymbol{y})| = \|\boldsymbol{x}\| \cdot \|\boldsymbol{y}\|$）が成り立つ $\Leftrightarrow$ $\boldsymbol{x}, \boldsymbol{y}$ が線形従属.

(1)　$\boldsymbol{y} = \boldsymbol{0}$ の場合，$|(\boldsymbol{x}, \boldsymbol{y})| = \|\boldsymbol{x}\| \cdot \|\boldsymbol{y}\|$，かつ $\boldsymbol{x}, \boldsymbol{y}$ は線形従属であることを示せ.

(2)　$\boldsymbol{y} \neq \boldsymbol{0}$ の場合，

$$\boldsymbol{z} = \boldsymbol{x} - \frac{(\boldsymbol{x}, \boldsymbol{y})}{\|\boldsymbol{y}\|^2} \boldsymbol{y}$$

とおき，$\|\boldsymbol{z}\|^2 \, (= (\boldsymbol{z}, \boldsymbol{z}))$ を計算し，$\|\boldsymbol{z}\|^2 \geqq 0$ を用いることで (i), (ii) を示せ.

演習2　複素正則行列 A は必ず，ユニタリ行列 U と上三角行列 T の積として $A = UT$ の形に表せることを示せ．ここに

$$\begin{bmatrix} * & * \\ 0 & * \end{bmatrix}, \quad \begin{bmatrix} * & * & * \\ 0 & * & * \\ 0 & 0 & * \end{bmatrix}, \quad \begin{bmatrix} * & * & * & * \\ 0 & * & * & * \\ 0 & 0 & * & * \\ 0 & 0 & 0 & * \end{bmatrix}, \cdots$$

のように，対角成分より下の成分がすべて 0 であるような正方行列を**上三角行列**と呼ぶ.

演習3　次を示せ．n 次複素正則行列 A に対し，その随伴行列 A^* は，すべてのベクトル $\boldsymbol{x}, \boldsymbol{y} \in \mathbb{C}^n$ に対し

$$(A\boldsymbol{x}, \boldsymbol{y}) = (\boldsymbol{x}, A^*\boldsymbol{y})$$

を成り立たせる正方行列として特徴づけられる．すなわち，A^* はこの条件を満たす唯一の正方行列である.

演習4　定義 6.16 に与えられた 4 条件の同値性に関して，(b) $\Leftrightarrow$ (c) $\Leftrightarrow$ (d) を示せ.

演習5　$\mathbb{C}^n$ の部分空間 W に対し，W のすべてのベクトルと直交するようなベクトル全体から成る集合を

$$W^{\perp} = \{\boldsymbol{v} \in \mathbb{C}^n \mid \text{すべての } \boldsymbol{w} \in \mathbb{C}^n \text{ に対し } (\boldsymbol{v}, \boldsymbol{w}) = 0\}$$

とおく．これが W の補空間であること，すなわち

$$\mathbb{C}^n = W \oplus W^{\perp}$$

が成り立つことを示せ．この $W^{\perp}$ を W の**直交補空間**と呼ぶ.

ヒント：演習 2. A の列ベクトルから成る基底に，グラム－シュミットの直交化法を適用せよ.

第 7 章

実対称行列と 2 次曲線・2 次曲面

前章で考察した計量空間の係数域 $\mathbb{C}$ を，本章では $\mathbb{R}$ に制限する．前章の結果からすぐに，実対称行列が直交行列により対角化可能であるという結果を得る．2 変数 x, y に関する 2 次方程式の解 (x, y) を xy-座標平面上の点と見たとき，そのすべてから成る図形を 2 次曲線と呼ぶ．本章で重きを置くのは，上の結果を応用して，与えられた 2 次方程式がどのような曲線を描くか，その判定法を与えることである．各実対称行列に対し，符号と呼ばれる非負整数のペアが定義される．2 次方程式から決まる，2 次と 3 次の実対称行列の符号からその 2 次曲線が判定される．同様の方法が，3 変数 x, y, z の 2 次方程式に対し，その解全体が xyz-座標空間に描く「2 次曲面」を判定するのにも成り立つことが示される．これらの方法は，現代数学のさまざまな場面で現れる「不変量」のアイデアである．実対称行列の符号が，2 次方程式の不変量となって，曲線また曲面が判定されると言い表せる．

7.1　実ベクトルの内積，実対称行列と直交行列

6.1 節と 6.2 節の内容を，係数域を複素数から実数に制限して述べ直そう．すべてより単純になる．

$\mathbb{R}^n$ に属す 2 つのベクトル $\boldsymbol{x} = {}^t[x_1, x_2, \ldots, x_n]$, $\boldsymbol{y} = {}^t[y_1, y_2, \ldots, y_n]$ に対し，

$$(\boldsymbol{x}, \boldsymbol{y}) = x_1 y_1 + x_2 y_2 + \cdots + x_n y_n \left(= \sum_{k=1}^{n} x_k y_k \right) \tag{7.1}$$

と定め，これを $\boldsymbol{x}$ と $\boldsymbol{y}$ の内積と呼ぶ[1]．これは実数である．ベクトル空間 $\mathbb{R}^n$ を，この内積を伴った対象と見るとき，(実) 計量空間と呼ぶ．この内積を，$\mathbb{R}$ に値をもつ 2 変数関数

$$(\text{第 1 変数}, \text{第 2 変数}) \colon \mathbb{R}^n \times \mathbb{R}^n \to \mathbb{R}$$

と見るとき，次が成り立つ．

---

[1] $n = 2, 3$ の場合には 1.1 節，1.4 節ですでに定義されている．

(i) **第1変数に関して線形**：すなわち

$$(\boldsymbol{x}_1 + \boldsymbol{x}_2, \boldsymbol{y}) = (\boldsymbol{x}_1, \boldsymbol{y}) + (\boldsymbol{x}_2, \boldsymbol{y}), \quad (\lambda\boldsymbol{x}, \boldsymbol{y}) = \lambda(\boldsymbol{x}, \boldsymbol{y}).$$

(ii) **第2変数に関して線形**：すなわち

$$(\boldsymbol{x}, \boldsymbol{y}_1 + \boldsymbol{y}_2) = (\boldsymbol{x}, \boldsymbol{y}_1) + (\boldsymbol{x}, \boldsymbol{y}_2), \quad (\boldsymbol{x}, \lambda\boldsymbol{y}) = \lambda(\boldsymbol{x}, \boldsymbol{y}).$$

(iii) **対称性**：すなわち $(\boldsymbol{y}, \boldsymbol{x}) = (\boldsymbol{x}, \boldsymbol{y})$.

(iv) **正値かつ非退化**：すなわち，すべての $\boldsymbol{x} \in \mathbb{R}^n$ に対し $(\boldsymbol{x}, \boldsymbol{x}) \geqq 0$. かつ $(\boldsymbol{x}, \boldsymbol{x}) = 0$ を満たすのは零ベクトル $\boldsymbol{x} = \boldsymbol{0}$ に限られる.

$\boldsymbol{x} = {}^t[x_1, x_2, \ldots, x_n] \in \mathbb{R}^n$ とすると

$$(\boldsymbol{x}, \boldsymbol{x}) = \sum_{k=1}^n x_k^2.$$

これより (iv) が確かめられる. この非負実数の非負2乗根を

$$\|\boldsymbol{x}\| = \sqrt{\sum_{k=1}^n x_k^2}$$

で表し，$\boldsymbol{x}$ の**ノルム**または**長さ**と呼ぶ. スカラー倍 $\lambda\boldsymbol{x}$ $(\lambda \in \mathbb{R})$ のノルムは

$$\|\lambda\boldsymbol{x}\| = |\lambda|\,\|\boldsymbol{x}\|$$

で与えられる. $\boldsymbol{x}, \boldsymbol{y} \in \mathbb{R}^n$ に対して

$$(\boldsymbol{x}, \boldsymbol{y}) = 0 \quad \text{または ((iii) により同値な条件として)} \quad (\boldsymbol{y}, \boldsymbol{x}) = 0$$

が成り立つとき，$\boldsymbol{x}$ と $\boldsymbol{y}$ は互いに**直交**するという（注意 6.3 を見よ）.

計量空間 $\mathbb{R}^n$ において，定理 6.4 にあるのと同じ**コーシー‐シュヴァルツの不等式**と**三角不等式**が成り立つ. これらによって，内積は実ベクトルの幾何学的量—直観的に，角度と長さ—を表すものと理解でき，それに基づいて幾何学が展開できる（注意 6.6 を見よ）.

$\boldsymbol{u}_1, \boldsymbol{u}_2, \ldots, \boldsymbol{u}_r$ $(r > 0)$ が，どの2元も互いに直交するような $\mathbb{R}^n$ の非零ベクトルから成るとき，これを $\mathbb{R}^n$ の**直交系**と呼ぶ. 加えてノルムがすべて1，すなわち $\|\boldsymbol{u}_1\| = \|\boldsymbol{u}_2\| = \cdots = \|\boldsymbol{u}_r\| = 1$ の場合に，これを**正規直交系**と呼ぶ. 直交系は線形独立（例題 6.9 (1) 参照）であり，従って n 個のベクトルから成る（正規）直交系は $\mathbb{R}^n$ の基底を成す. これを**（正規）直交基底**と呼ぶ. 例えば，基本ベクトル $\boldsymbol{e}_1, \boldsymbol{e}_2, \ldots, \boldsymbol{e}_n$ は $\mathbb{R}^n$ の正規直交基底を成す.

定理 6.12 に示された**グラム‐シュミットの直交化法**は，$\mathbb{C}^n$ において与えられた基底から（正規）直交基底を構成する具体的方法であった. これは $\mathbb{R}^n$ においても，

内積を実ベクトルに制限さえすれば成り立つ．．

さて，ユニタリ行列の定義（定義 6.16）を思い出そう．

定義 7.1　実ユニタリ行列（すなわち実数を成分とするユニタリ行列[2]）を**直交行列**という．これは，実正方行列 P であって，P の列ベクトルたちが $\mathbb{R}^n$ の正規直交基底となるもの（n は P の次数）である．この条件は，転置行列 ${}^t P$ を逆行列にもつもの，とも**言い換えられる**．

この言い換えができるのは，実正方行列 P の随伴行列 P^* が転置行列 ${}^t P$ に一致することによる．

── 例題 7.2 ──

次を示せ．

(1)　直交行列 P の行列式は 1 または -1 である．すなわち $\det P = \pm 1$.

(2)　2 次直交行列 P は，その行列式が $1, -1$ のいずれかに従い

$$\begin{bmatrix} \cos\theta & -\sin\theta \\ \sin\theta & \cos\theta \end{bmatrix} \text{（行列式 = 1）}; \quad \begin{bmatrix} \cos\theta & \sin\theta \\ \sin\theta & -\cos\theta \end{bmatrix} \text{（行列式 = -1）}$$

の形をしている．ここに $0 \leqq \theta < 2\pi$.

(3)　上の定義から，3 次直交行列 P は，$\mathbb{R}^3$ の正規直交基底 $\boldsymbol{u}_1, \boldsymbol{u}_2, \boldsymbol{u}_3$ を以て $P = [\boldsymbol{u}_1 \ \boldsymbol{u}_2 \ \boldsymbol{u}_3]$ の形をしている．このとき

$$\det P = 1 \iff \boldsymbol{u}_1, \boldsymbol{u}_2, \boldsymbol{u}_3 \text{ が右手系};$$
$$\det P = -1 \iff \boldsymbol{u}_1, \boldsymbol{u}_2, \boldsymbol{u}_3 \text{ が左手系}.$$

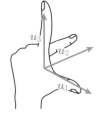

右手系　　　　　　左手系

---

[2] 6 章の脚注 13) を見よ．

【解答】 (1) $E = P\,{}^t\!P$ の両辺の行列式を取る．行列式の性質 (0) 単位元を保つ，(ii) 転置不変性，(v) 積を保つ，を用い $1 = \det E = \det P \det({}^t\!P) = (\det P)^2$. 実行列 P の行列式 $\det P$ は実数ゆえ $\det P = \pm 1$. 別解として例題 6.18 の結果を用いると，P は実ユニタリ行列ゆえ，$\det P$ は実数かつ絶対値 1. すなわち ± 1.

(2) P は $\mathbb{R}^2$ の正規直交基底 $\boldsymbol{u}_1$, $\boldsymbol{u}_2$ を以て $P = [\,\boldsymbol{u}_1\ \boldsymbol{u}_2\,]$ の形をしている．xy-座標平面において，$\boldsymbol{u}_1$, $\boldsymbol{u}_2$ は下のいずれかで表示される．

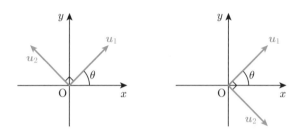

左右の図に書き込んだ角 θ をパラメータとして $\boldsymbol{u}_1$, $\boldsymbol{u}_2$ を表示すれば，P は問題に与えられた左右それぞれの行列となり，行列式を計算すればそれぞれ 1, -1 となる．

(3) xyz-座標空間における表示において，$\boldsymbol{u}_1$, $\boldsymbol{u}_2$, $\boldsymbol{u}_3$ を原点を固定した連続的移動で，正規直交基底である状態を保ったまま，これが右手系であれば $\boldsymbol{e}_1$, $\boldsymbol{e}_2$, $\boldsymbol{e}_3$ にまで，左手系であれば $\boldsymbol{e}_1$, $\boldsymbol{e}_2$, $-\boldsymbol{e}_3$ にまで動かせる．この移動によって行列式の値は連続的に変わる．従って，それが例えば 1 から -1 に飛ぶことはあり得ないから，実際にはずっと 1 または -1 のままである．移動後の状態において $\det[\,\boldsymbol{e}_1\ \boldsymbol{e}_2\ \boldsymbol{e}_3\,] = 1$, $\det[\,\boldsymbol{e}_1\ \boldsymbol{e}_2\ -\boldsymbol{e}_3\,] = -1$ ゆえ，上の主張が成り立つ． $\square$

ここで前章に戻り，エルミート行列の定義 6.23 を見て欲しい．

定義 7.3 実エルミート行列を**実対称行列**という．これは $A = {}^t\!A$ を満たす実正方行列 A，すなわち

$$\begin{bmatrix} a_1 & b \\ b & a_2 \end{bmatrix}, \quad \begin{bmatrix} a_1 & b & c \\ b & a_2 & d \\ c & d & a_3 \end{bmatrix}, \ldots \quad (a_1, a_2, a_3, b, c, d \text{ は実数})$$

のように，(i) 成分がすべて実数であり，(ii) 対角成分を貫く直線に関し対称の位置にある成分どうしが等しい正方行列のことである．

> 定理 **7.4** n 次実正方行列 A に対して次が互いに同値になる.
>
> (a) 直交行列 P をうまく選んで ^tPAP $(= P^{-1}AP)$ が実対角行列である
>   ようにできる（この条件が満たされる場合, A は直交行列により **実対角**
>   **化可能** である, あるいは短く, **直交実対角化可能** であるという）;
>
> (b) A が実対称行列.

例題 7.5

(a) $\Rightarrow$ (b) を証明せよ.

【解答】 (a) を仮定し, 直交行列 P により $D = {}^tPAP$ が実対角行列にできたとする. この等式の左から P を, 右から ^tP $(= P^{-1})$ を掛けて $PD\,{}^tP = A$ を得る. A は実行列 P, D, ^tP の積ゆえ実行列. さらに $^tA = {}^t(PD\,{}^tP) = {}^t({}^tP)\,{}^tD\,{}^tP = PD\,{}^tP = A$ より (b) が従う. $\qquad\square$

7.2 実践 実対称行列の直交実対角化

A を実対称行列とする. すると A はとくにエルミート行列ゆえ, 定理 6.25 から ユニタリ行列 U をうまく選んで U^*AU が実対角行列になるようにできる. この対角行列の対角成分（実数）は A の固有値であり, U は各固有空間の正規直交基底（勝手に選んだ基底からグラム－シュミットの直交化法により得られる）を並べたものであった. いま A は実正方行列であることから, この正規直交基底として実ベクトル（すなわち, 成分がすべて実数であるようなベクトル）から成るものを選ぶことができ, 従って U として直交行列が選べる. こうして定理 7.4 の (a) $\Leftarrow$ (b) が従う.

上の状況を例で追ってみよう. 6.3 節を既習であれば, そこと見比べて欲しい. 例として

$$A = \begin{bmatrix} 2 & -1 & -1 \\ -1 & 2 & -1 \\ -1 & -1 & 2 \end{bmatrix}$$

を取る. これは確かに実対称行列, すなわち実エルミート行列である. とくにエルミート行列ゆえ, 定理 6.25 により, ユニタリ行列 U をうまく選んで U^*AU が実対角行列になるようにできる. ところがいま A が実行列であるため U として実ユ

ニタリ行列, すなわち直交行列が選べるというのである. 実際, 固有多項式を計算して $\Phi_A(x) = x(x-3)^2$ を得て, A の固有値が 0, 3, 3 と求まる. これらは確かに実数である. 5.4 節の方法を用い, 固有空間 $V_0 = \mathrm{Ker}(A - 0E)$ の基底を求めたい. これは実行列 A が与える斉次連立 1 次方程式の基本解を求めることに他ならない. $A \,(= A - 0E)$ の階段化は実行列. 実際, 計算により $\begin{bmatrix} 1 & 0 & -1 \\ 0 & 1 & -1 \\ 0 & 0 & 0 \end{bmatrix}$ と求まるから, V_0 の基底として実ベクトル $\boldsymbol{u} = {}^t[1,1,1]$ を選べる. 同様に, 固有空間 $V_3 = \mathrm{Ker}(A - 3E)$ の基底として実ベクトルが選べる. 実際, 実行列 $A - 3E = \begin{bmatrix} -1 & -1 & -1 \\ -1 & -1 & -1 \\ -1 & -1 & -1 \end{bmatrix}$ の階段化が実行列 $\begin{bmatrix} 1 & 1 & 1 \\ 0 & 0 & 0 \\ 0 & 0 & 0 \end{bmatrix}$ となるから, V_3 の基底として実ベクトル $\boldsymbol{v} = {}^t[1,-1,0]$, $\boldsymbol{w} = {}^t[1,0,-1]$ が選べる.

それぞれの基底にグラム–シュミットの直交化法を適用する. すると, V_0 の正規直交基底 $\boldsymbol{u}' = \frac{1}{\sqrt{3}}\boldsymbol{u} \,(= \frac{1}{\sqrt{3}}{}^t[1,1,1])$ を得る. V_3 の正規直交基底として

$$\boldsymbol{v}, \quad \boldsymbol{w} - \frac{(\boldsymbol{w},\boldsymbol{v})}{(\boldsymbol{v},\boldsymbol{v})}\boldsymbol{v} = \frac{1}{2}{}^t[1,1,-2]$$

を自身のノルムで割った, $\boldsymbol{v}' = \frac{1}{\sqrt{2}}\boldsymbol{v} \,(= \frac{1}{\sqrt{2}}{}^t[1,-1,0])$, $\boldsymbol{w}' = \frac{1}{\sqrt{6}}{}^t[1,1,-2]$ を得る (6.1 節末の注意参照).

固有空間 V_0 と V_3 が直交することは一般論で保証されている (定理 6.21 の条件 (c) (ii)) から, $\boldsymbol{u}'$ と $\boldsymbol{v}'$, また $\boldsymbol{u}'$ と $\boldsymbol{w}'$ とは (直接確かめるまでもなく) 直交する. こうして $\boldsymbol{u}', \boldsymbol{v}', \boldsymbol{w}'$ は $\mathbb{R}^3$ の正規直交基底になる. 換言すれば, これらを並べて得られる

$$P = [\,\boldsymbol{u}' \;\; \boldsymbol{v}' \;\; \boldsymbol{w}'\,] = \begin{bmatrix} \frac{1}{\sqrt{3}} & \frac{1}{\sqrt{2}} & \frac{1}{\sqrt{6}} \\ \frac{1}{\sqrt{3}} & -\frac{1}{\sqrt{2}} & \frac{1}{\sqrt{6}} \\ \frac{1}{\sqrt{3}} & 0 & -\frac{2}{\sqrt{6}} \end{bmatrix}$$

が直交行列になる. 5.4 節同様, $\boldsymbol{u}', \boldsymbol{v}', \boldsymbol{w}'$ が固有ベクトルであることを示す等式

$$A\boldsymbol{u}' = 0\boldsymbol{u}', \quad A\boldsymbol{v}' = 3\boldsymbol{v}', \quad A\boldsymbol{w}' = 3\boldsymbol{w}'$$

を**行列表示**して $AP = P\begin{bmatrix} 0 & 0 & 0 \\ 0 & 3 & 0 \\ 0 & 0 & 3 \end{bmatrix}$. 両辺の左から ${}^tP \,(= P^{-1})$ を掛け

$$^tPAP = \begin{bmatrix} 0 & 0 & 0 \\ 0 & 3 & 0 \\ 0 & 0 & 3 \end{bmatrix}.$$

こうして，A が直交行列 P により実対角化された．

問 7.6　次の実対称行列を直交実対角化せよ．

(1)　$A = \begin{bmatrix} 1 & -2 & -1 \\ -2 & 1 & -1 \\ -1 & -1 & 0 \end{bmatrix}$　(2)　$A = \begin{bmatrix} 2 & -1 & -1 \\ -1 & 2 & -1 \\ -1 & -1 & 2 \end{bmatrix}$

7.3　2　次　曲　線

　ユークリッド平面を $\mathbf{E}^2$ で表す．これにはあらかじめ直交
座標系（軸の名前から xy-座標系）が右図のように与えられて
いて，各点が (x, y) のように，実数 x, y の組，すなわち**座標**
で表される．一般的な点を表すのに，このように座標軸と同
じ記号を用いるのが習慣である．この $\mathbf{E}^2$ は $\mathbb{R}^2$ と自然に対応
する[3]．点 (x, y) とそれに対応するベクトル $\begin{bmatrix} x \\ y \end{bmatrix}$ の間には

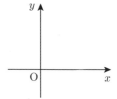

$$x\boldsymbol{e}_1 + y\boldsymbol{e}_2 = \begin{bmatrix} x \\ y \end{bmatrix}$$

の関係がある．ここで単位ベクトル $\boldsymbol{e}_1 = \begin{bmatrix} 1 \\ 0 \end{bmatrix}$, $\boldsymbol{e}_2 = \begin{bmatrix} 0 \\ 1 \end{bmatrix}$ を用いた．別の（長さ
の単位は変わらない）直交座標系（XY-座標系）は

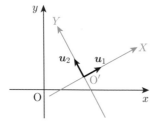
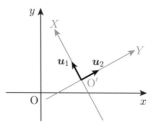

---

[3] $\mathbf{E}^2$ と $\mathbb{R}^2$ を同一視もできる（1 章ではそうした）．しかし，$\mathbf{E}^2$ の上に与えられた図形を，直
交座標系を取り換えてより簡単に表示する目的のために，区別しておくのがよい．

に与えられているような，原点 O′ と $\mathbb{R}^2$ の正規直交基底 $\boldsymbol{u}_1$, $\boldsymbol{u}_2$ で定まる．$\mathbf{E}^2$ 上
のある点が，それぞれの座標で (x, y), (X, Y) と表されたとすると

$$xe_1 + ye_2 = Xu_1 + Yu_2 + \overrightarrow{OO'} \tag{7.2}$$

が成り立つ．ここに，$\overrightarrow{OO'}$ は点 O′ の xy-座標に対応するベクトルである[4].

$$P = [\boldsymbol{u}_1 \ \boldsymbol{u}_2], \quad \boldsymbol{d} = \overrightarrow{OO'}$$

とおく．P は 2 次直交行列である．(7.2) は次のように書き換えられる．

$$\begin{bmatrix} x \\ y \end{bmatrix} = P \begin{bmatrix} X \\ Y \end{bmatrix} + \boldsymbol{d}. \tag{7.3}$$

これは直交座標の変換公式であるが，このような座標変換または変換公式そのもの
を**ユークリッド変換**と呼ぶ．

　さて

$$2x^2 - 4xy - y^2 - x - 4y - 2$$

のような 2 変数の実数係数 2 次多項式[5]を，本章では 2 次式と呼ぶ．それに = 0 を
付して得られる方程式，例えば

$$2x^2 - 4xy - y^2 - x - 4y - 2 = 0 \tag{7.4}$$

の解 (x, y) を xy-座標系の点と見て，そのような点全体が描く図形（方程式の**グラ
フ**という），および方程式そのものを**2 次曲線**と呼ぶ．高等学校で習った，楕円，双
曲線，放物線はみな 2 次曲線である．

楕円　　　　　　　　放物線　　　　　　　　双曲線

本節第 1 の目的として，2 次曲線が本質的にこれらに限られること，もう少し正確
には下の (7.9) にリストアップされたものに限られることを見る．

---

[4] ベクトルと矢線ベクトルを区別した 1 章の見地からは，矢線ベクトル $\overrightarrow{OO'}$ を表示としてもつ
ベクトルをこの記号で表している．

[5] 変数 x, y をともに 1 次とし，それらの積に応じて次数を加算する．x^2, xy, y^2 は 2 次．これ
より大きい次数の項が存在しないから，これは 2 次多項式である．

例 **7.7** 　2次曲線 (7.4) が何かを見るため，左辺の2次式の2次の部分が

$$2x^2 - 4xy - y^2 = \begin{bmatrix} x & y \end{bmatrix} \begin{bmatrix} 2 & -2 \\ -2 & -1 \end{bmatrix} \begin{bmatrix} x \\ y \end{bmatrix} \tag{7.5}$$

と表せることに注目する．ここに現れた2次正方行列は，x^2, y^2 の係数が対角成分として並び，残りの（余りの）いわば「余対角」に，xy の係数 -4 を2で割った -2 が並ぶ実対称行列である．簡単な計算により，これは直交行列 $P = \frac{1}{\sqrt{5}} \begin{bmatrix} 2 & 1 \\ -1 & 2 \end{bmatrix}$ によって

$$^{t}P \begin{bmatrix} 2 & -2 \\ -2 & -1 \end{bmatrix} P = \begin{bmatrix} 3 & 0 \\ 0 & -2 \end{bmatrix}$$

と対角化できる（前2節を見よ）．従って，ユークリッド変換

$$\begin{bmatrix} x \\ y \end{bmatrix} = P \begin{bmatrix} x' \\ y' \end{bmatrix} \quad \left(= \frac{1}{\sqrt{5}} \begin{bmatrix} 2x' + y' \\ -x' + 2y' \end{bmatrix} \right)$$

により，(7.5) は

$$^{t}\left(P \begin{bmatrix} x' \\ y' \end{bmatrix} \right) \begin{bmatrix} 2 & -2 \\ -2 & -1 \end{bmatrix} \left(P \begin{bmatrix} x' \\ y' \end{bmatrix} \right) = \begin{bmatrix} x' & y' \end{bmatrix} {}^{t}P \begin{bmatrix} 2 & -2 \\ -2 & -1 \end{bmatrix} P \begin{bmatrix} x' \\ y' \end{bmatrix}$$

$$= \begin{bmatrix} x' & y' \end{bmatrix} \begin{bmatrix} 3 & 0 \\ 0 & -2 \end{bmatrix} \begin{bmatrix} x' \\ y' \end{bmatrix} = 3x'^2 - 2y'^2$$

となり，(7.4) の左辺は

$$3x'^2 - 2y'^2 - \frac{1}{\sqrt{5}}(2x' + y') - \frac{4}{\sqrt{5}}(-x' + 2y') - 2$$

$$= 3x'^2 - 2y'^2 + \frac{2}{\sqrt{5}}x' - \frac{9}{\sqrt{5}}y' - 2$$

$$= 3\left(x' + \frac{1}{3\sqrt{5}} \right)^2 - 2\left(y' + \frac{9}{4\sqrt{5}} \right)^2 - \frac{1}{24}$$

となる．このように平方完成をし，ユークリッド変換 $x' + \frac{1}{3\sqrt{5}} = X$, $y' + \frac{9}{4\sqrt{5}} = Y$ によって1次の項を消す．結局，ユークリッド変換[6]

$$\begin{bmatrix} x \\ y \end{bmatrix} = P \begin{bmatrix} x' \\ y' \end{bmatrix} = P \begin{bmatrix} X - \frac{1}{3\sqrt{5}} \\ Y - \frac{9}{4\sqrt{5}} \end{bmatrix} = P \begin{bmatrix} X \\ Y \end{bmatrix} - P \begin{bmatrix} \frac{1}{3\sqrt{5}} \\ \frac{9}{4\sqrt{5}} \end{bmatrix}$$

---

[6] 何回かのユークリッド変換を施した結果は，最初の座標系からのユークリッド変換である．これは，この種の変換が直交座標系の取り替えを意味することから従う．

により, (7.4) は

$$3X^2 - 2Y^2 - \frac{1}{24} = 0 \tag{7.6}$$

となる. これは双曲線である. □

例 7.8 別の例として, 2 次曲線

$$x^2 + xy + y^2 + 8x - y = 0 \tag{7.7}$$

を考えよう. 前の例と同様に, 実対称行列の直交対角化を応用して, xy の項を消す. 直交行列 $P = \frac{1}{\sqrt{2}} \begin{bmatrix} 1 & -1 \\ 1 & 1 \end{bmatrix}$ を用いたユークリッド変換

$$\begin{bmatrix} x \\ y \end{bmatrix} = P \begin{bmatrix} x' \\ y' \end{bmatrix} \quad \left(= \frac{1}{\sqrt{2}} \begin{bmatrix} x' - y' \\ x' + y' \end{bmatrix} \right)$$

により, 左辺の 2 次式の 2 次部分は

$$\begin{bmatrix} x & y \end{bmatrix} \begin{bmatrix} 1 & 1 \\ 1 & 1 \end{bmatrix} \begin{bmatrix} x \\ y \end{bmatrix} = \begin{bmatrix} x' & y' \end{bmatrix} {}^t\!P \begin{bmatrix} 1 & 1 \\ 1 & 1 \end{bmatrix} P \begin{bmatrix} x' \\ y' \end{bmatrix}$$

$$= \begin{bmatrix} x' & y' \end{bmatrix} \begin{bmatrix} 2 & 0 \\ 0 & 0 \end{bmatrix} \begin{bmatrix} x' \\ y' \end{bmatrix} = 2x'^2$$

となり, 2 次式自体は

$$2x'^2 + \frac{8}{\sqrt{2}}(x' - y') - \frac{1}{\sqrt{2}}(x' + y') = 2\left(x' + \frac{7}{4\sqrt{2}}\right)^2 - \frac{9}{\sqrt{2}}\left(y' + \frac{49}{72\sqrt{2}}\right)$$

となる. 平方完成により x' の項が消せる. y'^2 の項はない (すなわち 2 次部分を与える実対称行列の固有値の一方が零である) が, その代わり残った y' の項とくくることで定数項が消せる. すなわち, ユークリッド変換

$$\begin{bmatrix} x \\ y \end{bmatrix} = P \begin{bmatrix} x' \\ y' \end{bmatrix} = P \begin{bmatrix} X - \frac{7}{4\sqrt{2}} \\ Y - \frac{49}{72\sqrt{2}} \end{bmatrix} = P \begin{bmatrix} X \\ Y \end{bmatrix} - P \begin{bmatrix} \frac{7}{4\sqrt{2}} \\ \frac{49}{72\sqrt{2}} \end{bmatrix}$$

により, 2 次曲線 (7.7) は

$$2X^2 - \frac{9}{\sqrt{2}}Y = 0$$

となる. これは放物線である. □

一般の 2 次曲線は

$$ax^2 + 2hxy + by^2 + 2gx + 2fy + c = 0 \tag{7.8}$$

の形をしている. 左辺が 2 次式であるために, a, h, b のうち少なくとも 1 つは 0 と異なるとする. u を非零実数とするとき, 上の方程式の左辺を u 倍した

$$aux^2 + 2huxy + buy^2 + 2gux + 2fuy + cu = 0$$

は (7.8) と同値な方程式であって, 両者のグラフは一致する. しかし $u \neq 1$ である限り, 2 つの方程式およびグラフを区別することにする. 換言すれば, 方程式あるいはそのグラフを, それらを与える 2 次式と同一視することにする.

さて, 上の 2 つの例で見たようにすれば, (7.8) は適当なユークリッド変換で次のいずれかのタイプの簡単な形になる.

> (I)　$\alpha X^2 + \beta Y^2 + \gamma = 0$
>
> (II)　$\alpha X^2 + 2\delta Y = 0$
>
> (III)　$\alpha X^2 + \beta Y^2 = 0$
>
> (IV)　$\alpha X^2 + \mu = 0$

ここに $\alpha\beta\gamma\delta \neq 0$. すなわち, $\alpha, \beta, \gamma, \delta$ はいずれも 0 と異なる. これらの形の 2 次曲線を**標準形**の 2 次曲線と呼び, 一般の 2 次曲線をユークリッド変換により標準形にした場合, それをもとの 2 次曲線の**標準形**と呼ぶ[7]. 標準形の 2 次曲線がどのようであるかが, 次のように ((I), (III), (IV) はさらに場合分けされ) わかる.

> (I)　α, β が同符号の場合, (i) γ がこれらと異符号であれば楕円, (ii) 同符号であれば空集合. 他方 (iii) α, β が異符号の場合, 双曲線.
>
> (II)　放物線.
>
> (III)　α, β が (i) 異符号の場合, 交わる 2 直線, (ii) 同符号の場合, 1 点.
>
> (IV)　$\mu \neq 0$ の場合, (i) α, μ が異符号であれば, 平行 2 直線, (ii) 同符号であれば, 空集合. 他方 (iii) $\mu = 0$ の場合, 1 直線.

以上より, 2 次曲線はその標準形が, (I-i), (I-iii), (II), (III-i), (IV-i), (IV-iii), (III-ii), (I-ii), (IV-ii) の 9 個のケースのどれであるかに応じて,

---

[7] 2 次曲線の標準形は 1 つに決まるとは限らない. 例えば, ある 2 次曲線が $X^2 + 2Y^2 - 3 = 0$ を標準形にもてば, X-軸と Y-軸を入れ替えて得られる $2X^2 + Y^2 - 3 = 0$ も標準形にもつ. また, 別の 2 次曲線が $X^2 - Y = 0$ を標準形にもてば, Y-軸の向きを逆にして得られる $X^2 + Y = 0$ も標準形にもつ. しかし, 標準形のこのような違いは, いま例に見たような, 座標軸の入れ換えと座標軸の向きの反転によるものに限られる.

(I-i) 楕円,　(I-iii) 双曲線,　(II) 放物線,

(III-i) 交わる 2 直線,　(IV-i) 平行 2 直線,

(IV-iii) 1 直線,　(III-ii) 1 点,　　　　　　　　　　　　　(7.9)

(I-ii), (IV-ii) 空集合

のいずれかである．これらのうち最上段にある 3 つを**非退化 2 次曲線**と呼び，第 2 段と第 3 段のものを**退化 2 次曲線**，最下段のものを**虚 2 次曲線**と呼ぶ．

問 7.9　次の 2 次曲線に関し，その標準形を求め，リスト (7.9) のうちのどれであるか答えよ．

(1)　$5x^2 + 2xy + 5y^2 - 6x + 18y + 9 = 0$

(2)　$2x^2 + 4xy - y^2 - 20x - 8y + 48 = 0$

(3)　$4x^2 - 4xy + y^2 + 10x - 10y - 1 = 0$

本節第 2 の目的は次の問題に答えることである．

> **問題**　与えられた 2 次曲線が，リスト (7.9) のうちのどれであるかを，上の例のように具体的に式変形せずとも判定することはできないだろうか？

実対称行列に対し定義される**符号**を用いてこの判定が可能なことを，以下示す．まず，(7.8) の左辺の 2 次式に応じ，2 次および 3 次の実対称行列を

$$A = \begin{bmatrix} a & h \\ h & b \end{bmatrix}, \ \tilde{A} = \begin{bmatrix} a & h & g \\ h & b & f \\ g & f & c \end{bmatrix}$$

と定める．$\tilde{A}$ は A を拡張した行列であって，左上部に A を含む．A は非零，すなわち零行列と異なる．この A を $\tilde{A}$ の**主要部**と呼ぶ．記号 $\tilde{A}$ は 4.3 節で導入した，A の余因子行列を表す記号と一致するため紛らわしいが，大半の教科書に倣いこの記号を用いる．また，変数を成分にもつ 2 次および 3 次ベクトルを

$$\boldsymbol{x} = \begin{bmatrix} x \\ y \end{bmatrix}, \ \tilde{\boldsymbol{x}} = \begin{bmatrix} x \\ y \\ 1 \end{bmatrix}$$

と定める．すると，(7.8) の左辺の 2 次式の 2 次の部分が

$$ax^2 + 2hxy + by^2 = {}^t\boldsymbol{x} A \boldsymbol{x} \ \left(= [x \ y] A \begin{bmatrix} x \\ y \end{bmatrix} \right) \tag{7.10}$$

により，2 次式自体が

$$ax^2 + 2hxy + by^2 + 2gx + 2fy + c = {}^t\tilde{\boldsymbol{x}}\tilde{A}\tilde{\boldsymbol{x}} \left(= [x \ \ y \ \ 1]\tilde{A} \begin{bmatrix} x \\ y \\ 1 \end{bmatrix} \right) \tag{7.11}$$

により与えられることが計算で確かめられる．これに基づき，$\tilde{A}$ を 2 次曲線 (7.8) に**対応**する行列，(7.8) を $\tilde{A}$ に**対応**する 2 次曲線と呼ぶ．A を $\tilde{A}$ の主要部と呼ぶのは，2 次式の主要部（2 次の部分）が (7.10) のように A で与えられることによる．

　一般の 3 次実対称行列 B に対して，その左上部の 2 次実対称行列を（零行列であっても）B の主要部と呼ぼう．このような B に対し，本質的に (7.11) と同じ ${}^t\tilde{\boldsymbol{x}}B\tilde{\boldsymbol{x}}$ により 2 次以下の多項式が与えられる．これにより，非零主要部をもつ 3 次実対称行列全体と 2 次式（従って 2 次曲線）全体とが 1 対 1 に対応する．上で「対応する」と言ったのは，この対応を指す．

　さて一般のユークリッド変換 (7.3) が

$$\begin{bmatrix} x \\ y \\ 1 \end{bmatrix} = \tilde{P} \begin{bmatrix} X \\ Y \\ 1 \end{bmatrix} \tag{7.12}$$

と書き直せることに注意しよう．ここに

$$\tilde{P} = \begin{bmatrix} P & \boldsymbol{d} \\ O & 1 \end{bmatrix} \tag{7.13}$$

とする．この左下部は 1×2 型零行列を表し，従って $\tilde{P}$ の第 3 行には左から順に $0, 0, 1$ が並ぶ．$\boldsymbol{d} = \boldsymbol{0}$ でない限り，この $\tilde{P}$ は対称行列ではない．しかし $\tilde{P}$ は正則行列である．実際，行列式を見て $|\tilde{P}| = |P| = \pm 1 \neq 0$（例題 4.6 と例題 7.2 (1) を見よ）．

命題 7.10　${}^t\tilde{P}\tilde{A}\tilde{P}$ は 3 次実対称行列であり，${}^tPAP$ を主要部にもつ．$\tilde{A}$ に対応する 2 次曲線は，ユークリッド変換 (7.12) により，${}^t\tilde{P}\tilde{A}\tilde{P}$ に対応する 2 次曲線になる．

　計算によりわかるように，この命題の前半は主要部 A が零行列であっても成り立つ．後半は，(7.11) に (7.12) を代入した結果が

$$[X \ \ Y \ \ 1]\,{}^t\tilde{P}\tilde{A}\tilde{P} \begin{bmatrix} X \\ Y \\ 1 \end{bmatrix}$$

であることを意味し，実際これは容易に確かめられる.

ここで一般に，B を n 次実対称行列とする. B は重複度を込めてちょうど n 個の固有値をもち，それらはすべて実数であった（前 2 節を見よ）. そのうち正の実数が p 個，負の実数が q 個（従って 0 が $n - p - q$ 個）であるとする.

定義 7.11 こうして定まる非負整数のペア (p, q) を，B の**符号**（signature）と呼び

$$\mathrm{sgn}\, B = (p, q)$$

で表す.

4.6 節に現れた「置換の符号」と用語が重なるが，別物である.

さてここで，標準形の 2 次曲線を与える 3 次実対称行列の符号を決定する. その種の 3 次実対称行列は，先のタイプ (I)–(IV) に応じ次で与えられる.

$$(\text{I})\begin{bmatrix} \alpha & 0 & 0 \\ 0 & \beta & 0 \\ 0 & 0 & \gamma \end{bmatrix} \quad (\text{II})\begin{bmatrix} \alpha & 0 & 0 \\ 0 & 0 & \delta \\ 0 & \delta & 0 \end{bmatrix} \quad (\text{III})\begin{bmatrix} \alpha & 0 & 0 \\ 0 & \beta & 0 \\ 0 & 0 & 0 \end{bmatrix} \quad (\text{IV})\begin{bmatrix} \alpha & 0 & 0 \\ 0 & 0 & 0 \\ 0 & 0 & \mu \end{bmatrix}$$

ここに $\alpha\beta\gamma \neq 0$. 先の 9 個のケースごとに，3 次実対称行列の符号 $(\tilde{p}, \tilde{q})$ と主要部の符号 (p, q) は次のようになる. (II) の場合の結果は，この実対称行列の固有値が $\alpha, \delta, -\delta$ であることから従う.

$$(\text{I-i})\begin{cases} (p, q) = (2, 0) \\ (\tilde{p}, \tilde{q}) = (2, 1) \end{cases} \text{または} \begin{cases} (p, q) = (0, 2) \\ (\tilde{p}, \tilde{q}) = (1, 2) \end{cases}$$

この「または」の後は，前のものの左右の成分を入れ替えた結果（この入れ替えは，実対称行列，または対応する 2 次式を負の実数倍することに相当）である. 以下，この左右の成分を入れ替えたものを省略し書かない.

$$(\text{I-ii})\begin{cases} (p, q) = (2, 0) \\ (\tilde{p}, \tilde{q}) = (3, 0) \end{cases} \quad (\text{I-iii})\begin{cases} (p, q) = (1, 1) \\ (\tilde{p}, \tilde{q}) = (2, 1) \end{cases}$$

$$(\text{II})\begin{cases} (p, q) = (1, 0) \\ (\tilde{p}, \tilde{q}) = (2, 1) \end{cases}$$

$$(\text{III-i})\begin{cases} (p, q) = (1, 1) \\ (\tilde{p}, \tilde{q}) = (1, 1) \end{cases} \quad (\text{III-ii})\begin{cases} (p, q) = (2, 0) \\ (\tilde{p}, \tilde{q}) = (2, 0) \end{cases}$$

$$(\text{IV-i})\begin{cases} (p, q) = (1, 0) \\ (\tilde{p}, \tilde{q}) = (1, 1) \end{cases} \quad (\text{IV-ii})\begin{cases} (p, q) = (1, 0) \\ (\tilde{p}, \tilde{q}) = (2, 0) \end{cases} \quad (\text{IV-iii})\begin{cases} (p, q) = (1, 0) \\ (\tilde{p}, \tilde{q}) = (1, 0) \end{cases}$$

考察 7.12　2 つのケースにまたがって，データ (p, q), $(\tilde{p}, \tilde{q})$ が 2 つとも同一であるようなことは起きていない[8]．従って，標準形の 2 次曲線に対しては，対応する 3 次実対称行列が与える，それら 2 つのデータさえ見れば，その 2 次曲線が何か判定できる．　　　　　　　　　　　　　　　　　　　　　　　　　　　□

ここの「標準形の 2 次曲線」から「標準形の」という制限を外せることが，次の命題 7.13 からわかり，その結果，下の定理 7.14 を得る．

命題 7.13　3 次実対称行列 $\tilde{A}$ とその主要部 A の符号はユークリッド変換で保たれる．正確には，(7.13) にあるような $\tilde{P} = \begin{bmatrix} P & \boldsymbol{d} \\ O & 1 \end{bmatrix}$ に対し

$$\operatorname{sgn} A = \operatorname{sgn}({}^t P A P), \quad \operatorname{sgn} \tilde{A} = \operatorname{sgn}({}^t \tilde{P} \tilde{A} \tilde{P}) \qquad (7.14)$$

が成り立つ．主要部に関しては，固有値が保たれる．すなわち，A と ${}^t P A P$ の固有値は重複度まで込めて一致する．

この命題の後半は，${}^t P = P^{-1}$ に注意すると，5 章の章末演習問題 2 (1) にある事実—A と $P^{-1} A P$ の固有多項式が一致する—から従う．前半の証明に関しては，章末演習問題 4 を見よ．

定理 7.14　与えられた 2 次曲線がリスト (7.9) にあるどれかは，対応する 3 次実対称行列 $\tilde{A}$ とその主要部 A の符号

$$(\tilde{p}, \tilde{q}) = \operatorname{sgn} \tilde{A}, \quad (p, q) = \operatorname{sgn} A \qquad (7.15)$$

を見ればわかる．これらが上の 9 個のケースのいずれであるかに応じて，(7.9) から図形を選べばよい．

注意 7.15　P を 2 次の正則行列として (7.3) によって与えられる変数変換を**アフィン変換**という．ユークリッド変換はとくにアフィン変換である．実は命題 7.13 より一般に，3 次実対称行列 $\tilde{A}$ とその主要部 A の符号はアフィン変換で保たれる．すなわち，(7.14) の 2 つの等式は P が正則行列であっても成り立つ．(7.15) にある符号を求めるのに，行列の固有

---

[8] 各タイプ内で 2 つのデータを比べればよい．なぜなら，非零固有値の個数を n $(= p + q)$, $\tilde{n}$ $(= \tilde{p} + \tilde{q})$ とおくと，$(n, \tilde{n})$ はタイプごとに異なるから．実際，(I) $(2, 3)$, (II) $(1, 3)$, (III) $(2, 2)$, (IV) $(1, 1)$ または $(1, 2)$，というように．

値を計算して求めるのは一般に厄介だが，いま述べた一般的事実に基づいて，次のように，いわゆる**ラグランジュの方法**を用いると比較的易しい．2 次曲線 (7.4) を例に取る．左辺を平方完成を繰り返し用いて変形すると

$$2x^2 - 4xy - y^2 - x - 4y - 2 = 2(x-y)^2 - 3y^2 - (x-y) - 5y - 2$$

$$= 2\left((x-y) - \frac{1}{4}\right)^2 - 3\left(y + \frac{5}{6}\right)^2 - \frac{1}{24}.$$

これより (7.4) は，正則行列 $Q = \begin{bmatrix} 1 & -1 \\ 0 & 1 \end{bmatrix}$ を用いたアフィン変換

$$\begin{bmatrix} X \\ Y \end{bmatrix} = \begin{bmatrix} x-y \\ y \end{bmatrix} + \begin{bmatrix} -\frac{1}{4} \\ \frac{5}{6} \end{bmatrix} = Q\begin{bmatrix} x \\ y \end{bmatrix} + \begin{bmatrix} -\frac{1}{4} \\ \frac{5}{6} \end{bmatrix},$$

すなわち

$$\begin{bmatrix} x \\ y \end{bmatrix} = Q^{-1}\begin{bmatrix} X \\ Y \end{bmatrix} - Q^{-1}\begin{bmatrix} -\frac{1}{4} \\ \frac{5}{6} \end{bmatrix}$$

により

$$2X^2 - 3Y^2 - \frac{1}{24} = 0$$

となる．上の一般的事実より，これに対応する実対称行列の符号を見ればよく[9]，$(p, q) = (1.1)$, $(\tilde{p}, \tilde{q}) = (1, 2)$．これらは確かに，(7.6) に対応する実対称行列の符号と一致する．なお，章末演習問題 1 に見るように，（すべてではないが）多くの場合に適用できる，2 次曲線の標準形を与える公式がある．

　数学の 1 つの手法として，ある範囲の数学的対象を知るのに，個々の間の非本質的な違いを無視し，その違いで変わらないデータを抽出して，そのデータのみからもとの対象を知る方法がある．このデータをもとの対象の**不変量**と呼ぶ．本節では，すべての 2 次曲線を知るのに，ユークリッド変換による「表示」の違いを無視し，この種の変換（上の注意で見たように，実はアフィン変換）により不変な，実対称行列の符号という不変量を得た．この不変量は，2 次曲線が (7.9) のうちのどれかを完璧に言い当てる，優れものであった．

---

[9] この最後の方程式が双曲線を与えることから，実対称行列の符号を見るまでもなく，(7.4) が双曲線であることがわかる．アフィン変換が与える $\mathbf{E}^2$ の座標系は，直交座標系と限らない．しかし，そのような座標系から見ても，2 次曲線（の形状は変形しても，それ）が (7.9) のうちのどのタイプかは変わらない．

7.4 2 次 曲 面

本節では，前節の内容が 3 次元へと自然に拡張されることを見よう．

3 次元ユークリッド平面を $\mathbf{E}^3$ で表す．これにはあらかじめ直交座標系（軸の名前から xyz-座標系）が右図のように与えられている．この $\mathbf{E}^3$ は $\mathbb{R}^3$ と自然に対応する．$\mathbf{E}^3$ 上の点 (x, y, z) とそれに対応するベクトル $\begin{bmatrix} x \\ y \\ z \end{bmatrix}$ の間の関係は，単位ベクトル $\boldsymbol{e}_1 = \begin{bmatrix} 1 \\ 0 \\ 0 \end{bmatrix}$, $\boldsymbol{e}_2 = \begin{bmatrix} 0 \\ 1 \\ 0 \end{bmatrix}$, $\boldsymbol{e}_3 = \begin{bmatrix} 0 \\ 0 \\ 1 \end{bmatrix}$ を用いて

$$x\boldsymbol{e}_1 + y\boldsymbol{e}_2 + z\boldsymbol{e}_3 = \begin{bmatrix} x \\ y \\ z \end{bmatrix}$$

で与えられる．別の（長さの単位は変わらない）直交座標系（XYZ-座標系）は

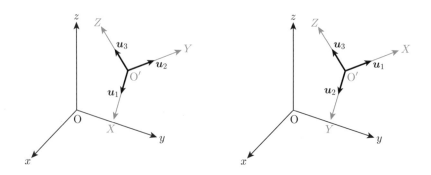

に与えられているような，原点 O' と $\mathbb{R}^3$ の正規直交基底 $\boldsymbol{u}_1$, $\boldsymbol{u}_2$, $\boldsymbol{u}_3$ で定まる．$\mathbf{E}^3$ 上のある点が，それぞれの座標で (x, y, z), (X, Y, Z) と表されたとすると

$$x\boldsymbol{e}_1 + y\boldsymbol{e}_2 + z\boldsymbol{e}_3 = X\boldsymbol{u}_1 + Y\boldsymbol{u}_2 + Z\boldsymbol{u}_3 + \overrightarrow{\mathrm{OO}'} \tag{7.16}$$

が成り立つ．ここに，$\overrightarrow{\mathrm{OO}'}$ は点 O' の xyz-座標に対応するベクトルである[10]．

---

[10] ベクトルと矢線ベクトルを区別した 1 章の見地からは，矢線ベクトル $\overrightarrow{\mathrm{OO}'}$ を表示としてもつベクトルをこの記号で表している．

$$\boldsymbol{d} = \overrightarrow{OO'}, \quad P = [\,\boldsymbol{u}_1 \ \ \boldsymbol{u}_2 \ \ \boldsymbol{u}_3\,], \quad \tilde{P} = \begin{bmatrix} P & \boldsymbol{d} \\ O & 1 \end{bmatrix}$$

とおく. P は 3 次直交行列である. $\tilde{P}$ は 4 次正方行列であって, 左上部に P を含み, 第 4 行に 0, 0, 0, 1 が並ぶ. 例題 4.6 の結果により, 両者の行列式は一致する. すなわち $|\tilde{P}| = |P|$ ($= \pm 1$). 従って $\tilde{P}$ は正則行列である. (7.16) は

$$\begin{bmatrix} x \\ y \end{bmatrix} = P \begin{bmatrix} X \\ Y \end{bmatrix} + \boldsymbol{d} \quad \text{また} \quad \begin{bmatrix} x \\ y \\ 1 \end{bmatrix} = \tilde{P} \begin{bmatrix} X \\ Y \\ 1 \end{bmatrix} \tag{7.17}$$

と 2 通りに書き換えられる. これらは直交座標の変換公式であるが, このような座標変換または変換公式そのものを**ユークリッド変換**と呼ぶ.

3 変数の実数係数 2 次多項式を, 以下 2 次式と呼ぶ. それは一般に

$$a_1 x^2 + a_2 y^2 + a_3 z^2$$
$$+ 2f_{12}xy + 2f_{23}yz + 2f_{31}zx + 2b_1 x + 2b_2 y + 2b_3 z + c \tag{7.18}$$

の形をしている. これが 2 次であるために, 2 次部分

$$a_1 x^2 + a_2 y^2 + a_3 z^2 \tag{7.19}$$

(の係数のいずれか) は 0 でない. 2 次式に $= 0$ を付した方程式

$$a_1 x^2 + a_2 y^2 + a_3 z^2$$
$$+ 2f_{12}xy + 2f_{23}yz + 2f_{31}zx + 2b_1 x + 2b_2 y + 2b_3 z + c = 0 \tag{7.20}$$

の解 (x, y, z) を xyz-座標系の点と見るとき, そのような点全体が描く図形 (方程式のグラフ), また方程式そのものを **2 次曲面**と呼ぶ. 2 次式 (7.18) を 2 次曲面 (7.20) と**同一視**する. つまり, 非零実数 u が 1 と異なる限り, (7.20) の左辺を u 倍して得られる方程式を (7.20) と区別する.

前節の方法を拡張して, 与えられた 2 次曲面がどんな図形かを判定する効果的方法を得よう. それは以下に見る, (7.20) から決まる, 3 次および 4 次の実対称行列

$$\tilde{A} = \begin{bmatrix} a_1 & f_{12} & f_{31} & b_1 \\ f_{12} & a_2 & f_{23} & b_2 \\ f_{31} & f_{23} & a_3 & b_3 \\ b_1 & b_2 & b_3 & c \end{bmatrix}, \quad A = \begin{bmatrix} a_1 & f_{12} & f_{31} \\ f_{12} & a_2 & f_{23} \\ f_{31} & f_{23} & a_3 \end{bmatrix}$$

の符号 (定義 7.11 を見よ) による判定法である. この A は非零, すなわち零行列と異なり, $\tilde{A}$ は A を左上部に含む. A を $\tilde{A}$ の**主要部**と呼ぶ. 2 次式 (7.18) (すなわち 2 次曲面 (7.20)) とその 2 次部分 (7.19) はそれぞれ

$$
[x \ y \ z \ 1]\tilde{A}\begin{bmatrix} x \\ y \\ z \\ 1 \end{bmatrix}, \quad [x \ y \ z]A\begin{bmatrix} x \\ y \\ z \end{bmatrix}
$$

と書き直せる. $\tilde{A}$ をこの 2 次曲面に対応する対称行列と呼び, この 2 次曲面を $\tilde{A}$ に対応する 2 次曲面と呼ぶ. このように呼ぶのは, 非零主要部をもつ 4 次実対称行列全体と 2 次曲面全体とが

$$
\tilde{A} \mapsto [x \ y \ z \ 1]\tilde{A}\begin{bmatrix} x \\ y \\ z \\ 1 \end{bmatrix}
$$

によって 1 対 1 に対応することに基づく.

命題 7.16　$\tilde{A}$ に対応する 2 次曲面は, ユークリッド変換 (7.17) により, ${}^t\tilde{P}\tilde{A}\tilde{P}$ に対応する 2 次曲面になる. ここで, ${}^t\tilde{P}\tilde{A}\tilde{P}$ は確かに 3 次実対称行列であり, ${}^tPAP$ を主要部にもつ. さらに, $\tilde{A}$ と A の符号 (定義 7.11 を見よ) はユークリッド変換で保たれる. すなわち,

$$
\operatorname{sgn} A = \operatorname{sgn}({}^tPAP), \quad \operatorname{sgn} \tilde{A} = \operatorname{sgn}({}^t\tilde{P}\tilde{A}\tilde{P}). \tag{7.21}
$$

これらの等式の証明に関し, 章末演習問題 4 を見よ.

注意 7.17　注意 7.15 の内容は, $\mathbf{E}^3$ における変換に拡張される. すなわち, P を 3 次の正則行列として (7.17) によって与えられる変数変換を**アフィン変換**という. ユークリッド変換はとくにアフィン変換である. 4 次実対称行列 $\tilde{A}$ とその主要部 A の符号はアフィン変換で保たれる. すなわち, (7.21) の 2 つの等式は P が正則行列であっても成り立つ.

　さて, 簡単な形をした, 下のタイプ (I)–(VI) の 2 次曲面を**標準形の 2 次曲面**という. ここで $\alpha, \beta, \gamma, \xi$ はいずれも 0 と異なる実数である. 一般の 2 次曲面 (7.20) は, 適当なユークリッド変換によりある標準形にできる. その標準形をもとの 2 次曲面の**標準形**と呼ぶ[11].

[11) 2 次曲線の場合と同様に, 与えられた 2 次曲面の標準形は, 1 つに決まると限らないが, 生じ得る違いは, 座標軸の入れ替えと座標軸の向きの反転によるものに限られる.

$$\text{(I)}\quad \alpha X^2 + \beta Y^2 + \gamma Z^2 + \xi = 0$$

$$\text{(II)}\quad \alpha X^2 + \beta Y^2 + 2\delta Z = 0$$

$$\text{(III)}\quad \alpha X^2 + \beta Y^2 + \gamma Z^2 = 0$$

$$\text{(IV)}\quad \alpha X^2 + \beta Y^2 + \nu = 0$$

$$\text{(V)}\quad \alpha X^2 + 2\delta Y = 0$$

$$\text{(VI)}\quad \alpha X^2 + \mu = 0$$

ここで

$$\alpha x'^2 + 2\delta y' + 2\eta z' = 0$$

の形の 2 次曲面も上に含めるべきと思うかもしれないが，そうでないのは次の理由による．x'-軸を X-軸と呼び替え，$x'y'$-平面上の直線 $2\delta y' + 2\eta z' = 0$ の方向に Y-軸を選び，その平面上 Y-軸と直交するように Z-軸を選ぶことで，この 2 次曲面は (V) のタイプになる．

さて，与えれらた 2 次曲面のどんな図形かを知るのに，それがユークリッド変換で変わらないことから，その 2 次曲面の標準形を考えればよい．また，標準形の 2 次曲面の図形は，対応する 4 次実対称行列とその主要部の符号だけから決まることが（それらの符号を与えるすべての可能性を考えることにより）わかる．命題 7.16 により，それら 2 組の符号は，もともとの 2 次曲面に対応する 4 次実対称行列 $\tilde{A}$ とその主要部 A の符号と一致するから，結論として，与えれらた 2 次曲面の図形は 2 組の符号 $\operatorname{sgn} A$, $\operatorname{sgn} \tilde{A}$ だけから判定できる．

具体的にどう判定されるかを下の表に示す．ただし，標準形が (I)–(III) のいずれかになるものに限る．(IV)–(VI) を除外するのは，これらの場合が前節で本質的に済んでいるためである．実際，(IV)–(VI) は，変数 Z が現れない X と Y の方程式である．これは，これらのグラフが，$Z = $ 一定 の平面で切ったとき同一の 2 次曲線（X, Y の方程式のグラフ）となるような，**柱面**であることを意味する．

また，$\operatorname{sgn} A$, $\operatorname{sgn} \tilde{A}$ がそれぞれ (p, q), $(\tilde{p}, \tilde{q})$ であって，$p \geqq q$ を満たすとする．これらの左右成分を入れ替えた，(q, p), $(\tilde{q}, \tilde{p})$ もそれぞれ $-A$, $-\tilde{A}$ の符号として現れるが，これらは前者と同じ図形の 2 次曲面に対応するため，下の表では（前者と一致する場合を除いて）省略している[12]．

---

[12] 例えば，$(3, 0)$, $(3, 1)$ と同じ「楕円面」に対応する，$(0, 3)$, $(1, 3)$ を省略している．

2 次曲面

標準形	$\mathrm{sgn}\,A$	$\mathrm{sgn}\,\tilde{A}$	図形の名称
(I)	$(3,0)$	$(3,1)$	楕円面
	$(2,1)$	$(2,2)$	一葉双曲面
	$(2,1)$	$(3,1)$	二葉双曲面
	$(3,0)$	$(4,0)$	空集合
(II)	$(2,0)$	$(3,1)$	楕円放物面
	$(1,1)$	$(2,2)$	双曲放物面
(III)	$(2,1)$	$(2,1)$	楕円錐面
	$(3,0)$	$(3,0)$	1 点

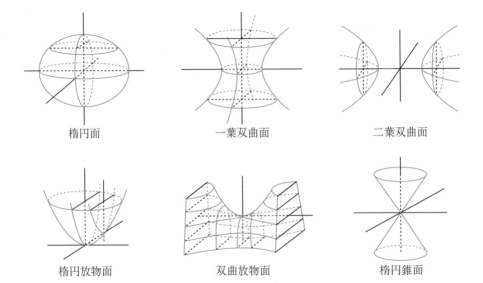

楕円面　　　　　　　一葉双曲面　　　　　　二葉双曲面

楕円放物面　　　　　双曲放物面　　　　　　楕円錐面

問 7.18　次の 2 次曲面がどんな図形か判定せよ.

(1) $x^2 + y^2 - 4xy - 2yz - 2zx + 2x + 4y - 10z + 27 = 0$

(2) $x^2 + y^2 + 2z^2 - 2yz - 2zx - 2x + 2y - 6z + 6 = 0$

(3) $2xy + 2yz + 2zx - 6x - 6y - 6z + 9 = 0$

注意 7.19　高次元ユークリッド空間 $\mathbf{E}^n$ $(n \geqq 4)$ において, n 変数 2 次方程式の解全体が描く図形を **2 次超曲面**と呼ぶ. 前節と本節の議論を拡張して, 2 次方程式に対応する n 次実対称行列とその主要部の符号により, その 2 次超曲面がどんな図形かを判定できる.

●●●●●●●●●●●●●●●●●●●●● **演 習 問 題** ●●●●●●●●●●●●●●●●●●●●●

演習 1　A を 3 次直交行列とする. 例題 7.2 (1) で見たように $\det A = 1$ または -1 である. $\det A = 1$ と仮定するとき次を示せ.

(1)　A は 1 を固有値にもつ.

(2)　3 次直交行列 P をうまく選んで, ある実数 $0 \leqq \theta < 2\pi$ に対し

$$
{}^tPAP = \begin{bmatrix} 1 & 0 & 0 \\ 0 & \cos\theta & -\sin\theta \\ 0 & \sin\theta & \cos\theta \end{bmatrix}
$$

が成り立つようにできる.

(3)　A に対応する $\mathbb{R}^3$ の線形変換は ($\mathbb{R}^3$ と 3 次元ユークリッド空間 $\mathbf{E}^3$ との自然な同一視により, $\mathbf{E}^3$ の変換と見て), 原点 O を通るある直線 ℓ の周りの θ 回転に等しい.

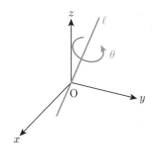

演習 2　ある 2 次曲線が与えられ, それに対応する 3 次実対称行列が $\tilde{A}$ であり, その主要部 A の固有値が α, β であるとする. 次を示せ. $|\tilde{A}|$ は $\tilde{A}$ の行列式を表す.

(1)　$\alpha\beta \neq 0$ ならば, この 2 次曲線は

$$
\alpha X^2 + \beta Y^2 + \frac{|\tilde{A}|}{\alpha\beta} = 0
$$

を標準形にもつ.

(2)　$\alpha \neq 0,\ \beta = 0,\ |\tilde{A}| \neq 0$ ならば, $\alpha|\tilde{A}| < 0$ であり, この 2 次曲線は

$$
\alpha X^2 + 2\sqrt{\frac{|\tilde{A}|}{-\alpha}}\, Y = 0
$$

を標準形にもつ.

演習 3　ある 2 次曲面が与えられ, それに対応する 4 次実対称行列が $\tilde{A}$ であり, その主要部 A の固有値が α, β, γ であるとする. 次を示せ. $|\tilde{A}|$ は $\tilde{A}$ の行列式を表す.

(1)　$\alpha\beta\gamma \neq 0$ ならば, この 2 次曲面は

$$
\alpha X^2 + \beta Y^2 + \gamma Z^2 + \frac{|\tilde{A}|}{\alpha\beta\gamma} = 0
$$

を標準形にもつ.

(2)　$\alpha\beta \neq 0,\ \gamma = 0,\ |\tilde{A}| \neq 0$ ならば, $\alpha\beta|\tilde{A}| < 0$ であり, この 2 次曲面は

$$\alpha X^2 + \beta Y^2 + 2\sqrt{\frac{|\tilde{A}|}{-\alpha\beta}}\,Z = 0$$

を標準形にもつ.

演習 4　A を n 次実対称行列とし, P を n 次実正則行列とする. ${}^t\!PAP$ もまた実対称行列である. A と ${}^t\!PAP$ の符号が一致すること, すなわち

$$\mathrm{sgn}\,A = \mathrm{sgn}({}^t\!PAP) \tag{7.22}$$

が成り立つことを, 下の (1)–(3) を順に示すことにより導け.

(1)　A に関して次のように定める. A のすべての正の固有値に関する固有空間の和を V_+ とし, A のすべての負の固有値に関する固有空間の和を V_- とする. 指定した固有値が存在しないときは, これらは $\{\mathbf{0}\}$ を表すものとする. これらは次の 2 条件を満たす.

　　(i)　$V_+,\ V_-$ は $\mathbb{R}^n$ の部分空間であり, $\mathbb{R}^n$ はこれらと $\mathrm{Ker}\,A$ に直和分解される. すなわち

$$\mathbb{R}^n = V_- \oplus \mathrm{Ker}\,A \oplus V_+.$$

ここに $\mathrm{Ker}\,A = \{\boldsymbol{x} \in \mathbb{R}^n \mid A\boldsymbol{x} = \mathbf{0}\}$.

　　(ii)　$\boldsymbol{x}$ が $V_+,\ V_-$ のいずれかに属す非零ベクトルであれば

$$\begin{cases} {}^t\boldsymbol{x}A\boldsymbol{x} > 0, & \boldsymbol{x} \in V_+ \text{ の場合} \\ {}^t\boldsymbol{x}A\boldsymbol{x} < 0, & \boldsymbol{x} \in V_- \text{ の場合} \end{cases}$$

が成り立つ.

(2)　条件 (i), (ii) を満たすペア (V_+, V_-) は上に定めたものに限らず, さまざまな選び方があり得るが, これらの次元 $\dim(V_+),\ \dim(V_-)$ はその選び方によらず一定であり,

$$(\dim(V_+), \dim(V_-)) = \mathrm{sgn}\,A \tag{7.23}$$

が成り立つ.

(3)　$f = L_{P^{-1}}$ を, P の逆行列 P^{-1} による左乗法とする. この f による $\mathrm{Ker}\,A$ の像 $f(\mathrm{Ker}\,A)$ は $\mathrm{Ker}({}^t\!PAP)$ に一致する[13]. また, (V_+, V_-) が, A に関して (i), (ii) を満たすペアであれば, $(f(V_+), f(V_-))$ は ${}^t\!PAP$ に関して (i), (ii) を満たすペアであり, 従って (2) の結果から

$$(\dim(f(V_+)), \dim(f(V_-))) = \mathrm{sgn}({}^t\!PAP).$$

これの左辺が (7.23) の左辺と一致することから, 目的の (7.22) が従う.

---

[13] $\mathrm{Ker}\,A$ に属すあらゆるベクトル $\boldsymbol{x}$ における f の値 $f(\boldsymbol{x})$ 全体を, $\mathrm{Ker}\,A$ の像と呼び $f(\mathrm{Ker}\,A)$ で表している. すなわち $f(\mathrm{Ker}\,A) = \{f(\boldsymbol{x}) \mid \boldsymbol{x} \in \mathrm{Ker}\,A\}$. 同様に, $f(V_\pm) = \{f(\boldsymbol{x}) \mid \boldsymbol{x} \in V_\pm\}$.

演習 5　n 次実対称行列 A に対して成り立つ，**シルヴェスターの慣性律**と呼ばれる次の事実 (1), (2) を示せ．(2) を示すのに前問の結果を応用できる．

(1)　n 次実正則行列 P をうまく選んで

$$
{}^{t}PAP = \begin{bmatrix} E_p & O & O \\ O & -E_q & O \\ O & O & O \end{bmatrix} \tag{7.24}
$$

が成り立つようにできる．ここで p, q は非負整数であり，右辺は対角行列であって，対角成分にまず 1 が p 個並び，次いで -1 が q 個，最後に 0 が $(n - p - q)$ 個並ぶ．

(2)　n 次実正則行列 P に対して (7.24) が成り立てば，必ず

$$
(p, q) = \operatorname{sgn} A
$$

である．とくに，A を上の方法で簡単な対角行列にするとき，結果として得られる行列は 1 通りに決まる．

ヒント：演習 1. (1) A の固有多項式は実数係数の 3 次多項式ゆえ，固有方程式は少なくとも 1 つの実数解 α をもつ．それに関するノルム 1 の固有ベクトル $\boldsymbol{u}$ を選べば，$A\boldsymbol{u} = \alpha\boldsymbol{u}$ ゆえ，

$$
1 = (\boldsymbol{u}, \boldsymbol{u}) = (A\boldsymbol{u}, A\boldsymbol{u}) = \alpha^2 (\boldsymbol{u}, \boldsymbol{u}) = \alpha^2.
$$

これより A の固有値は (a) 1 または -1 が 3 つ，または (b) ± 1, β, $\overline{\beta}$ (β は虚数)．
(2) $P = [\,\boldsymbol{u}_1 \ \ \boldsymbol{u}_2 \ \ \boldsymbol{u}_3\,]$ を，$\boldsymbol{u}_1$ が 1 に関する固有ベクトルとなるように選べ．

演習 4. (2) 別のペア (V'_+, V'_-) に対して $\dim(V_+) = \dim(V'_+)$ を示すのに，

$$
V'_+ \cap (\operatorname{Ker} A \oplus V_-) = \{\boldsymbol{0}\}
$$

を示し，$\dim(V_+) \geqq \dim(V'_+)$ を導く．2 つのペアの立場を入れ替えて $\dim(V_+) \leqq \dim(V'_+)$ を見る．

第8章

ジョルダン標準形

再び複素正方行列 A に興味を戻そう．ベクトルの内積は考えない．正則行列 P をうまく選んで $P^{-1}AP$ をなるべく簡単な形にしたい．対角行列には必ずしもできないことを5章で見た．ジョルダン標準形という形の行列に，必ずできることを本章で見る．しかもその形は A によって（本質的に）一通りに決まり，従ってこれが最も簡単な形なのである．ここに数学の美しさが見られる．ジョルダン標準形の理論は，高級であっても具体的計算により理解が可能な点，とても教育的である．フィルター付けという，数学全般に亘る普遍的手法を含むため，将来にも役立つ．

8.1 ジョルダン標準形に関する主定理

本章では再び係数域を複素数体 $\mathbb{C}$ とする．

ジョルダン細胞，ジョルダン標準形と呼ばれる正方行列の定義を与える．これらの用語は C. Jordan（フランス 数学者，1838–1922）に因む．

ジョルダン細胞とは，

$$[\alpha],\ \begin{bmatrix} \alpha & 1 \\ 0 & \alpha \end{bmatrix},\ \begin{bmatrix} \alpha & 1 & 0 \\ 0 & \alpha & 1 \\ 0 & 0 & \alpha \end{bmatrix},\ \begin{bmatrix} \alpha & 1 & 0 & 0 \\ 0 & \alpha & 1 & 0 \\ 0 & 0 & \alpha & 1 \\ 0 & 0 & 0 & \alpha \end{bmatrix},\ \dots \tag{8.1}$$

のように，対角成分に勝手な，しかし同一の複素数（この例では α）が並び，その右隣が1で残りの成分がすべて0であるような正方行列を指す．容易にわかるように，対角成分 α はそれぞれの正方行列の唯一の固有値である．次数 $r = 1, 2, 3, 4, \dots$ とともに明示して，**固有値 α の r-次ジョルダン細胞**という．

ジョルダン標準形行列とは，いくつかのジョルダン細胞が対角に並び，空いたブロックがすべて零行列であるような正方行列をいう．「行列がジョルダン標準形である」という言い回しも用いる．

例 **8.1** 正方行列

$$\begin{bmatrix} \alpha & 0 & 0 & 0 & 0 & 0 \\ 0 & \beta & 1 & 0 & 0 & 0 \\ 0 & 0 & \beta & 0 & 0 & 0 \\ 0 & 0 & 0 & \gamma & 1 & 0 \\ 0 & 0 & 0 & 0 & \gamma & 1 \\ 0 & 0 & 0 & 0 & 0 & \gamma \end{bmatrix}$$

はジョルダン標準形で, 3 つのジョルダン細胞

$$[\alpha], \quad \begin{bmatrix} \beta & 1 \\ 0 & \beta \end{bmatrix}, \quad \begin{bmatrix} \gamma & 1 & 0 \\ 0 & \gamma & 1 \\ 0 & 0 & \gamma \end{bmatrix}$$

から成る. □

次が本章の主定理である.

定理 **8.2** ★ 　複素正方行列 A が与えられたとき, 正則行列 P をうまく選んで $P^{-1}AP$ がジョルダン標準形であるようにできる. このようなジョルダン標準形行列は, ジョルダン細胞の並び順を除いて一意的に決まる.

定理の後半は次を意味する. $P^{-1}AP, Q^{-1}AQ$ がともにジョルダン標準形であったとする. $P^{-1}AP$ が, 例えば3つのジョルダン細胞 J_1, J_2, J_3 を以て $\begin{bmatrix} J_1 & O & O \\ O & J_2 & O \\ O & O & J_3 \end{bmatrix}$

の形をしていれば, $Q^{-1}AQ$ はジョルダン細胞の順を並べ換えただけの

$$\begin{bmatrix} J_1 & O & O \\ O & J_2 & O \\ O & O & J_3 \end{bmatrix}, \quad \begin{bmatrix} J_2 & O & O \\ O & J_1 & O \\ O & O & J_3 \end{bmatrix}, \quad \begin{bmatrix} J_2 & O & O \\ O & J_3 & O \\ O & O & J_1 \end{bmatrix}, \dots \tag{8.2}$$

のいずれかに必ず一致する.

このように A から本質的に一通りに決まるジョルダン標準形行列を, A の**ジョルダン標準形**と呼ぶ. 上の例では (8.2) のいずれの行列をも A のジョルダン標準形と呼ぶ. 逆に A のジョルダン標準形をいうには, それらのうちの 1 つを挙げれば事足りる.

A, B を n 次正方行列とする. ある n 次正則行列 P に対し $P^{-1}AP = B$ が成り立つとき, B は A に**相似**であるという. この条件が成り立てば, 正則行列 $Q = P^{-1}$ を以て $Q^{-1}BQ = A$ が成り立ち, 従って A は B に相似となるから, A と B とが互いに**相似**であると言い表してよい.

問 8.3 上の定理を既知として, 正方行列 A, B に対し, 次の 2 条件が同値になることを示せ.

(i) A と B は互いに相似である:

(ii) A と B のジョルダン標準形が (ジョルダン細胞の並び順を除いて) 一致する.

8.2 広義固有空間とそのフィルトレーション

ジョルダン標準形に至るアイデアは, 「固有空間」を拡張した「広義固有空間」の概念に基づき, 次の 2 つの事実から成る. (1) $\mathbb{C}^n$ が広義固有空間へと直和分解し (命題 8.4), (2) 各広義固有空間が特徴的なフィルトレーションをもつ (命題 8.7). これらを用いてジョルダン標準形がどう求まるかは, 次節で具体例によって示す. 線形代数の初学者は, 本節は眺めるに留め, すぐその例にとりかかり, そうしつつ (必要に応じ) 本節をたどるとよい.

A を n 次正方行列とする. $\alpha_1, \alpha_2, \ldots, \alpha_r$ を A のすべての固有値とする. ここで重複度は込めず, これらは相異なるとする. α_i の重複度を m_i ($\geqq 1$) としよう. これは A の固有多項式 $\Phi_A(x) = (-1)^n \det(A - xE)$ が

$$\Phi_A(x) = (x - \alpha_1)^{m_1}(x - \alpha_2)^{m_2} \cdots (x - \alpha_r)^{m_r} \tag{8.3}$$

と分解することを意味するのであった. α_i に属す固有空間 V_{α_i} は

$$\mathrm{Ker}(A - \alpha_i E) = \{A - \alpha_i E \text{ を 1 回掛けたとき零化するベクトル}\}$$

に一致する. ここに, **零化する**とは「零ベクトル $\mathbf{0}$ になる」を意味する. 和 $\sum_{i=1}^{r} V_{\alpha_i}$ は必ず直和で (命題 5.11), それが $\mathbb{C}^n$ 全体と一致する場合 (またその場合に限り) A は対角可能となるのであった (定理 5.14). この直和は一般には $\mathbb{C}^n$ に足りない (すなわち $\mathbb{C}^n$ に含まれるのみで, $\mathbb{C}^n$ に一致しないこともあり得る). そこで条件を緩めて固有空間を膨らまし,

$$W_{\alpha_i} = \{A - \alpha_i E \text{ を何回か掛けて零化するベクトル}\} \tag{8.4}$$

とおく (実はこの定義式を後出の (8.7) に置き換えてよい). この W_{α_i} は固有空間 V_{α_i} を含む $\mathbb{C}^n$ の部分空間である. これを固有値 α_i に属す A の**広義固有空間**と呼ぶ.

命題 8.4 ★ 和 $\sum_{i=1}^{r} W_{\alpha_i}$ は直和 $\bigoplus_{i=1}^{r} W_{\alpha_i}$ であって $\mathbb{C}^n$ に一致する. 各 W_{α_i} の次元は m_i ($=$ 固有値 α_i の重複度) に一致する. すなわち

$$\mathbb{C}^n = \bigoplus_{i=1}^{r} W_{\alpha_i}, \quad \dim W_{\alpha_i} = m_i \quad (1 \leqq i \leqq r).$$

---

2 つの等式から

$$n = \dim \mathbb{C}^n = \sum_{i=1}^{r} \dim W_{\alpha_i} = \sum_{i=1}^{r} m_i.$$

この等式は, (8.3) の両辺の多項式の次数 (degree) が等しいことを表す次と対応している.

$$n = \deg(\Phi_A(x)) = \sum_{i=1}^{r} \deg((x - \alpha_i)^{m_i}) = \sum_{i=1}^{r} m_i$$

さて α を A の固有値のうちの 1 つとする. $k = 1, 2, 3, \ldots$ に対し, $A - \alpha E$ を k 回掛けて——すなわち $(A - \alpha E)^k$ を掛けて——零化するベクトル全体を

$$W_\alpha^{(k)} \ (= \mathrm{Ker}((A - \alpha E)^k))$$

で表す. また $(A - \alpha E)^0 = E$ と理解して

$$W_\alpha^{(0)} = \mathrm{Ker}(E) = \{0\}$$

と約束する. これらは $\mathbb{C}^n$ の部分空間であって, とくに $W_\alpha^{(1)} = V_\alpha$. また

(i) $W_\alpha = \bigcup_{k=0}^{\infty} W_\alpha^{(k)}$;

(ii) $\{0\} = W_\alpha^{(0)} \subset W_\alpha^{(1)} \subset W_\alpha^{(2)} \subset \cdots$.

これらの性質を以て, W_α は部分空間の増大列 (ii) をフィルトレーションとしてもつ, また W_α は (ii) によりフィルター付けられているという. (i) は, W_α に属すベクトルがいずれかの $W_\alpha^{(k)}$ ($0 \leqq k < \infty$) に属す——すなわち $A - \alpha E$ を何回か掛けて零化する——ことをやや大げさに表している. これは W_α の定義に他ならない. 本節末に至れば, (i) + (ii) をそこにあるただ 1 つの (iii) に置き換えてよいことがわかる.

次の命題のため用語を準備する.

定義 8.5　V, W は $\mathbb{C}^n$ の部分空間であって $V \supset W$ を満たすとする. $\boldsymbol{v}_1$, $\boldsymbol{v}_2, \ldots, \boldsymbol{v}_d$ を線形独立な V のベクトルとし, 従ってこれらが生成する V の部分空間 $U = \langle \boldsymbol{v}_1, \boldsymbol{v}_2, \ldots, \boldsymbol{v}_d \rangle$ の基底であるとする.

(1) $W \cap U = \{\boldsymbol{0}\}$ が成り立つ (あるいは同値な条件として, $W + U$ が直和である) 場合, $\boldsymbol{v}_1, \boldsymbol{v}_2, \ldots, \boldsymbol{v}_d$ は V において **mod W 線形独立**[1] であるといい,

(2) 加えて (直) 和 $W + U$ ($= W \oplus U$) が V に一致する場合に, これらは V の **mod W 基底**を成すという.

このとき,

(1) $d \leqq \dim V - \dim W$, 　(2) $d = \dim V - \dim W$

がそれぞれの場合に成り立つ.

問 8.6　上の定義の状況において, 次の 2 つが同義語になることを確かめよ.

(a) V の mod W 基底;

(b) V における W のある補空間 (定義 9.14 を見よ) の基底.

定義 8.5 の前の状況に戻ろう. 上で $V \supset W$ に関し定義した用語を, 次の命題では $W_\alpha^{(k)} \supset W_\alpha^{(k-1)}$ と $W_\alpha^{(k-1)} \supset W_\alpha^{(k-2)}$ に関して用いる.

命題 8.7　$k > 1$ を固定する. $\boldsymbol{v}_1, \boldsymbol{v}_2, \ldots, \boldsymbol{v}_d$ が $W_\alpha^{(k)}$ の mod $W_\alpha^{(k-1)}$ 基底であれば, $(A - \alpha E)\boldsymbol{v}_1, (A - \alpha E)\boldsymbol{v}_2, \ldots, (A - \alpha E)\boldsymbol{v}_d$ は $W_\alpha^{(k-1)}$ に含まれ, しかも mod $W_\alpha^{(k-2)}$ 線形独立である.

この命題の証明が, 9.5 節において抽象的見地から与えられる.

上の命題の仮定から次の等号が, 結論から不等号が成り立つ.

$$\dim W_\alpha^{(k)} - \dim W_\alpha^{(k-1)} = d \leqq \dim W_\alpha^{(k-1)} - \dim W_\alpha^{(k-2)}.$$

従って

$$d_k = \dim W_\alpha^{(k)} - \dim W_\alpha^{(k-1)} \quad (k = 1, 2, 3, \ldots) \tag{8.5}$$

とおくと

$$d_1 \geqq d_2 \geqq d_3 \geqq \cdots.$$

---

[1] mod W は W を $\{\boldsymbol{0}\}$ と見なすという意味. より正確には 9.4 節を見よ. mod (モド) は modulo (モデュロ) の略.

この減少列を次のように表した図形を, 広義固有空間 W_α の**図形**と呼ぶ. □ を左下詰めに, 最下段に d_1 個, 第 2 段に d_2 個, 第 3 段に d_3 個, $\cdots$ というように並べる.

$$\dim W_\alpha^{(k)} = \dim W_\alpha^{(k-1)} + d_k \quad (k = 2, 3, \ldots)$$

より, 最下段に $\dim W_\alpha^{(1)}$ 個, 第 2 段までに $\dim W_\alpha^{(2)}$ 個, 第 3 段までに $\dim W_\alpha^{(3)}$ 個, $\cdots$ というように並べると言ってもよい.

例 8.8

$$\dim W_\alpha^{(1)} = 2, \quad \dim W_\alpha^{(2)} = 4,$$
$$\dim W_\alpha^{(3)} = \dim W_\alpha = 5$$

の場合, W_α の図形は右のようになる.

問 8.9 $\dim W_\alpha = 5$ の場合, W_α の図形として他にどんなものが得られるか. 図形を与える $\dim W_\alpha^{(k)}$ $(k = 1, 2, \ldots)$ とともに記せ.

注意として, 下方に重力が急にかかったとき, 落ちる □ があるような下のような広義固有空間の図形は存在し得ない.

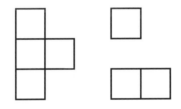

とくに右のように途中に空白の段が現れ得ないということは, フィルトレーションがひとたび停滞すればそこで終わることを示している. すなわち

$$\{0\} = W_\alpha^{(0)} \subsetneqq W_\alpha^{(1)} \subsetneqq \cdots \subsetneqq W_\alpha^{(s)} = W_\alpha^{(s+1)} \tag{8.6}$$

となれば $W_\alpha^{(s)} = W_\alpha$ である. 固有値 α の重複度を m とすれば, $\dim W_\alpha = m$ ゆえ $s \leqq m$. よって $W_\alpha^{(m)} = W_\alpha$. こうして, 定義 8.5 の前にある (i) + (ii) は次に置き換えられる.

(iii) $\{0\} = W_\alpha^{(0)} \subset W_\alpha^{(1)} \subset W_\alpha^{(2)} \subset \cdots \subset W_\alpha^{(m)} = W_\alpha$.

最後の等号から, 広義固有空間の定義 (8.4) を次に置き換えてよい.

$$W_{\alpha_i} = \mathrm{Ker}((A - \alpha_i E)^{m_i}). \tag{8.7}$$

8.3 実践 ジョルダン標準形の求め方

$$A = \begin{bmatrix} -1 & -7 & -4 & 4 & 1 \\ 0 & 2 & 0 & 0 & 0 \\ 0 & 2 & -5 & 4 & 1 \\ 0 & -4 & -4 & 3 & 1 \\ 1 & 1 & 0 & -1 & -1 \end{bmatrix} \tag{8.8}$$

のジョルダン標準形を求めよう. A の固有多項式を計算して $\Phi_A(x) = (x-2) \times (x+1)^4$. 従って A の固有値は重複度込みで $2, -1, -1, -1, -1$. 命題8.4より

$$\mathbb{C}^5 = W_2 \oplus W_{-1}, \quad \dim W_2 = 1, \quad \dim W_{-1} = 4 \tag{8.9}$$

が成り立つ.

広義固有空間 W_2 は1次元ゆえ固有空間 $V_2 = \mathrm{Ker}(A - 2E)$ に一致する. その基底を求めるために $A - 2E$ を階段化する:

$$A - 2E = \begin{bmatrix} -3 & -7 & -4 & 4 & 1 \\ 0 & 0 & 0 & 0 & 0 \\ 0 & 2 & -7 & 4 & 1 \\ 0 & -4 & -4 & 1 & 1 \\ 1 & 1 & 0 & -1 & -3 \end{bmatrix} \longrightarrow \begin{bmatrix} 1 & 0 & 0 & -\frac{5}{4} & 0 \\ 0 & 1 & 0 & \frac{1}{4} & 0 \\ 0 & 0 & 1 & -\frac{1}{2} & 0 \\ 0 & 0 & 0 & 0 & 1 \\ 0 & 0 & 0 & 0 & 0 \end{bmatrix}$$

$W_2 = V_2$ が $^t[5, -1, 2, 4, 0]$ を基底にもつことがわかる. このベクトルを

$$\boldsymbol{u} = {}^t[5, -1, 2, 4, 0]$$

とおく.

広義固有空間 W_{-1} について考察する. まず固有空間 $W_{-1}^{(1)} = \mathrm{Ker}(A + E)$ を知るため $A + E$ を階段化する:

$$A + E = \begin{bmatrix} 0 & -7 & -4 & 4 & 1 \\ 0 & 3 & 0 & 0 & 0 \\ 0 & 2 & -4 & 4 & 1 \\ 0 & -4 & -4 & 4 & 1 \\ 1 & 1 & 0 & -1 & 0 \end{bmatrix} \longrightarrow S(A + E) = \begin{bmatrix} 1 & 0 & 0 & -1 & 0 \\ 0 & 1 & 0 & 0 & 0 \\ 0 & 0 & 1 & -1 & -\frac{1}{4} \\ 0 & 0 & 0 & 0 & 0 \\ 0 & 0 & 0 & 0 & 0 \end{bmatrix}.$$

ここに S はある正則行列[2]. これより $W_{-1}^{(1)}$ は2次元. $^t[1, 0, 1, 1, 0]$, $^t[0, 0, 1, 0, 4]$

---

[2] $S(A + E)$ は, その行列が $A + E$ に基本変形を何回か施した結果であると見て, 正則行列 S が具体的に何かは気にしないでよい.

を基底にもつことがわかる．次に $W_{-1}^{(2)} = \mathrm{Ker}(A+E)^2$ を知るため（$((A+E)^2$ よりはもっと計算がラクな）$S(A+E)^2$—最後の行列の右から $A+E$ を掛けたもの—を階段化しよう：

$$S(A+E)^2 = \begin{bmatrix} 0 & -3 & 0 & 0 & 0 \\ 0 & 3 & 0 & 0 & 0 \\ -\frac{1}{4} & \frac{23}{4} & 0 & \frac{1}{4} & 0 \\ 0 & 0 & 0 & 0 & 0 \\ 0 & 0 & 0 & 0 & 0 \end{bmatrix}$$

$$\longrightarrow T(A+E)^2 = \begin{bmatrix} 1 & 0 & 0 & -1 & 0 \\ 0 & 1 & 0 & 0 & 0 \\ 0 & 0 & 0 & 0 & 0 \\ 0 & 0 & 0 & 0 & 0 \\ 0 & 0 & 0 & 0 & 0 \end{bmatrix}.$$

ここに T はある正則行列．これより $W_{-1}^{(2)}$ は 3 次元で，${}^t[0,0,1,0,0]$, ${}^t[1,0,0,1,0]$, ${}^t[0,0,0,0,1]$ を基底にもつ．(8.6) の前における注意と $\dim W_{-1} = 4$ から

$$\{0\} = W_{-1}^{(0)} \subsetneqq W_{-1}^{(1)} \subsetneqq W_{-1}^{(2)} \subsetneqq W_{-1}^{(3)} = W_{-1}$$

でなければならず，これらは $W_{-1}^{(0)}$, $W_{-1}^{(1)}$, $W_{-1}^{(2)}$, $W_{-1}^{(3)}$ ($= W_{-1}$) はそれぞれ 0, 2, 3, 4 次元となる．計算によっても

$$T(A+E)^3 = \begin{bmatrix} 0 & -3 & 0 & 0 & 0 \\ 0 & 3 & 0 & 0 & 0 \\ 0 & 0 & 0 & 0 & 0 \\ 0 & 0 & 0 & 0 & 0 \\ 0 & 0 & 0 & 0 & 0 \end{bmatrix}$$

より，$W_{-1}^{(3)}$ は 4 次元で W_{-1} に一致する．またこれは

$$ {}^t[1,0,0,0,0], \quad {}^t[0,0,1,0,0], $$
$$ {}^t[0,0,0,1,0], \quad {}^t[0,0,0,0,1] $$

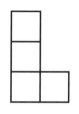

を基底にもつ．W_{-1} の図形は，最下段に 2 つ，第 2 段までに 3 つ，第 3 段までに 4 つの □ を左下詰めに書いた，右のようになる．

　W_{-1} の好都合な基底を得るため，やや天下りになるが次のようにする．$W_{-1} = W_{-1}^{(3)}$ の mod $W_{-1}^{(2)}$ 基底（すなわち W_{-1} における $W_{-1}^{(2)}$ のある補空間の基底．い

まの場合，次元から差集合 $W_{-1} \setminus W_{-1}^{(2)}$ に属すベクトル[3] を 1 つ選べばよい）とし て $^t[1,0,0,0,0]$ を選び，これを $\boldsymbol{v}_3 = {}^t[1,0,0,0,0]$ とおく．ついで

$$\boldsymbol{v}_2 = (A+E)\boldsymbol{v}_3 \ (= {}^t[0,0,0,0,1]), \tag{8.10}$$
$$\boldsymbol{v}_1 = (A+E)\boldsymbol{v}_2 \ (= {}^t[1,0,1,1,0])$$

とおく．$\boldsymbol{v}_2 \in W_{-1}^{(2)}$ であって，これが $\bmod W_{-1}^{(1)}$ 線形独立（次元を考え，$W_{-1}^{(2)}$ の $\bmod W_{-1}^{(1)}$ 基底）であることを命題 8.7 が保証している．同様に $\boldsymbol{v}_1 \in W_{-1}^{(1)}$ であっ て（計算結果から自明であるが）$\bmod \{0\}$ 線形独立，すなわち零ベクトルでない． $\boldsymbol{v}_1$ を含む $W_{-1}^{(1)}$ の基底 $\boldsymbol{v}_1, \boldsymbol{w} = {}^t[0,0,1,0,4]$ を選ぶ．$\boldsymbol{v}_1, \boldsymbol{v}_2, \boldsymbol{w}$ は $W_{-1}^{(2)}$ の基 底．さらに $\boldsymbol{v}_1, \boldsymbol{v}_2, \boldsymbol{v}_3, \boldsymbol{w}$ は W_{-1} の基底になる．これらを W_{-1} の図形に書き込 むとよい．

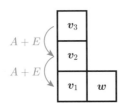

これは次の性質を満たす．

(1)　下から第 k 段目に $W_{-1}^{(k)}$ の $\bmod W_{-1}^{(k-1)}$ 基底が並び，

(2)　各□のベクトルに $A+E$ を掛けるとすぐ下の□のベクトルになる．

一般にこの 2 つの性質をもつ（固有値 -1 を一般の α に替えて解釈する），図形に 書き込まれた広義固有空間の基底を，**図形に適合した基底**と呼ぼう．これをベクト ルを並べて表す場合（そうした場合も同じように呼ぶ），図形の最左列，下にあるも のから上にあるものへと並べ，続いて第 2 列，下にあるものから上にあるものへ， さらに第 3 列，$\cdots$ とする．いまの例では，$\boldsymbol{v}_1, \boldsymbol{v}_2, \boldsymbol{v}_3, \boldsymbol{w}$ が図形に適合した基底 （を規定の順に並べたもの）である．

さて $\boldsymbol{v}_1, \boldsymbol{w} \in W_{-1}^{(0)} \ (= V_{-1})$ と $\boldsymbol{v}_1, \boldsymbol{v}_2$ の定義式 (8.10) とから

$$A\boldsymbol{v}_1 = -\boldsymbol{v}_1, \quad A\boldsymbol{v}_2 = \boldsymbol{v}_1 - \boldsymbol{v}_2, \quad A\boldsymbol{v}_3 = \boldsymbol{v}_2 - \boldsymbol{v}_3, \quad A\boldsymbol{w} = -\boldsymbol{w}. \tag{8.11}$$

$\boldsymbol{u} \in V_2$ を表す $A\boldsymbol{u} = 2\boldsymbol{u}$ と合わせて**行列表示**すると

---
[3] すなわち W_{-1} に属し，$W_{-1}^{(2)}$ に属さないベクトル．

$$A[\boldsymbol{u}\ \ \boldsymbol{v}_1\ \ \boldsymbol{v}_2\ \ \boldsymbol{v}_3\ \ \boldsymbol{w}]$$

$$= [\boldsymbol{u}\ \ \boldsymbol{v}_1\ \ \boldsymbol{v}_2\ \ \boldsymbol{v}_3\ \ \boldsymbol{w}]\begin{bmatrix} 2 & 0 & 0 & 0 & 0 \\ 0 & -1 & 1 & 0 & 0 \\ 0 & 0 & -1 & 1 & 0 \\ 0 & 0 & 0 & -1 & 0 \\ 0 & 0 & 0 & 0 & -1 \end{bmatrix}. \tag{8.12}$$

実際, 例えば (8.12) の左辺の第3列は $A\boldsymbol{v}_2$ であり, 右辺の第3列は

$$[\boldsymbol{u}\ \ \boldsymbol{v}_1\ \ \boldsymbol{v}_2\ \ \boldsymbol{v}_3\ \ \boldsymbol{w}]\begin{bmatrix} 0 \\ 1 \\ -1 \\ 0 \\ 0 \end{bmatrix} = \boldsymbol{v}_1 - \boldsymbol{v}_2$$

である. これらの相等が (8.11) の第2式に他ならない.

命題 8.4 から $W_2\ (=V_2)$ と W_{-1} の基底を寄せ集めた $\boldsymbol{u},\ \boldsymbol{v}_1,\ \boldsymbol{v}_2,\ \boldsymbol{v}_3,\ \boldsymbol{w}$ は $\mathbb{C}^5$ の基底. 換言すれば, これらを並べた行列

$$P = [\boldsymbol{u}\ \ \boldsymbol{v}_1\ \ \boldsymbol{v}_2\ \ \boldsymbol{v}_3\ \ \boldsymbol{w}] = \begin{bmatrix} 5 & 1 & 0 & 1 & 0 \\ -1 & 0 & 0 & 0 & 0 \\ 2 & 1 & 0 & 0 & 1 \\ 4 & 1 & 0 & 0 & 0 \\ 0 & 0 & 1 & 0 & 4 \end{bmatrix}$$

は正則行列である. (8.12) の両辺の左から P^{-1} を掛けて

$$P^{-1}AP = \begin{bmatrix} 2 & 0 & 0 & 0 & 0 \\ 0 & -1 & 1 & 0 & 0 \\ 0 & 0 & -1 & 1 & 0 \\ 0 & 0 & 0 & -1 & 0 \\ 0 & 0 & 0 & 0 & -1 \end{bmatrix}. \tag{8.13}$$

この右辺が A のジョルダン標準形である.

注意 8.10 W_{-1} の図形が判った時点で $\boldsymbol{v}_3$ を選ぶのに, $T(A+E)^3$ を計算したり $W_{-1}^{(3)}$ の基底を求めたりしなくても済む. $W_{-1}^{(2)}$ の mod $W_{-1}^{(1)}$ 基底 $\boldsymbol{v}_2 = {}^t[0,0,0,0,1]$ を選んでおいて, $\boldsymbol{v}_2 = (A+E)\boldsymbol{v}_3$ を満たすベクトルとして $\boldsymbol{v}_3$ を求めてもよい. 実際, この等式から $\boldsymbol{v}_3 \in W_{-1}^{(3)} \setminus W_{-1}^{(2)}$ (とくに $\boldsymbol{v}_3 \notin W_{-1}^{(2)}$ となるのは, $\boldsymbol{v}_3 \in W_{-1}^{(2)}$ とすると $\boldsymbol{v}_2 \in W_{-1}^{(1)}$ となるから).

一般の n 次正方行列 A に対し,そのジョルダン標準形を求める手順をまとめよう.

(1)　A の固有多項式 $\Phi_A(x)$ を計算して A の固有値を求める.

(2)　各固有値の α に対し,(8.5) で与えられる減少列 $d_1 \geqq d_2 \geqq d_3 \geqq \cdots$ を求め,広義固有空間 W_α の図形を描く(下図左).

(3)　図形に適合した W_α の基底を,先に例で示したように求める(下図右).

(4)　得られた基底を(ベクトルの順序を保ったまま)すべての固有値に亘って並べ,正則行列

$$P = [\, \boldsymbol{u}_1 \ \boldsymbol{u}_2 \ \cdots \ \boldsymbol{u}_s \ \boldsymbol{v}_1 \ \boldsymbol{v}_2 \ \cdots \ \boldsymbol{v}_t \ \cdots \ \boldsymbol{z}_1 \ \boldsymbol{z}_2 \ \cdots \ \boldsymbol{z}_p \,]$$

を得る.

(5)　ベクトルの間の関係から,(8.11) のような一連の等式を得る.それらを**行列表示**すると $P^{-1}AP$ がジョルダン標準形になる.

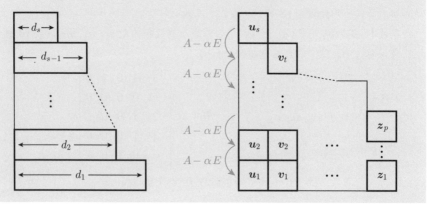

減少列に応じて □ をヨコに並べて積み重ねて図形を描いた.これをタテに数え直した結果が

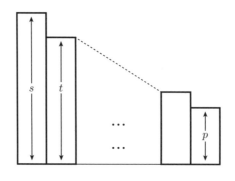

のようであったとしよう. すると得られたジョルダン標準形における, 固有値 α の ジョルダン細胞の次数は, 順に $s, t, \ldots, p$ となる.

注意 8.11 減少列を上のように表す図形は**ヤング図形**と呼ばれ, 数学のいくつもの分野で 使われる. ヨコに並べたものをタテに数え直すときに便利である.

問 8.12 次の各正方行列 A のジョルダン標準形を求めよ. $P^{-1}AP$ をジョルダン標準形 にする正則行列 P も求めよ.

(1) $\begin{bmatrix} 2 & 1 & 2 \\ -2 & 0 & -4 \\ 1 & 1 & 4 \end{bmatrix}$
(2) $\begin{bmatrix} 3 & 0 & 0 & 1 \\ 1 & 2 & 0 & 1 \\ -3 & -1 & 2 & -4 \\ -1 & 0 & 0 & 1 \end{bmatrix}$

(3) $\begin{bmatrix} 0 & 0 & 0 & 0 & 0 \\ -1 & -4 & 4 & 8 & 2 \\ -1 & -6 & 6 & 8 & 1 \\ 0 & 0 & 0 & 2 & 1 \\ 0 & 1 & -1 & -1 & 2 \end{bmatrix}$
(4) $\begin{bmatrix} 3 & 0 & -1 & 0 & 0 \\ 1 & 2 & -2 & 0 & 0 \\ 1 & 0 & 1 & 0 & 0 \\ 0 & 0 & 0 & 0 & 0 \\ -1 & -1 & 3 & 0 & 2 \end{bmatrix}$

問 8.13 次の A のジョルダン標準形を, a, b, c の値により場合分けして求めよ.

$$A = \begin{bmatrix} \alpha & a & b \\ 0 & \alpha & c \\ 0 & 0 & \alpha \end{bmatrix}$$

定義 8.14 何乗かして零行列になる正方行列を**ベキ零行列**と呼び, そのよう な正方行列は**ベキ零**であるという. とくに正方行列である零行列はベキ零で ある.

例題 8.15

次を示せ.

正方行列 A がベキ零 $\Leftrightarrow$ A の固有値が 0 のみ.

【解答】 A を n 次とする. ある $s > 0$ に対し $A^s = O \Leftrightarrow$ ある $s > 0$ に対し

$$W_0^{(s)} = \mathbb{C}^n \Leftrightarrow W_0 = \mathbb{C}^n \Leftrightarrow A \text{ の固有値が } 0 \text{ のみ.}$$

最後の $\Leftrightarrow$ は命題 8.4 による. $\qquad\qquad\qquad\qquad\qquad\qquad\qquad\square$

8.4 主定理からの 2 つの帰結

第 1 の帰結は次のジョルダン分解定理である.

定理 8.16 （ジョルダン分解） 正方行列 A は，互いに可換な対角行列 S とベキ零行列 N の和

$$A = S + N \tag{8.14}$$

として一意的に表せる. S と N が互いに**可換**とは

$$SN = NS$$

を満たすことを意味する. この (8.14) を A の**ジョルダン分解**と呼ぶ.

A が (8.1) のようなジョルダン細胞の場合,

$$S = \alpha E = \begin{bmatrix} \alpha & 0 & 0 & \cdots & 0 \\ 0 & \alpha & 0 & \ddots & \vdots \\ \vdots & \ddots & \ddots & \ddots & 0 \\ 0 & 0 & \ddots & \ddots & 0 \\ 0 & 0 & \cdots & 0 & \alpha \end{bmatrix}, \quad N = A - \alpha E = \begin{bmatrix} 0 & 1 & 0 & \cdots & 0 \\ 0 & 0 & 1 & \ddots & \vdots \\ \vdots & \vdots & \ddots & \ddots & 0 \\ 0 & 0 & 0 & \ddots & 1 \\ 0 & 0 & 0 & \cdots & 0 \end{bmatrix}$$

を以て A のジョルダン分解 $A = S + N$ が与えられる. A がジョルダン標準形行列 J の場合も同様に, J の対角成分すべてで与えられる対角行列 S_J とそれを J から引いた $N_J = J - S_J$ を以て $J\ (= A)$ のジョルダン分解

$$J = S_J + N_J$$

が与えられる. A が一般の場合には, A のジョルダン標準形

$$J = P^{-1} A P$$

にいまの結果を適用して,

$$A = P J P^{-1}$$
$$= P S_J P^{-1} + P N_J P^{-1}$$

が A のジョルダン分解であることが見て取れる.

問 8.17 上の PS_JP^{-1} が対角化可能, PN_JP^{-1} がベキ零で互いに可換であることを確かめよ.

定理の一意性は, 分解 (8.14) を与える S, N が

$$S = PS_JP^{-1}, \quad N = PN_JP^{-1}$$

に限られることを言っている.

問 8.18 その一意性を, 次を順に確かめることにより導け.

(1) α を A の勝手な固有値とするとき, A の広義固有空間 W_α に属すすべてのベクトル $\boldsymbol{v}$ に対し,

$$(PS_JP^{-1})\boldsymbol{v} = \alpha\boldsymbol{v}$$

が成り立つ.

(2) A が, 互いに可換な対角行列 S とベキ零行列 N の和として表せたとする. このとき S の勝手な固有値 β に対し, S の β に関する固有ベクトル $\boldsymbol{w}$ は, $A - \beta E$ $(= (S - \beta E) + N)$ を何回か掛ければ必ず零化する. 従って β は A の固有値であり, かつ $\boldsymbol{w} \in W_\beta$ となる.

(3) A の固有値は S の固有値とすべて一致する. α をその勝手な固有値とするとき, A の広義固有空間 W_α に属すすべてのベクトル $\boldsymbol{v}$ に対し, $S\boldsymbol{v} = \alpha\boldsymbol{v}$ が成り立つ. (1) の結果と比べて $S = PS_JP^{-1}$ が, よって

$$N = A - S = A - PS_JP^{-1} = PN_JP^{-1}$$

が従う.

主定理のもう1つの帰結を述べるため, A を n 次正方行列とする. 多項式

$$f(x) = c_0x^d + c_1x^{d-1} + \cdots + c_d$$

の変数 x に A を**代入する**とは, 行列

$$f(A) = c_0A^d + c_1A^{d-1} + \cdots + c_dE_n$$

を得ることを意味する. 定数 c に A を代入した結果は cE_n とすることに注意しよう. 注意 3.4 において, このような形の正方行列どうしの演算は, それらを A を変数とする多項式と思って計算してよいことを述べた. これは, 例えば多項式の等式 $f(x) = g(x)h(x) + p(x)$ が成り立てば, 行列の等式 $f(A) = g(A)h(A) + p(A)$ が成り立つことを意味する.

A の固有多項式を, (8.3) に与えた通り

$$\Phi_A(x) = (x - \alpha_1)^{m_1}(x - \alpha_2)^{m_2} \cdots (x - \alpha_r)^{m_r}$$

とする. A の各固有値 α_i に対し, 次の3通りに (同一の) 正整数 s_i が定まる.

- $W_{\alpha_i}^{(0)} \subsetneq W_{\alpha_i}^{(1)} \subsetneq \cdots \subsetneq W_{\alpha_i}^{(s_i-1)} \subsetneq W_{\alpha_i}^{(s_i)} = W_{\alpha_i}$ で定まる正整数 s_i；
- $s_i = A$ のジョルダン標準形における，固有値 α_i のジョルダン細胞の最大次数；
- $s_i =$ 広義固有空間 W_{α_i} の図形の高さ（すなわち最左列に積み重ねられた □ の個数）.

この s_i $(1 \leqq i \leqq r)$ を用いて

$$\Psi_A(x) = (x - \alpha_1)^{s_1}(x - \alpha_2)^{s_2} \cdots (x - \alpha_r)^{s_r}$$

とおき，これを A の**最小多項式**と呼ぶ．$s_i \leqq m_i$（$=$ 固有値 α_i の重複度）ゆえ，$\Psi_A(x)$ は $\Phi_A(x)$ を（多項式として）割る[4].

定理 8.19 ★　最小多項式 $\Psi_A(x)$ の x に A を代入すると零行列になる．すなわち

$$\Psi_A(A) = O.$$

従って $\Psi_A(x)$ で割られる多項式 $f(x)$ に対し

$$f(A) = O$$

が成り立ち，とくに

$$\Phi_A(A) = O$$

（この等式は**ケイリー−ハミルトンの定理**と呼ばれる）が成り立つ．逆に $f(A) = O$ を満たす多項式 $f(x)$ は $\Psi_A(x)$ で割られる．

こうして最小多項式 $\Psi_A(x)$ は，$f(A) = O$ を満たす非零多項式 $f(x)$ のうち，最小次数かつ最高次係数 1 のものとして特徴づけられる（それゆえこの名前で呼ばれる）.

---

[4] 実際，$g(x) = (x - \alpha_1)^{m_1 - s_1}(x - \alpha_2)^{m_2 - s_2} \cdots (x - \alpha_r)^{m_r - s_r}$ とおくと

$$\Phi_A(x) = \Psi_A(x)g(x).$$

次の定理にある，多項式 $f(x)$ が $\Psi_A(x)$ で割られるとは，ある多項式 $g(x)$ に対し $f(x) = \Psi_A(x)g(x)$ が成り立つということ．

───── **例題 8.20** ─────

前節 (8.8) の5次正方行列 A の最小多項式 $\Psi_A(x)$ を求め，$\Psi_A(A) = O$ が成り立つことを確かめよ．

【解答】 容易にわかるように $\Psi_A(x) = (x-2)(x+1)^3$. また

$$(P^{-1}AP)^k = P^{-1}A^kP$$

より一般に

$$f(P^{-1}AP) = P^{-1}f(A)P$$

が成り立つ．従って $\Psi_A(A) = O$ を示すには，$\Psi_A(x)$ の x に，(8.13) の右辺のジョルダン標準形（J とする）を代入した $\Psi_A(J)$ が零行列であることを示せばよい．5次正方行列を，順に 1, 3, 1 行および列にブロック分割して表示し

$$J - 2E = \begin{bmatrix} 0 & & \\ & * & \\ & & * \end{bmatrix} \begin{matrix} \}1 \\ \}3 \\ \}1 \end{matrix}, \quad J + E = \begin{bmatrix} * & & \\ & N & \\ & & 0 \end{bmatrix} \begin{matrix} \}1 \\ \}3 \\ \}1 \end{matrix}$$

ここに $N = \begin{bmatrix} 0 & 1 & 0 \\ 0 & 0 & 1 \\ 0 & 0 & 0 \end{bmatrix}$. また空白は零行列とする．計算により $N^3 = O$. これを用いて

$$\Psi_A(J) = (J - 2E)(J + E)^3 = \begin{bmatrix} 0 & & \\ & * & \\ & & * \end{bmatrix}\begin{bmatrix} * & & \\ & N^3 & \\ & & 0^3 \end{bmatrix} = O. \qquad \square$$

一般に $\Psi_A(A) = O$ を示す場合も，A のジョルダン標準形 J に対して $\Psi_A(J) = O$ を示せばよい．目的のこの等式は，上の計算と同様に示せる[5]．要点は，J の固有値 α_i の各ジョルダン細胞から $\alpha_i E$ を引いて s_i 乗すると零行列になることである．

───────────────

[5] その詳細を含め，定理 8.19 の証明をサポートページに与える．

●●●●●●●●●●●●●●●● 演 習 問 題 ●●●●●●●●●●●●●●●●

演習 1 次の 4 次正方行列 A のジョルダン標準形を求めよ．$P^{-1}AP$ をジョルダン標準形にする正則行列 P は求めなくてよい．

(1) $A = \begin{bmatrix} 0 & 1 & 1 & 0 \\ -\alpha^2 & 2\alpha & 0 & 1 \\ 0 & 0 & 0 & 1 \\ 0 & 0 & -\alpha^2 & 2\alpha \end{bmatrix}$ (2) $A = \begin{bmatrix} 0 & 1 & 1 & 0 \\ -\alpha^2 & 2\alpha & 0 & 1 \\ 0 & 0 & 0 & -\alpha^2 \\ 0 & 0 & 1 & 2\alpha \end{bmatrix}$

演習 2 $A = \begin{bmatrix} 1 & 1 & 0 & 0 \\ 0 & 1 & 1 & 0 \\ 0 & 0 & 1 & 1 \\ 0 & 0 & 0 & 1 \end{bmatrix}$ とする．これは固有値 1 の 4 次ジョルダン細胞である．

(1) 正整数 k に対し

$$A^k = \begin{bmatrix} 1 & k & \binom{k}{2} & \binom{k}{3} \\ 0 & 1 & k & \binom{k}{2} \\ 0 & 0 & 1 & k \\ 0 & 0 & 0 & 1 \end{bmatrix}$$

となることを示せ．記号 $\binom{k}{s}$ は 4 章の脚注 5) に与えたもので，とくにここで用いた $s = 2, 3$ の場合には

$$\binom{k}{2} = \frac{k(k-1)}{2}, \quad \binom{k}{3} = \frac{k(k-1)(k-2)}{6}.$$

(2) $P^{-1}A^kP = A$ を満たす正則行列 P を 1 つ求めよ．

演習 3 A を正則行列とする．正整数 k に対し，A^k のジョルダン標準形は，A のジョルダン標準形のすべての対角成分を，そのそれぞれの k 乗に置き換えたものに等しいことを示せ．

演習 4 問 8.3 で見たように，2 つの同次数の正方行列が相似であるのと，それらのジョルダン標準形が一致することは同値である．2 次または 3 次正方行列 A, B に対しては，次の 2 条件が同値になることを示せ．

(i) A と B が相似である；

(ii) A と B の固有多項式，最小多項式がいずれも一致する．

4 次以上の正方行列 A, B に対し，(i) $\Rightarrow$ (ii) が成り立つことを示せ．また逆の (i) $\Leftarrow$ (ii) が必ずしも成り立たないことを示す例を挙げよ．

ヒント：演習 3. A, A^k をそれぞれ $P^{-1}AP$, $P^{-1}A^kP \ (= (P^{-1}AP)^k)$ に置き換えることにより，A をジョルダン標準形，さらにジョルダン細胞と仮定してよい．

第9章

抽象ベクトル空間

これまでベクトル空間（あるいは計量空間）といえば $\mathbb{R}^n$ または $\mathbb{C}^n$ を指した．ここで現代数学の常套手段として，これらがもつ性質を抽出して公理とし，それを満足するものすべてをベクトル空間（あるいは計量空間）と呼んで，考察・応用の範囲をはるかに広いものにする．しかしそうしたところで，どんな（有限生成）ベクトル空間（あるいは計量空間）も $\mathbb{R}^n$ あるいは $\mathbb{C}^n$ と本質的に等しいことを思い知る．元の木阿弥—ベクトル空間の例を，$\mathbb{R}^n$, $\mathbb{C}^n$ より他にわずかしか挙げない本章を見れば，そう言われても仕方ない．ただ，抽象性が事の本質を浮き彫りにすることがままある．本章が力点を置くのは，これまでの章において具体性の陰に隠れ，実はよく見えていなかったいくつかの意味を明らかにすることにある．

9.1　抽象ベクトル空間

実数体 $\mathbb{R}$ か複素数体 $\mathbb{C}$ のいずれかを選んで，それを $\mathbb{K}$ で表す．2 章 2.4 節から 4 章の終わりまでしたのと同じである．2.4 節では，$\mathbb{K}^n$ において具体的に定義した加法・スカラー乗法が性質 (A1)–(A4), (S1)–(S4) を満たすことを見た[1]．そこで減法 $\boldsymbol{w} - \boldsymbol{v}$ にも言及したが，もともとそうしたようにこれを $\boldsymbol{w} + (-\boldsymbol{v})$ と理解する．ここで $-\boldsymbol{v}$ は，$\boldsymbol{v}$ に加えて零ベクトル $\boldsymbol{0}$ に戻す役割のベクトル（性質 (A4) を見よ）で，各ベクトルがこのようなベクトルをもつことを $\mathbb{K}^n$ の加法がもつべき性質と捉える．

さて，現代数学の「公理的方法」は，上記の性質のみを重んじて，集合が何か，その上に演算が具体的にどう定義されるかは問うことなく，次のように定義をする．

> **定義 9.1**　(A1)–(A4), (S1)–(S4) と同じ条件を満たすような加法と（$\mathbb{K}$ を係数域とする）スカラー乗法を伴う集合 V を（K 上の）**抽象的ベクトル空間**または単に**ベクトル空間**と呼ぶ．

---

[1] 2.4 節では，$\mathbb{K}^n$ ならぬ $\mathbb{K}^m$ を考えたが，この違いは正整数を表す記号の違いに過ぎない．

上にいう条件を書き下そう. V のメンバーを（ベクトルと呼ばずに, 味気なく）元と呼び, それを表す記号にもはや太字は用いない.

V のすべての元 u, v, w, およびすべてのスカラー（すなわち $\mathbb{K}$ の元）a, b に対し, 次の 6 つの等号が成り立つ.

> (A1)　（結合法則）$(u + v) + w = u + (v + w)$
>
> (A2)　（交換法則）$u + v = v + u$
>
> (S1)　$1v = v$（左辺の 1 はスカラーの—すなわち実数, また複素数の—イチ）
>
> (S2)　（結合法則）$a(bv) = (ab)v$
>
> (S3)　（分配法則）$a(u + v) = au + av$
>
> (S4)　（分配法則）$(a + b)v = av + bv.$

加えて,

> (A3)　V が次を満たす特別な元 0 を含む：どの元 v に対しても $v + 0 = v$.
>
> (A4)　V の各元 v に対し, $v + (-v) = 0$ を満たす V の元 $-v$ が存在する.

注意 9.2　(A3) にいう特別な元（どの元に加えても変化させない）はただ 1 つに決まる. 実際 $0'$ もまたこの性質を満たすとすれば, 0 に加えても変化させずに $0 + 0' = 0$. 0 は $0'$ に加えても変化させないから $0' + 0 = 0'$. 左辺に (A2) を用いて $0 + 0' = 0'$. 最初の等号と合わせ $0' = 0$. この性質をもつ唯一の元を, ベクトル空間 V の**零元**と呼び, すでにしているように 0 で表す習慣である.

注意 9.3　(A4) にいう $-v$（v に加えて 0 に戻す）も v に対して 1 つに決まる. 実際 w, w' がともにこの性質をもてば, (A1)–(A3) を用いて,

$$w = w + 0 = w + (v + w') = (w + v) + w' = 0 + w' = w'.$$

v に対しこの性質をもつ唯一の元を, v の**加法逆元**と呼び, すでにしているように $-v$ で表すのが習慣である. $w + (-v)$ を $w - v$ で表す.

例 9.4　もちろん, $\mathbb{K}^n$（n は正整数）はベクトル空間である. とくに $\mathbb{K}$（$= \mathbb{K}^1$）はベクトル空間である. $m \times n$ 行列全体から成る集合 $M_{m,n}(\mathbb{K})$ も, 行列の和とスカラー倍によりベクトル空間である. またつまらない例として, 零元 0 のみから成る集合 $\{0\}$ は加法 $0 + 0 = 0$ とスカラー乗法 $c0 = 0$（すべてのスカラー c に対し）によりベクトル空間になる. これを**零ベクトル空間**と呼ぶ.　　　　□

── 例題 9.5 ──

ベクトル空間 V において，次が成り立つことを示せ.

(1) 各元 v のスカラー 0 による乗法 $0v$ は，V の零元に一致する.

(2) 各元 v の加法逆元は，スカラー -1 による乗法 $(-1)v$ に一致する.

【解答】 (1) (S4) を用いて $0v = (0+0)v = 0v + 0v$. 最左辺と最右辺に $0v$ の加法逆元を加えて $0 = 0v$（左辺は V の零元）.

(2) (S1), (S4) と (1) の結果から $v + (-1)v = 1v + (-1)v = \{1 + (-1)\}v = 0v = 0$. こうして $v + (-1)v = 0$ を得て，(2) が従う. □

定義 2.17 において，$\mathbb{K}^n$ の部分空間を定義した. まったく同様に（抽象的）ベクトル空間の部分空間を定義する.

定義 9.6 V をベクトル空間とする. V の部分集合 W であって，空集合でなく，加法とスカラー乗法で閉じているもの，すなわち

(B1) $W \neq \emptyset$

(B2) $w \in W, z \in W \Rightarrow w + z \in W$

(B3) $c \in \mathbb{K}, w \in W \Rightarrow cw \in W$

を満たすものを V の **部分空間** という.

例 9.7 容易に確かめられるように，どんなベクトル空間 V も，V 自身と零元ただ 1 つから成る $\{0\}$ を部分空間として含む. □

命題 9.8 W をベクトル空間 V の部分空間すると，V における加法とスカラー乗法が W に制限でき，制限されたこれらを以て W 自身がベクトル空間になる. とくに $\mathbb{K}^n$ の部分空間は，それ自身ベクトル空間である.

注意 9.9 この命題を確かめるための要点として，まず V において成り立つ計算法則 (A1), (A2), (S1)–(S4) が W においても成り立つのは自明である. 次に，W が V の零元 0 を必ず含み（W の元 w を勝手に選ぶとき，(B2) によりそのスカラー 0 による乗法 $0w$ は W に属すが，例題 9.5 (1) によりこれは V の零元に一致する），これが W の零元になる. 最後に，W の各元 w に対し，(B3) により $(-1)w$ は W に含まれ，例題 9.5 (2) によりこれが w の W における加法逆元になる.

例 **9.10**　$\mathbb{K}$ に係数をもち x を変数とする，すべての多項式から成る集合を $\mathbb{K}[x]$ で表す．これは多項式の和とスカラー倍によりベクトル空間を成す．多項式の積まで込めると，これは単にベクトル空間であるだけでなく，3.1 節で定義した意味の結合的代数である．いまはこの積を忘れて，非負整数 n を 1 つ選んで固定し，次数が n 以下のすべての多項式から成る集合を $\mathbb{K}[x]_n$ で表す．すなわち

$$\mathbb{K}[x]_n = \{c_0 + c_1 x + \cdots + c_n x^n \mid c_0, c_1, \ldots, c_n \in \mathbb{K}\}. \qquad (9.1)$$

容易にわかるように，これは $\mathbb{K}[x]$ の部分空間である．　　　　　　□

例 **9.11**　I を空でない集合とする．I から $\mathbb{K}$ への写像（map）全体から成る集合を $\mathrm{Map}(I, \mathbb{K})$ で表す．このような写像 p, q とスカラー c に対し

$$p + q\colon i \mapsto p(i) + q(i),$$
$$cp\colon i \mapsto cp(i)$$

により定義される加法とスカラー乗法により，$\mathrm{Map}(I, \mathbb{K})$ はベクトル空間になる．これを確かめるとは，これらの加法とスカラー乗法が (A1)–(A4)，(S1)–(S4) を満たすことを確認するということである．つねに値 0 を取る定数関数が零元であること，p の加法逆元が写像 $i \mapsto -p(i)$ であることを含め，確認を実行して欲しい．負担を軽減する策として，写像 p を表すのに，その値 $p(i)$ すべてを表記した $(p(i))_{i \in I}$ を用い[2]，この表記法で上の加法とスカラー乗法が

$$(p(i))_{i \in I} + (q(i))_{i \in I} = (p(i) + q(i))_{i \in I}, \quad c(p(i))_{i \in I} = (cp(i))_{i \in I}$$

となることを用いると，上記の確認は $\mathbb{K}^n$ がベクトル空間であるのを確認するのと本質的に同じになる．とくに $I = \{1, 2, \ldots, n\}$ の場合，$\mathrm{Map}(I, \mathbb{K})$ は $\mathbb{K}^n$ と同一視できる．　　　　　　□

例 **9.12**　上の例で $\mathbb{K} = \mathbb{R}$，I が実数の閉区間

$$[0, 1] = \{x \in \mathbb{R} \mid 0 \leqq x \leqq 1\}$$

の場合を考える．$\mathbb{R}$ 上のベクトル空間 $\mathrm{Map}([0, 1], \mathbb{R})$ は次の 2 つを部分空間として含む．

　　$C^0([0, 1]) = \{[0, 1]$ 上定義されたすべての実数値連続関数$\}$，
　　$C^1([0, 1]) = \{[0, 1]$ 上定義されたすべての実数値連続微分可能関数$\}$．

---

[2] ポジション i に "成分" $p(i)$ を有する "ベクトル" と見なす．

関数が**連続微分可能**（continuously differentiable）とは，定義域のすべての点で微分可能であり，従って導関数をもち，かつその導関数が連続関数である場合にいう．これらはどちらも**定数関数**（$[0,1]$ 上つねにある定数 c を値にもつ）を含むから空でなく，さらに，連続（微分可能）関数の和，スカラー倍もまた連続（微分可能）ゆえ，これらは $\mathrm{Map}([0,1],\mathbb{R})$ の部分空間である．$C^0([0,1]) \supset C^1([0,1])$ ゆえ，下の問 (1) の結果から後者は前者の部分空間でもある． □

1 つのベクトル空間を構成するのに，集合の上に加法とスカラー乗法を定義し，条件 (A1)–(A4), (S1)–(S4) が満たされていることを確かめる（面倒な）場面は稀である．多くの場面では，最後の例に見るように，典型的なベクトル空間の部分空間としてベクトル空間が構成される．

問 9.13 V をベクトル空間，W, U をその 2 つの部分空間とする．

(1) $W \subset U$ ならば W は U の部分空間であることを示せ．

(2) W の元 w と U の元 u を勝手に選んで V で和 $w + u$ を取る．このようにして得られる和の全体を

$$W + U = \{w + u \mid w \in W, u \in U\}$$

で表し，W と U の**和**と呼ぶ．これが V の部分空間であることを示せ．

(3) 次の 2 条件が互いに同値であることを示せ．

   (a) $W + U$ の各元 $w + u$ の表示法が一意的である．すなわち，$w, w' \in W$, $u, u' \in U$ に対し $w + u = w' + u'$ が成り立つのが $w = w'$, $u = u'$ の場合に限られる．

   (b) $W \cap U = \{0\}$. すなわち，W にも U にも属す V の元が零元に限られる．

定義 9.14 上の (3) において，互いに同値な条件 (a), (b) が満たされる場合，和 $W + U$ は**直和**であるといい，この和を $W \oplus U$ で表す．加えて $V = W + U$ $(= W \oplus U)$ の場合，U を（V における）W の**補空間**と呼び，立場を入れ替えて，W を U の**補空間**と呼ぶ．

V がとくに $\mathbb{K}^n$ の部分空間の場合には，これは定義 2.40 で与えた概念に一致する．命題 2.43, 定義 2.44 を抽象的状況に拡張して，V の 3 個以上の部分空間に対しても，それらの和が定義でき，その和が直和であるという条件を考えることができる．

9.2 生成系と基底

V をベクトル空間とする.

定義 9.15 V をベクトル空間, $v_1, v_2, \ldots, v_n$ をその元とする.

(1) これらの元のスカラー倍の和

$$\left(\sum_{i=1}^{n} c_i v_i = \right)\ c_1 v_1 + c_2 v_2 + \cdots + c_n v_n \quad (c_1, c_2, \ldots, c_n \text{ はスカラー})$$

を $v_1, v_2, \ldots, v_n$ の**線形結合**という. これは V の元である. この形の元全体(各 c_i $(1 \leqq i \leqq n)$ はあらゆるスカラーとなり得る)を

$$\langle v_1, v_2, \ldots, v_n \rangle = \left\{ \sum_{i=1}^{n} c_i v_i \ \middle|\ c_i \in \mathbb{K},\, 1 \leqq i \leqq n \right\}$$

で表す. 容易に確かめられるように, これは V の部分空間であって, $v_1, v_2, \ldots,$ v_n の**生成する**(または**張る**)部分空間と呼ばれる. とくにこれが V に一致する場合, すなわち V の各元が $v_1, v_2, \ldots, v_n$ の線形結合で表される場合に, $v_1, v_2, \ldots, v_n$ を V の(1組の)**生成系**と呼ぶ. 空集合 $\emptyset$ は零元 0 だけから成る部分空間 $\{0\}$ を生成するものと約束する. 従って $\emptyset$ は, 零ベクトル空間(例 9.4 を見よ)の生成系である.

(2) $v_1, v_2, \ldots, v_n$ が**線形独立**であるとは,

$$c_1 v_1 + c_2 v_2 + \cdots + c_n v_n = 0$$

を満たすスカラーが(自明な)$c_1 = c_2 = \cdots = c_n = 0$ に限られる場合にいう. この条件は, 線形結合の表示が一意的である, すなわち

$$c_1 v_1 + c_2 v_2 + \cdots + c_n v_n = c'_1 v_1 + c'_2 v_2 + \cdots + c'_n v_n$$

が成り立つのが $c_1 = c'_1,\, c_2 = c'_2,\, \ldots,\, c_n = c'_n$ の場合に限られるというのと同値である. 線形独立でないことを**線形従属**であるという.

(3) $v_1, v_2, \ldots, v_n$ が V の**基底**であるとは, これらが線形独立であって, V の生成系である場合にいう. この条件は, 次のいずれとも同値である.

(i) $v_1, v_2, \ldots, v_n$ が V の**極小生成系**である. すなわち, これらが V の生成系であり, かつこれらから 1 つでも除くと生成系でなくなる:

(ii) V の各元が $v_1, v_2, \ldots, v_n$ の線形結合として一意的に表される.

これらの条件の同値性は，$\mathbb{K}^n$ の部分空間の場合（例題 2.31 を見よ）と同様に示せる．

例 **9.16**　例 9.10 のベクトル空間 $\mathbb{K}[x]_n$（n は正整数）の各元，すなわち n 次以下の多項式は，

$$c_0 + c_1 x + \cdots + c_n x^n \quad (c_0, c_1, \ldots, c_n \in \mathbb{K})$$

の形に一意的に表せる．従って $\mathbb{K}[x]_n$ は

$$1, x, \ldots, x^n$$

を（1 組の）基底（とくに生成系）にもつ．しかし $\mathbb{K}[x]$ は有限個の元から成る生成系をもたない．実際，有限個の多項式 $f_1, f_2, \ldots, f_r$ が与えられたとき，これらの次数の最大値を n とすれば，これらの線形結合は高々 n 次，すなわち

$$\langle f_1, f_2, \ldots, f_r \rangle \subset \mathbb{K}[x]_n$$

となるから，この左辺が $\mathbb{K}[x]$ に一致することはあり得ない．　□

定義 **9.17**　有限個の元から成る生成系を（1 組でも）もつベクトル空間を**有限生成**，（1 組も）もたないベクトル空間を**無限生成**という．

例 **9.18**　前の例から，$\mathbb{K}[x]_n$（n は正整数）は有限生成ベクトル空間，$\mathbb{K}[x]$ は無限生成ベクトル空間である．　□

命題 **9.19**　有限生成ベクトル空間は必ず（有限個の元から成る）基底をもつ．ただし，零ベクトル空間 $\{0\}$ は空集合 $\emptyset$ を基底にもつものと約束する．

　有限生成ベクトル空間 V の生成系 $v_1, v_2, \ldots, v_n$ を勝手に選ぶ．これが極小（ここから 1 つでも除くと生成系でなくなる）であれば，これが基底である．そうでなければ 1 元ずつ除いてゆき，極小生成系，すなわち基底に至る．

　次の事実が，のちに（命題 9.25 のすぐあと）わかる．

事実 9.20　V をベクトル空間，W をその部分空間とするとき，V が有限生成であれば，W もまた有限生成である．従って，W が無限生成であれば，V は無限生成である．　□

例 9.21　例 9.12 のベクトル空間 $C^1([0,1])$ は無限生成である. 実際, 実数を係数にもつ多項式（の x に $[0,1]$ に属す実数を代入することで, それ）を $[0,1]$ 上の連続微分可能関数と見なすことができ, それにより $\mathbb{R}[x]$ を $C^1([0,1])$ の部分空間と見ることができる. 例 9.18 より $\mathbb{R}[x]$ が無限生成ゆえ, 前事実から $C^1([0,1])$ は無限生成である. さらにそれを部分空間としてもつ $C^0([0,1])$ も無限生成である.

□

9.3　線形写像と表現行列

V, Z をベクトル空間とする.

定義 9.22　写像 $f: V \to Z$ が**線形写像**であるとは, V のすべての元 v_1, v_2, v とすべてのスカラー c に対して

(L1)　$f(v_1 + v_2) = f(v_1) + f(v_2)$

(L2)　$f(cv) = cf(v)$

が成り立つときにいう. この条件は, V のすべての元 v_1, v_2 とすべてのスカラー c_1, c_2 に対し

(L)　$f(c_1 v_1 + c_2 v_2) = c_1 f(v_1) + c_2 f(v_2)$

が成り立つというのと同値である.

容易に確かめられるように, 2 つの線形写像の合成はまた線形写像である.

線形写像であって, 単射, 全射, 全単射であるものをそれぞれ**線形単射**, **線形全射**, **同型写像**という.

問 9.23　同型写像はとくに全単射ゆえ逆写像をもつ. この逆写像もまた同型写像であることを示せ.（ヒント：問 3.13 のヒントを見よ.）

定義 9.24　V と Z が**同型**であるとは, V から Z に同型写像が存在する場合にいう. 前問により, この条件は Z から V に同型写像が存在するというのと同値である.

---

3 章の脚注 4) で, 数学的対象は構造を伴った集合であるといい, それに先んじて 2.4 節において $\mathbb{K}^n$ の加法とスカラー乗法を**線形構造**と称した. 抽象的ベクトル空

間も，否それこそが，線形構造を伴った集合である．

　２つのベクトル空間 V と Z が同型であれば，これらはベクトル空間として**同一視できる**．より正確には，同型写像 $f: V \to Z$ を選ぶとき，この f を通して，線形構造に関する一方の叙述が他方において翻訳される．例えば $v_1, v_2, \ldots, v_n$ が V において線形独立であるのと，$f(v_1), f(v_2), \ldots, f(v_n)$ が Z において線形独立であるのは同値である．また，V の部分集合 T が部分空間であるのと，その f による像 $f(T)$ が Z の部分空間であるのは同値である．

　V が有限生成であって，零ベクトル空間とは異なるとする．命題 9.19 により，（有限個の元から成る）V の基底

$$v_1, v_2, \ldots, v_n \quad (n \text{ は正整数})$$

が選べる．元の順序まで考慮することでこれを元の列と見て (v_i) と略記し，これから決まる写像 $\phi_{(v_i)}: \mathbb{K}^n \to V$ を

$$\phi_{(v_i)}\left(\begin{bmatrix} c_1 \\ c_2 \\ \vdots \\ c_n \end{bmatrix}\right) = c_1 v_1 + c_2 v_2 + \cdots + c_n v_n \tag{9.2}$$

により定義する．基底の定義からこれは全単射である．さらに次がわかる．

命題 9.25　$\phi_{(v_i)}: \mathbb{K}^n \to V$ は同型写像である．

注意 9.26　基底 $v_1, v_2, \ldots, v_n$ が V に１つの「座標軸」を決め，${}^t[c_1 \ c_2 \ \cdots \ c_n]$ を座標にもつ V の元が (9.2) で与えられていると見るとよい．

　上の命題により V は（線形構造に関する限り）$\mathbb{K}^n$ と同一視できるから，$\mathbb{K}^n$ に関してすでに得られている結果が，有限生成ベクトル空間に対して成り立つ．とくに事実 9.20 と次の定理 9.27 が，定理 2.28（証明は 2 章の章末演習問題 2）から従う．

定理 9.27　V を，零ベクトル空間と異なる有限生成ベクトル空間とする．命題 9.19 で見たように，V は（有限個の元から成る）基底をもつ．その基底はさまざま存在するが，それぞれの基底を構成する元の個数は一定である．

> **定義 9.28**　その一定値を V の**次元**（dimension）と呼び $\dim V$ で表す．零ベクトル空間 $\{0\}$ の基底は空集合 $\emptyset$ であるとしたから，それに属す元の個数として $\dim\{0\} = 0$ とする．

　同型な 2 つの有限生成ベクトル空間の次元は一致する．実際，同型写像を通し一方の基底が他方の基底に写る．

　有限生成と限らないベクトル空間に対し，基底の概念が定義でき，上の定理の一般化が成り立つ．本節末の注意 9.33 を見よ．

記法 9.29　これまでもしばしば現れている，(9.2) の右辺の線形結合を，

$$
\begin{bmatrix} v_1 & v_2 & \cdots & v_n \end{bmatrix}
\begin{bmatrix} c_1 \\ c_2 \\ \vdots \\ c_n \end{bmatrix}
$$

で表すと便利である．$\begin{bmatrix} v_1 & v_2 & \cdots & v_n \end{bmatrix}$ を，v_i を成分とする $1 \times n$ 行ベクトルと見て，あとの列ベクトルとの積として線形結合を表すのである．その積は

$$
v_1 c_1 + v_2 c_2 + \cdots + v_n c_n
$$

となるが，V の元とスカラーの順を逆転させて理解する[3]．　　　　□

　V, Z がともに有限生成であって零ベクトル空間とは異なるとし，$n = \dim V$，$m = \dim Z$ とする．$f\colon V \to Z$ を線形写像とする．

　V の基底 (v_i) と W の基底 (z_i) を選んで，同型写像

$$
\phi_{(v_i)}\colon \mathbb{K}^n \to V, \quad \phi_{(z_i)}\colon \mathbb{K}^m \to Z
$$

を通して，$\mathbb{K}^n$ と V を，また $\mathbb{K}^m$ と Z を同一視する．このとき上の線形写像 $f\colon V \to Z$ はある線形写像 $g\colon \mathbb{K}^n \to \mathbb{K}^m$ と同一視される．定理 3.8 により，この g は $m \times n$ 行列

$$
B = \begin{bmatrix} g(\boldsymbol{e}_1) & g(\boldsymbol{e}_2) & \cdots & g(\boldsymbol{e}_n) \end{bmatrix}
$$

の左乗法 L_B に等しい．

---

[3] スカラー乗法の表記を，初めから vc にように，スカラーを右に書けば逆転の必要はない．実際，その表記を採用しても問題なく，我々が表記法 cv を選んだのは，大方の流儀に従ったに過ぎない．注意 3.43 を見よ．

定義 9.30　この行列 B を，基底 (v_i), (z_i) に関する f の**表現行列**という.

注意 9.31　線形写像を，注意 9.26 にいう「座標」を用いて「表現」した行列という意味でこう呼ぶ.

上の表現行列 $B = [\,b_{ij}\,]$ は

$$[\,f(v_i)\ f(v_2)\ \cdots\ f(v_n)\,] = [\,z_1\ z_2\ \cdots\ z_m\,]B \tag{9.3}$$

を満たす $m \times n$ 行列として決まる．ここで，記法 9.29 を拡張した行列による表示を用いており，この等式は列ごとに

$$f(v_j) = [\,z_1\ z_2\ \cdots\ z_m\,]\begin{bmatrix} b_{1j} \\ b_{2j} \\ \vdots \\ b_{mj} \end{bmatrix}\left(= \sum_{i=1}^{m} b_{ij}z_i\right) \quad (1 \leqq j \leqq n) \tag{9.4}$$

を意味している．等式 (9.3) を写像を用いて表せば[4]

$$f \circ \phi_{(v_i)} = \phi_{(z_i)} \circ L_B. \tag{9.5}$$

すなわち

$$\begin{array}{ccc} \mathbb{K}^n & \xrightarrow{\ \phi_{(v_i)}\ } & V \\ {\scriptstyle L_B}\downarrow & & \downarrow{\scriptstyle f} \\ \mathbb{K}^m & \xrightarrow{\ \phi_{(z_i)}\ } & Z \end{array}$$

において，$\mathbb{K}^n$ から出発して Z に至る 2 つの行き方が一致する[5]．この事実を，上の四角の**図式が可換**であると言い表す.

---

[4] (9.5) の両辺の，n 次単位ベクトル e_j $(1 \leqq j \leqq n)$ での値を取ったものが (9.4) であることに注意.

[5] $\phi_{(v_i)}$, $\phi_{(z_i)}$ という翻訳機を通して，L_B が f に翻訳されると見るとよい.

┌─ **例題 9.32** ─────────────────────────────

上の状況において，V の基底 (v_i)，W の基底 (w_i) をうまく選んで，それらに関する f の表現行列が，(3.16) に示した

$$\begin{bmatrix} E_r & O \\ O & O \end{bmatrix}$$

の形となるようにできる．これを命題 3.41 を用いて示せ．

【解答】 同一視により $V = \mathbb{K}^n$, $Z = \mathbb{K}^m$ としてよい．このとき f はある $m \times n$ 行列 A を以て $f = L_A$ の形をしている．行列 A に命題 3.41 を適用する．正則行列 Q, P^{-1} の列ベクトルを表示して，

$$Q = [\, v_1 \ \ v_2 \ \ \cdots \ \ v_n \,], \quad P^{-1} = [\, z_1 \ \ z_2 \ \ \cdots \ \ z_m \,]$$

とすれば，命題が示す等式 $PAQ = \begin{bmatrix} E_r & O \\ O & O \end{bmatrix}$ は

$$[\, f(v_i) \ \ f(v_2) \ \ \cdots \ \ f(v_n) \,] = [\, z_1 \ \ z_2 \ \ \cdots \ \ z_m \,] \begin{bmatrix} E_r & O \\ O & O \end{bmatrix}$$

に一致する．これは示すべき事実を示している． □

　ベクトル空間 V から V 自身への線形写像を，V の **線形変換** という．V を，零ベクトル空間と異なる有限生成ベクトル空間とし，f を V の線形変換とする．f の表現行列を考えるには，定義域と値域に共通の基底 (v_i) を選んで，これに関する表現行列，すなわち

$$[\, f(v_i) \ \ f(v_2) \ \ \cdots \ \ f(v_n) \,] = [\, v_1 \ \ v_2 \ \ \cdots \ \ v_n \,] B \tag{9.6}$$

を満たす正方行列 B を考えるのが自然である．この B を，V の基底 (v_i) に関する線形変換 f の **表現行列** という．

　前章で考えた（複素）正方行列 A に関する問題（正則行列 P をうまく選んで，$P^{-1}AP$ をなるべく簡単な形にする）は，線形変換 f の問題として次のように一般化される．

┌──
│ **問題**　V の 1 組の基底を選んで，それに関する f の表現行列をなるべく簡単な
│ 形にせよ．
└──

問題の一般化と言ったが，本質的に同じ問題[6]であって，前章の結果から次を得る．

解 $\mathbb{K} = \mathbb{C}$ であれば，表現行列がジョルダン標準形であるようにできる．

実際，上の例題の解と同様に，同一視により $V = \mathbb{C}^n$，$f = L_A$（A は n 次複素正方行列）としてよく，この場合 (9.6) は，$AP = PB$（ただし P は正則行列）において P をその列ベクトルを用いて表示したものだからである．

注意 9.33 ベクトル空間 V の基底の定義を，V が無限生成の場合も含め一般化しよう．先に V の基底 (v_i) は，V の元の列 $v_1, v_2, \ldots, v_n$ を表した．元の個数が無限の場合も含めるため，空でないある集合 I に対し I の元 i ごとに V の元 v_i が指定されていると考え，すべての v_i の集まりとして $(v_i)_{i \in I}$ とかく（$I = \{1, 2, \ldots, n\}$ の場合が先の基底）．これに対する線形結合

$$\sum_{i \in I} c_i v_i \quad (c_i \text{ はスカラー})$$

として，有限個の i を除いて $c_i = 0$ である場合のみ考える．$c_i = 0$ ならば $c_i v_i = 0$ となるから，和におけるその影響を無視できる．すると上は，実質的に有限個の V の元の線形結合になる．このような線形結合を $(v_i)_{i \in I}$ の有限線形結合と呼ぼう．V が零ベクトル空間でない場合，$(v_i)_{i \in I}$ が V の**基底**であるとは，V の各元がその有限線形結合として一意的に表せるときにいう．定理 9.27 の一般化として，(1) V の基底が必ず存在し，(2) $(v_i)_{i \in I}$ と $(u_j)_{j \in J}$ がともに V の基底であれば，2 つの集合 I と J の間に全単射が存在することが知られている．

9.4 商空間と同形定理

V をベクトル空間とし，W をその部分空間とする．このとき V の W による**商空間**と呼ばれるベクトル空間 V/W が構成される．これはおおざっぱに言えば，V において W に属する元をすべて零元と見なすことで得られるベクトル空間である．厳密には次のように構成する．V の各元 v に対し，v に W の元を加えて得られる V の元全体 $v + W$ で表す．これは V の部分集合であって，記号を用いて

$$v + W = \{v + w \mid w \in W\}$$

---

[6] とはいうものの，「線形変換の表現行列」という捉え方の方が，登場人物の役割をより鮮明にする．線形変換 f が「絶対的存在」としてまずあって，これを効率的座標選び（注意 9.26 を見よ）により，なるべく簡単な行列という「化身」の形で理解したいのである．

と表せる．これを 1 つの元と見なしたものを $[v]$ で表し，その全体から成る集合を V/W とする．記号を用いると

$$V/W = \{ [v] \mid v \in V \}.$$

重要な約束として，V/W の 2 元 $[v]$, $[v']$ が等しいというのを，V の 2 つの部分集合 $v + W$, $v' + W$ が等しい（それぞれに属す元全体が一致する）こととする．

例題 9.34

V の元 v, v' に対し次が成り立つことを示せ．

(1)　$[v] = [v'] \Leftrightarrow v - v' \in W$.

(2)　$[v] = [0] \Leftrightarrow v \in W$.

注意 9.3 にあるように，(1) における $v - v'$ は $v + (-v')$ を意味する．

【解答】　(1)　$[v] = [v']$ とすると，V の部分集合として

$$v + W = v' + W.$$

$0 \in W$ ゆえ $v\ (= v + 0)$ は左辺に属すから右辺にも属す．よってある元 $u \in W$ を以て $v = v' + u$ が成り立ち，$v - v' = u \in W$．逆に $v - v' \in W$ とし $u = v - v'$ とおく．$u \in W$ ゆえ，V の元 w が W の元である（すなわち $w \in W$）のと $u + w$ が W の元である（すなわち $u + w \in W$）のとは同値になる．$v = v' + u$ を（下の第 2 の等号に）用いて

$$
\begin{aligned}
v + W &= \{ v + w \mid w \in W \} \\
&= \{ v' + u + w \mid w \in W \} \\
&= \{ v' + w' \mid w' \in W \} \\
&= v' + W.
\end{aligned}
$$

第 3 の等号のために $w' = u + w$ とおき，先の同値を用いた．上の等式から $[v] = [v']$．

(2)　(1) において $v' = 0$ とすればよい．　　　　　　　　　　□

注意 9.35　先に V/W は V において「W の元をすべて零元と見なしてできる」と言ったのは上記 (2) の事実による．(1) によれば「W の元の差を無視してできる」ということもできる．

V/W における加法とスカラー乗法（c をスカラーとする）を

$$[v_1] + [v_2] = [v_1 + v_2], \quad c[v] = [cv] \tag{9.7}$$

により定義する（左辺が右辺であると定義する）．この定義は一見，V/W の元の表示法による．例えば加法に関し，2 元 $[v_1]$, $[v_2]$ がそれぞれ $[v_1']$, $[v_2']$ と他の表示をされた（すなわち $[v_1] = [v_1']$, $[v_2] = [v_2']$）とすると，定義によれば

$$[v_1] + [v_2] = [v_1' + v_2']$$

となる．上の定義が正当である—英語を用いて **well-defined** であるという—ためには，定義が最初の 2 元の表示によらない，すなわち

$$[v_1 + v_2] = [v_1' + v_2']$$

でなければならない．実際，この等式が成り立つことが例題 9.34 (1) を用いて確かめられる．同様に，上のスカラー乗法の定義も well-defined であること（すなわち $[v] = [v']$ とすると $[cv] = [cv']$）が確かめられる．

命題 9.36 V/W は (9.7) で定義される加法とスカラー乗法によりベクトル空間になる．これは $[0]$ を零元にもち，また $[v]$ の加法逆元は $[-v]$ である．

問 9.37 この命題を確かめよ．

注意 9.38 V から V/W を構成し，W の元をことごとく零元としてしまっては，V がもともともっていた情報が損なわれてしまうと心配になるかもしれない．確かに W に関する情報は損なわれるが，数学はしばしばこの種の犠牲を払いつつ新展開をもたらす．実際，V/W は V と W の相対的関係より鮮明に表す．また，下の同型定理に見るように，2 つのベクトル空間の関係を記述するのに有効に用いられる．

V, Z をベクトル空間とし，$f : V \to Z$ を線形写像とする．f により零元に写る[7] V の元全体

$$\mathrm{Ker}\, f = \{v \in V \mid f(v) = 0\}$$

を f の**核**（kernel）と呼ぶ．V のあらゆる元 v の f による値 $f(v)$ 全体

$$\mathrm{Im}\, f = \{f(v) \mid v \in V\}$$

を f の**像**（image）と呼ぶ．とくに $V = \mathbb{K}^n$, $W = \mathbb{K}^m$ の場合には，これらの定義は 3.2 節のものに一致する．

---

[7]「f で零化する」，「f により消滅する」という言い回しをしばしば用いる．

定理 9.39　（同型定理）　線形写像 $f: V \to Z$ に対し，その核 $\mathrm{Ker}\, f$ は V の部分空間，その像 $\mathrm{Im}\, f$ は Z の部分空間である．さらに，V の $\mathrm{Ker}\, f$ による商空間 $V/\mathrm{Ker}\, f$ から f の像 $\mathrm{Im}\, f$ への写像として

$$\tilde{f}: V/\mathrm{Ker}\, f \to \mathrm{Im}\, f, \quad \tilde{f}([v]) = f(v)$$

は well-defined であって，そればかりか同型写像である．

注意 9.40　この定理において $\tilde{f}$ の像を Z のままにして次のように定式化することも多い．写像

$$\tilde{f}: V/\mathrm{Ker}\, f \to Z, \quad \tilde{f}([v]) = f(v)$$

は well-defined であって，しかも線形単射であり，$\mathrm{Im}\, f$ を像にもつ．

問 9.41　上の定理を証明せよ．また例題 3.12 (3) の事実の一般化として，次が成り立つことを示せ．線形写像 $f: V \to Z$ が単射であるためには，核 $\mathrm{Ker}\, f$ が零元のみから成ること，すなわち $\mathrm{Ker}\, f = \{0\}$ が必要十分である．

　定理の証明もさることながら，定理の後半の主張を，例えば次のように捉えて，ごく自然なものと感じて欲しい．線形写像 f が与えられたとき，f で零化する部分（すなわち核 $\mathrm{Ker}\, f$）を零化し（すなわち零元にし），値域を像 $\mathrm{Im}\, f$ に制限すれば，同型写像が得られる．

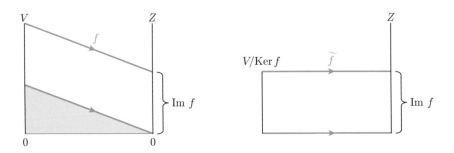

問 9.42　次を示せ．V をベクトル空間とし，W をその部分空間とするとき，

$$f: V \to V/W, \quad f(v) = [v]$$

は線形全射であって，その核 $\mathrm{Ker}\, f = W$ である．さらにこの f に対し，上の定理が与える $\tilde{f}$ は V/W の恒等変換に一致する．この f を**標準全射**と呼ぶ．

例 9.43 例 9.12 に与えた $\mathbb{R}$ 上の 2 つのベクトル空間の間に，関数にその導関数を対応させる写像

$$\frac{d}{dx}: C^1([0,1]) \to C^0([0,1]), \quad p(x) \mapsto \frac{dp}{dx}(x)$$

が定義できる．容易にわかるように，これは線形全射である．その核は，導関数がつねに値 0 を取る関数全体，すなわち（実）定数関数（constant map）全体から成る．この集合を Const$([0,1])$ と表そう．これは $\mathbb{R}$ と同型なベクトル空間である．前定理から同型写像

$$C^1([0,1])/\mathrm{Const}([0,1]) \to C^0([0,1]), \quad [p(x)] \mapsto \frac{dp}{dx}(x)$$

を得る．$C^1([0,1])/\mathrm{Const}([0,1])$ は，$C^1([0,1])$ において定数関数の差を無視する（注意 9.35 後半を見よ）ことで得られるベクトル空間と見ることができ，上の同型写像の逆写像は，連続関数にその原始関数（ただし定数関数の差を無視する）を対応させるものである． □

9.5 広義固有空間のフィルトレーション再論

前章で複素正方行列のジョルダン標準形を論じるのに鍵となったのは，広義固有空間のフィルトレーションであった（8.2 節を見よ）．その重要な性質を示す命題 8.7 を前節の定理 9.39 から導くことを本節の目標とする．

そのために準備をする．V を（引き続き $\mathbb{K}$ 上の）ベクトル空間とし，W をその部分空間とする．

— 例題 9.44 —

$u_1,\ u_2,\ \ldots,\ u_d$ を V の元とし，これらが生成する部分空間を $U = \langle u_1, u_2, \ldots, u_d \rangle$ とおく．次を示せ．

(1) 次の 2 条件は互いに同値である．

  (a) V/W において $[u_1], [u_2], \ldots, [u_d]$ が線形独立である；

  (b) (i) $u_1,\ u_2,\ \ldots,\ u_d$ が線形独立であり，かつ (ii) $W \cap U = \{0\}$（同値な条件として，V の部分空間の和 $W + U$ が直和である．問 9.13 (2) を見よ）．

(2) 次の 2 条件は互いに同値である．

  (c) $[u_1], [u_2], \ldots, [u_d]$ が V/W の基底である；

  (d) $u_1,\ u_2,\ \ldots,\ u_d$ が，V における W のある補空間の基底である．

【解答】 標準全射 $f\colon V \to V/W$, $f(v) = [v]$ の定義域 V を U に制限して得られる $f|_U\colon U \to V/W$ は，線形写像であって，

$$\mathrm{Ker}(f|_U) = W \cap U \;\;(= \mathrm{Ker}\,f \cap U)$$

を核にもち，

$$\mathrm{Im}(f|_U) = \langle [u_1], [u_2], \ldots, [u_d] \rangle$$

を像にもつ.

問 9.41 の後半の結果を $f|_U$ に適用すると，(b), (d) がそれぞれ

(b′)　$u_1, u_2, \ldots, u_d$ が線形独立，かつ $f|_U\colon U \to V/W$ が単射，

(d′)　$u_1, u_2, \ldots, u_d$ が線形独立，かつ $f|_U\colon U \to V/W$ が同型写像

と同値であることがわかる. 容易にわかるように，これらはそれぞれ (a), (c) と同値である.　　　　　　　　　　　　　　　　　　　　　□

注意 9.45　定義 8.5 において（$\mathbb{K} = \mathbb{C}$ であって V が $\mathbb{C}^n$ の部分空間の場合に），例題の (b) が満たされる場合，$u_1, u_2, \ldots, u_d$ は V において **mod W** 線形独立である，また (d) が満たされる場合，$u_1, u_2, \ldots, u_d$ は V の **mod W** 基底であると言った. 上の例題の結果は，これらの概念が商空間を用いると，より自然に捉えられることを示している.

> **命題 9.46**　V を有限生成ベクトル空間とし，W をその部分空間とすると，W および商空間 V/W も有限生成であって
> $$\dim(V/W) = \dim V - \dim W \tag{9.8}$$
> が成り立つ.

この命題において V が零ベクトル空間であれば，W, V/W ともに零ベクトル空間となるから主張は明らかに成り立つ. また V/W が零ベクトル空間の場合も，$V = W$ ゆえ同様である. よって命題を示すのに，V, V/W ともに零ベクトル空間でないとしてよい. 主張のうち，W が有限生成であることはすでに示されている（事実 9.20 を見よ）. また V/W が有限生成であることは，$v_1, v_2, \ldots, v_n$ を V の生成系とすれば $[v_1], [v_2], \ldots, [v_n]$ が V/W の生成系であることから従う.

── 例題 9.47 ──

$n = \dim V$, $d = \dim(V/W)$ として, 残った等式 (9.8) を次の 2 通りの方法で示せ.

(i) 標準全射 $f\colon V \to V/W$, $f(v) = [v]$ が $L_B\colon \mathbb{K}^n \to \mathbb{K}^d$ (B は V, V/W の勝手な基底に関する f の表現行列) と同一視できることを利用し, 次元定理 (3.5) を用いる.

(ii) 例題 9.44 (2) の結果を用いる.

【解答】 (i) 線形写像 f ($= L_B$): $\mathbb{K}^n \to \mathbb{K}^d$ に対し次元定理が

$$n - \dim(\mathrm{Ker}\, f) = \dim(\mathrm{Im}\, f)$$

で与えられた. いまの場合, f は全射ゆえ右辺 $= d$. これと $\mathrm{Ker}\, f = W$ から (9.8) が従う.

(ii) 互いに同値な例題 9.44 の条件 (c), (d) を満たす $u_1, u_2, \ldots, u_d$ を選ぶ. これは V における W の補空間 $U = \langle u_1, u_2, \ldots, u_d \rangle$ の基底であるから, $\dim U = d$ ($= \dim(V/W)$). W の基底と U の基底を合わせると V ($= W \oplus U$) の基底が得られる (例題 2.39 を見よ) から,

$$\dim V = \dim W + \dim U = \dim V + \dim(V/W).$$

これより (9.8) が従う. □

問 9.48 次元定理 (3.5) を, (抽象) ベクトル空間の間の線形写像 $f\colon V \to Z$ に対し一般化して, 次のように定式化できることを確かめよ. V が有限生成ベクトル空間であれば, f の核 $\mathrm{Ker}\, f$ と像 $\mathrm{Im}\, f$ はともに有限生成ベクトル空間であり, 次が成り立つ.

$$\dim V - \dim(\mathrm{Ker}\, f) = \dim(\mathrm{Im}\, f).$$

さて本題に入ろう. $\mathbb{K} = \mathbb{C}$ とし, A を n 次複素正方行列とする. A の固有値 α を 1 つ選んで固定する. 正方行列 $A - \alpha E$ による左乗法を $f\colon \mathbb{C}^n \to \mathbb{C}^n$, $f(v) = (A - \alpha E)v$ で表す. 非負整数 k に対し, f を k 回施し零化するベクトル v の全体, すなわち f^k の核[8]を

$$W^{(k)} = \mathrm{Ker}(f^k) \ (= \{v \in \mathbb{C}^n \mid f^k(v) = 0\})$$

と書く. 8.2 節ではこれを $W_\alpha^{(k)}$ と書いた. 同節で見たように, $\mathbb{C}^n$ の部分空間のフィルトレーション

$$\{0\} = W^{(0)} \subset W^{(1)} \subset W^{(2)} \subset \cdots$$

---

[8] $f^0 = \mathrm{Id}$ (恒等変換), $f^1 = f$, $f^2 = f \circ f$, $\ldots$, $f^k = f$ の k 回合成.

を得る. 定義から $f(W^{(k)}) \subset W^{(k-1)}$. これ[9] より f の定義域 $\mathbb{C}^n$ を $W^{(k)}$ に制限することにより線形写像 $f|_{W^{(k)}} \colon W^{(k)} \to W^{(k-1)}$ が得られる. これを標準全射 $W^{(k-1)} \to W^{(k-1)}/W^{(k-2)}$, $w \mapsto [w]$ と合成させて得られる線形写像

$$W^{(k)} \to W^{(k-1)}/W^{(k-2)}, \quad v \mapsto [f(v)] \tag{9.9}$$

に定理 9.39 を適用しよう. これの核は, $W^{(k-1)}/W^{(k-2)}$ において $[f(v)] = [0]$ を満たす—すなわち, $W^{(k-1)}$ において $f(v) \in W^{(k-2)}$ を満たす—$W^{(k)}$ の元 v 全体から成る. これは $W^{(k-1)}$ に等しいことがわかる. 定理 9.39 (のあとの注意) から, 線形単射

$$W^{(k)}/W^{(k-1)} \to W^{(k-1)}/W^{(k-2)}, \quad [v]_{(k)} \mapsto [f(v)]_{(k-1)}$$

が得られる. 2 つの商空間の元の表示法を区別して $[v]_{(k)}$, $[f(v)]_{(k-1)}$ と書いた. 線形単射は線形独立な元たちを線形独立な元たちに写すから次が従う. $v_1, \ldots, v_d$ を $W^{(k)}$ の元とするとき, $[v_1]_{(k)}, \ldots, [v_d]_{(k)}$ が $W^{(k)}/W^{(k-1)}$ の基底であれば, $[f(v_1)]_{(k-1)}, \ldots, [f(v_d)]_{(k-1)}$ は $W^{(k-1)}/W^{(k-2)}$ において線形独立である.

例題 9.44 の結果とそのあとの注意を用いて次の言い換えができる. $v_1, \ldots, v_d$ が $W^{(k)}$ の mod $W^{(k-1)}$ 基底であれば, $f(v_1), \ldots, f(v_d)$ は $W^{(k-1)}$ において mod $W^{(k-2)}$ 線形独立である. これは命題 8.7 の主張である.

9.6 抽象計量空間

6 章と 7.1 節で論じた, 計量ベクトル空間とその線形変換に関する内容を抽象化する. 係数域を 6 章では $\mathbb{C}$, 7 章では $\mathbb{R}$ というように区別したが, ここではスペース節約のため区別せず, これらのいずれかを $\mathbb{K}$ で表す. スカラー α に対し, (6.1) にある複素共役 $\overline{\alpha}$ と絶対値 $|\alpha|$ の記号を用いる. $\mathbb{K} = \mathbb{R}$ の場合, $\overline{\alpha} = \alpha$ である.

定義 9.49 （有限または無限生成）ベクトル空間 V の**内積**とは, $\mathbb{K}$ に値をもつ V の 2 変数関数

$$(\text{第 1 変数}, \text{第 2 変数}) \colon V \times V \to \mathbb{K}$$

であって, 次の条件 (6.1 節, 7.1 節の (i)–(iv) と比べよ) を満たすものをいう. V のすべての元 u, u_1, u_2, v とすべてのスカラー c に対し次が成り立つ:

---

[9] この包含において, 7 章脚注 13) に示した記法を用いた. すなわち $f(W^{(k)}) = \{f(v) \mid v \in W^{(k)}\}$ とする.

(i)　$(u_1 + u_2, v) = (u_1, v) + (u_2, v)$,　$(cu, v) = c(u, v)$;

(iii)　$(v, u) = \overline{(u, v)}$;

(iv)　$(v, v) \geqq 0$ であり，かつ $(v, v) = 0$ を満たすのは $v = 0$ に限られる.

内積を伴ったベクトル空間を（抽象）**計量空間**と呼ぶ[10]. 零ベクトル空間は $((0, 0) = 0$ で与えられる関数を内積としてもつが，本書ではこれを）計量空間に含めない.

上の (i) の性質を以て，内積が第1変数に関し**線形**であると言う. 第2式で $c = 0$ の場合を考えると $(0, v) = 0$ が従うことに注意する. (iii) の性質は $\mathbb{K} = \mathbb{C}$ の場合，**エルミート対称性**と呼ばれる. $\mathbb{K} = \mathbb{R}$ の場合には $(v, u) = (u, v)$ となるため，**対称性**と呼ばれる. (i) と (iii) から

(ii)　$(v, u_1 + u_2) = (v, u_1) + (v, u_2)$,　$(v, cu) = \bar{c}(v, u)$

が従う. $\mathbb{K} = \mathbb{R}$ の場合（第2式右辺が $c(v, u)$ に一致するから）この (ii) は，内積が第2変数に関しても線形であることを言っている. $\mathbb{K} = \mathbb{C}$ の場合には，(ii) の性質を以て，内積が第2変数に関して**半線形**であると言う. (iv) の前半は (v, v) が実数でありかつ非負であるという意味である. 上の注意 $(0, v) = 0$ からとくに $(0, 0) = 0$ を得る. (iv) の後半は，$v = 0$ の場合（いま見た通り）$(v, v) = 0$ であるが，これが成り立つのが $v = 0$ の場合に限られるという意味である.

計量空間 V の元 v に対し，非負実数 (v, v) の非負平方根を

$$\|v\| = \sqrt{(v, v)}$$

で表し，これを v の**ノルム**または**長さ**と呼ぶ. スカラー c に対し

$$\|cv\| = |c|\,\|v\|$$

が成り立つ.

コーシー–シュヴァルツの不等式と三角不等式を含む定理 6.4 が，$\mathbb{C}^n$ を一般の計量空間に置き換えて成り立つ.

例 9.50　例 9.12 で見た，$\mathbb{R}$ 上のベクトル空間 $C^0([0, 1])$ を考える. 2つの連続関数 $p(x), q(x)\colon [0, 1] \to \mathbb{R}$ に対し

---

[10] ベクトル空間 V の内積はさまざま存在し得るが，計量空間という場合，そのうちの1つの内積が指定されているものとする. ベクトル空間 V とその上の1つの内積 $(\cdot, \cdot)$ とのペア $(V, (\cdot, \cdot))$ を計量空間と呼ぶのが，厳密な定義の仕方である.

$$(p(x), q(x)) = \int_0^1 p(x)q(x)\, dx$$

と定める. 定積分の性質から容易にわかるように, こうして定まる $(\cdot, \cdot)$ は, 上の条件 (i), (iii), (iv) を満たし, 従って $C^0([0,1])$ の内積となる. この内積に関するコーシー−シュヴァルツの不等式は

$$\left| \int_0^1 p(x)q(x)\, dx \right| \leqq \sqrt{\int_0^1 p(x)^2\, dx}\sqrt{\int_0^1 q(x)^2\, dx}$$

と表せる. 一般の内積に対して成り立つ不等式の一例としてこれが得られることに, 抽象論の強みを感じて欲しい. $\square$

V を （$\mathbb{K}$ 上の）計量空間とする. V の 2 元 u, v が $(u, v) = 0$（同値な条件として $(v, u) = 0$）を満たす場合, これらは互いに**直交**するという.

以下, 計量空間 V はベクトル空間として有限生成であると仮定する.

定義 9.51 V の基底 $u_1, u_2, \ldots, u_n$ であって, このうちのどの元もノルム 1 で, どの 2 元も互いに直交するようなものを, V の**正規直交基底**と呼ぶ.

命題 9.19 により, V は基底 $v_1, v_2, \ldots, v_n$ をもつ. この基底から, 定理 6.12 において $\mathbb{C}^n$ の基底に対し施したのと同じ方法で, V の正規直交基底が構成できる. この方法も**グラム−シュミットの直交化法**と呼ぶ. こうして, V は必ず正規直交基底をもつ.

命題 9.52 V の 1 組の基底 $v_1, v_2, \ldots, v_n$ に対し, 次の 2 条件は互いに同値である.

  (a) この基底が正規直交基底である；

  (b) この基底を用い (9.2) により与えられる同型写像 $\phi_{(v_i)} \colon \mathbb{K}^n \to V$ が内積を保つ. すなわち, すべての n 次ベクトル $\boldsymbol{x}, \boldsymbol{y}$ に対して

$$(\phi_{(v_i)}(\boldsymbol{x}), \phi_{(v_i)}(\boldsymbol{y})) = (\boldsymbol{x}, \boldsymbol{y}) \tag{9.10}$$

が成り立つ. この左辺は V の内積を, 右辺は (6.2)（$\mathbb{K} = \mathbb{C}$ の場合）または (7.1)（$\mathbb{K} = \mathbb{R}$ の場合）に与えられた $\mathbb{K}^n$ の内積を表す.

(b) が成り立つとすると，$\phi_{(v_i)}$ は $\mathbb{K}^n$ の正規直交基底を V の正規直交基底に写す．とくに $\mathbb{K}^n$ の正規直交基底 $e_1, e_2, \ldots, e_n$ から写る $v_1, v_2, \ldots, v_n$ は V の正規直交基底となり，(a) が成り立つ．

問 9.53 逆の (a) $\Rightarrow$ (b) を示せ．

互いに同値な上の条件 (a), (b) が成り立っていれば，2 つのベクトル空間 $\mathbb{K}^n$ と V とは，内積まで込めて $\phi_{(v_i)}$ を通し**同一視**できる．またこの場合，$\phi_{(v_i)}$ の逆写像 $\phi_{(v_i)}^{-1}$ も内積を保つ同型写像であることに注意しよう（内積を保つことを見るのに，V の元 u, v を勝手に選んで，(9.10) において $x = \phi_{(v_i)}^{-1}(u)$, $y = \phi_{(v_i)}^{-1}(v)$ とせよ）．

以下，f を V の線形変換とする．

定義 9.54 V の線形変換 f^* であって，V のすべての元 u, v に対し

$$(f(u), v) = (u, f^*(v))$$

を成り立たせるものがただ 1 つ存在する（次の命題 (1) を見よ）．この f^* を f の**随伴変換**という．2 つの合成 $f \circ f^*$ と $f^* \circ f$ が一致するような，すなわち

$$f \circ f^* = f^* \circ f$$

となるような線形変換 f を**正規変換**と呼ぶ．

命題 9.55 V の正規直交基底 $u_1, u_2, \ldots, u_n$ を勝手に選んで，それに関する f の表現行列を B とする．このとき次が成り立つ．

(1) 同じ基底に関する表現行列が，B の随伴行列 B^* $(= {}^t\overline{B})$ となるような V の線形変換として，f の随伴変換 f^* が確かに一意的に存在する（随伴行列 B^* について (6.5) を見よ．$\mathbb{K} = \mathbb{R}$ の場合，これは B の転置行列 ${}^tB$ に一致する）．

(2) f が正規変換であるのと，B が正規行列（定義 6.20）である—すなわち $BB^* = B^*B$ を満たす—のとは同値である．

上の (1) を見るために，B^* を表現行列にもつ線形変換を g とする．前述の同一視を用いると，随伴行列が 6 章の章末演習問題 3 にあるように特徴づけられることから，g は，V のすべての元 u, v に対し

$$(f(u), v) = (u, g(v))$$

を成り立たせる唯一の線形変換であることがわかる．これより (1) が従う．

いま見たように，上の正規直交基底に関する f^* の表現表列は B^* である．同じ基底に関する，合成 $f \circ f^*$，$f^* \circ f$ の表現行列はそれぞれ BB^*，B^*B で与えられる（章末演習問題 1 のあとの注意を見よ）．これより (2) が従う．

以下，$\mathbb{K} = \mathbb{C}$ とする．6 章で次の問題を考えた．複素正方行列 A がユニタリ対角化可能（定義 6.19）である—すなわち，ユニタリ行列 U をうまく選んで U^*AU ($= U^{-1}AU$) が対角行列であるようにできる—のは，A がどんな条件を満たすときか．これは一般の計量ベクトル空間に対し次のように一般化できる．

問題　V の正規直交基底をうまく選んで，その基底に関する f の表現行列が対角行列であるようにできるのは，f がどんな条件を満たすときか．

9.3 節の最後に考えた問題と同様に，この問題も一般化ならぬ，本質的に同じ問題であって，定理 6.21 を用いて次が証明される．

定理 9.56　$\mathbb{K} = \mathbb{C}$ とする．V の線形変換 f に対し，次の 2 条件は互いに同値である：

(a)　f が正規変換である；

(b)　V の正規直交基底 $u_1, u_2, \ldots, u_n$ をうまく選んで，それに関する f の表現行列が対角行列であるようにできる．

実際，前命題 (2) も鑑みると，前述の同一視を用いて

$$V = \mathbb{C}^n, \quad f = L_A \quad (A \text{ は } n \text{ 次複素正方行列})$$

としてよい．この場合，正規直交基底 $u_1, u_2, \ldots, u_n$ が与える同型写像 $\phi_{(u_i)} \colon \mathbb{C}^n \to V$ は，ユニタリ行列 $U = [\, u_1 \ u_2 \ \cdots \ u_n \,]$ による左乗法 L_U に一致し，この正規直交行列による f ($= L_A$) の表現行列は，U^*AU に一致する．従って上の問題が 6 章の問題に一致し，定理 6.21 から上の定理が従う．

●●●●●●●●●●●●●●●●●●●●●● **演 習 問 題** ●●●●●●●●●●●●●●●●●●●●●●

演習1 V を有限生成ベクトル空間であって, 零ベクトル空間と異なるとする. $n = \dim V$ とし, V の基底 (v_i) を勝手に選ぶ. V の線形変換全体から成る集合を $\mathrm{End}(V)$ で表す. $V = \mathbb{K}^n$ の場合にこれを (3.6) で定義した. その $\mathrm{End}(\mathbb{K}^n)$ に対し (3.8), (3.9) によって定義したのと同様の加法とスカラー乗法により, $\mathrm{End}(V)$ はベクトル空間になる. 次を示せ. n 次正方行列全体から成るベクトル空間 $M_n(\mathbb{K})$ から $\mathrm{End}(V)$ への写像

$$M_n(\mathbb{K}) \to \mathrm{End}(V), \quad A \mapsto \phi_{(v_i)} \circ L_A \circ \phi_{(v_i)}^{-1}$$

は同型写像であり. 従って $\mathrm{End}(V)$ は n^2 次元である. また, この写像の逆写像は, V の線形変換 f に, 基底 (v_i) に関する f の表現行列を対応させる写像である.

注意 上の同型写像は積も保つ. 実際, $M_n(\mathbb{K})$ と同様に, $\mathrm{End}(V)$ は (写像の合成を積として) 3.1 節で定義した意味の結合的代数になり, 上の同型写像を通して 2 つの結合的代数が同一視できる.

演習2 (大阪大学大学院理学研究科数学専攻入試問題を一部改変) $V = \mathbb{R}[x]_2$, すなわち V を 2 次以下の実数係数多項式全体から成る $\mathbb{R}$ 上のベクトル空間とする (例 9.10 を見よ).

(1) V の各元, すなわち 2 次以下の多項式 $p(x) = c_0 + c_1 x + c_2 x^2$ に対し

$$f(p(x)) = (x+1)\frac{dp}{dx}(x) \ (= (x+1)(c_1 + 2c_2 x))$$

を対応させることにより写像 $f: V \to V$ を定義する. この f が V の線形変換であることを示せ.

(2) V の基底を 1 組選び, その基底に関する上の f の表現行列を求めよ.

(3) 前問で見たように $\mathrm{End}(V)$ は (いまの場合, $\mathbb{R}$ 上の) ベクトル空間である. これの部分集合

$$M = \{g \in \mathrm{End}(V) \mid f \circ g = g \circ f\}$$

が $\mathrm{End}(V)$ の部分空間であることを示し, その次元を求めよ.

演習3 次を示せ. V, Z をベクトル空間, $f: V \to Z$ を線形写像とする. V の部分空間 W が $f(W) = \{0\}$ を満たす, 換言すれば $W \subset \mathrm{Ker}\, f$ を満たすならば,

$$\hat{f}: V/W \to Z, \quad \hat{f}([v]) = f(v)$$

は well-defined な写像で, しかも線形写像である. これの核と像は

$$\mathrm{Ker}\, \hat{f} = \mathrm{Ker}\, f / W, \quad \mathrm{Im}\, \hat{f} = \mathrm{Im}\, f$$

で与えられる.

演習 4 3 章の章末演習問題 2 において, n 次正方行列 A に対し,

$$r_0 = n; \quad r_i = \mathrm{rank}(A^i) \quad (i > 0)$$

で定まる非負整数列 $r_0, r_1, r_2, \ldots$ が, 次の性質をもつことを示した. ある番号 $0 \leqq k \leqq n$ に対し

$$r_0 > r_1 > r_2 > \cdots > r_k = r_{k+1} = r_{k+2} = \cdots.$$

ここでは, この数列の階差数列 $r_i - r_{i+1}$ $(i \geqq 0)$ が非増大である, すなわち

$$r_i - r_{i+1} \geqq r_{i+1} - r_{i+2} \quad (i \geqq 0)$$

を満たすことを示せ.

演習 5 V, X をベクトル空間, $g\colon V \to X$ を線形写像とする. Y を X の部分空間とするとき, Y の g による**逆像**と呼ばれる V の部分集合が

$$g^{-1}(Y) = \{v \in V \mid g(v) \in Y\}$$

で与えられる.

(1) 次を示せ. $g^{-1}(Y)$ は V の部分空間である. g と標準全射 $X \to X/Y$, $x \mapsto [x]$ との合成を $f\colon V \to X/Y$ とし, これに同型定理 (定理 9.39) を適用すると, 同型写像

$$\tilde{f}\colon V/g^{-1}(Y) \to (\mathrm{Im}\,g + Y)/Y$$

が得られる.

(2) A, B を n 次正方行列とする. (1) の結果を,

$$V = X = \mathbb{K}^n, \quad Y = \mathrm{Ker}(L_A), \quad g = L_B$$

に適用することにより, 3 章の章末演習問題 5 (3) が問うた不等式

$$\mathrm{rank}\,A + \mathrm{rank}\,B - n \leqq \mathrm{rank}(AB)$$

を導け.

ヒント：演習 4. 一般に, ベクトル空間 V の線形変換 g に対し, g の i $(\geqq 0)$ 回合成 g^i (脚注 8) を見よ) の像を $U_i = \mathrm{Im}(g^i)$ とおく. 演習 3 の結果を適用して, 線形全射 $U_i/U_{i+1} \to U_{i+1}/U_{i+2}$ を構成し, とくに $V = \mathbb{K}^n$, $g = L_A$ の場合を考えよ.

索　引

著者略歴

増 岡 彰
ます おか あきら

1985 年　東京大学理学部卒業
1990 年　筑波大学大学院数学研究科中退
　　　　博士（数学）
現　在　筑波大学数理物質系　教授

主要著書
Handbook of Algebra, Volume 5（共著，Elsevier）
Handbook of Algebra, Volume 6（共著，Elsevier）

ライブラリ 新数学基礎テキスト＝ **TK1**

ガイダンス 線形代数

2021 年 12 月 25 日ⓒ　　　　　　　　　　初 版 発 行

著 者　増岡　彰　　　　　　発行者　森 平 敏 孝
　　　　　　　　　　　　　　印刷者　大 道 成 則

発行所　　**株式会社 サ イ エ ン ス 社**

〒151-0051　東京都渋谷区千駄ヶ谷 1 丁目 3 番 25 号
営業 ☎ (03)5474-8500（代）　振替 00170-7-2387
編集 ☎ (03)5474-8600（代）
FAX ☎ (03)5474-8900

印刷・製本　（株）太洋社

《検印省略》

サイエンス社のホームページのご案内
https://www.saiensu.co.jp
ご意見・ご要望は
rikei@saiensu.co.jp　まで.

ISBN978-4-7819-1531-9

PRINTED IN JAPAN

━╱━╱━╱━╱ ライブラリ新数学基礎テキストTK ╱━╱━╱━╱━

ガイダンス　線形代数
増岡　彰著　Ａ５・本体1850円

ガイダンス　微分積分
岡安　類著　Ａ５・本体1750円

ガイダンス　確率統計
基礎から学び本質の理解へ

石谷謙介著　Ａ５・本体2000円

＊表示価格は全て税抜きです.

━╱━╱━╱━╱━╱━╱ サイエンス社 ━╱━╱━╱━╱━╱━╱

━ ▰▱▰▱▰▱▰ 新版 演習数学ライブラリ ▰▱▰▱▰▱▰━

新版 演習線形代数
寺田文行著　2色刷・A5・本体1980円

新版 演習微分積分
寺田・坂田共著　2色刷・A5・本体1850円

新版 演習微分方程式
寺田・坂田共著　2色刷・A5・本体1900円

新版 演習ベクトル解析
寺田・坂田共著　2色刷・A5・本体1700円

＊表示価格は全て税抜きです.

━ ▰▱▰▱▰▱▰▰▱▰ サイエンス社 ▰▱▰▱▰▱▰▰▱▰ ━